工业和信息化普通高等教育“十三五”规划教材立项项目
信息技术人才培养系列教材

C/C++
Programming

C/C++
程序设计教程

潘卫华 ◉ 主编　罗贤缙 ◉ 副主编

人 民 邮 电 出 版 社
北 京

图书在版编目（CIP）数据

C/C++程序设计教程 / 潘卫华主编. -- 北京 : 人民邮电出版社, 2021.9（2022.6重印）
信息技术人才培养系列教材
ISBN 978-7-115-56477-1

Ⅰ. ①C… Ⅱ. ①潘… Ⅲ. ①C语言－程序设计－教材 ②C++语言－程序设计－教材 Ⅳ. ①TP312.8

中国版本图书馆CIP数据核字(2021)第076107号

内容提要

C 语言是目前常用的计算机编程语言，在其基础上发展而来的 C++和 C#也已广泛应用于软件设计和项目开发中。本书将理论知识与实践案例结合，讲解了 C/C++及 C#程序设计语言的相关内容。

本书包括编程基础、编程进阶和实用编程三个部分，由浅入深地介绍了编程基础知识、顺序结构、选择结构、循环结构、结构化数据、结构化程序、面向对象程序设计、Windows 窗体应用程序等内容。每章都提供了适量的习题，帮助读者巩固所学知识。

本书结构合理，重难点突出，逻辑性强，通俗易懂，可作为高等院校非计算机专业学生的程序设计入门课程的教材，也可作为成人教育及相关培训机构的教材。

◆ 主　　编　潘卫华
副 主 编　罗贤缙
责任编辑　张　斌
责任印制　王　郁　马振武

◆ 人民邮电出版社出版发行　　北京市丰台区成寿寺路 11 号
邮编　100164　　电子邮件　315@ptpress.com.cn
网址　https://www.ptpress.com.cn
涿州市京南印刷厂印刷

◆ 开本：787×1092　1/16
印张：15　　2021 年 9 月第 1 版
字数：433 千字　　2022 年 6 月河北第 2 次印刷

定价：53.00 元

读者服务热线：(010)81055256　印装质量热线：(010)81055316
反盗版热线：(010)81055315
广告经营许可证：京东市监广登字 20170147 号

前言 FOREWORD

互联网的发展和智能手机等终端设备的普及正深刻地影响和改变着人们的生活和工作方式，计算机的新技术广泛地应用于信息管理、电子商务、在线教育等诸多领域。同时，“新工科”教育理念对人才培养提出了更高的要求，即要通过计算机技术和各专业的深度融合使学生具备计算思维，从而更好地推动传统工科的升级改造。

计算思维的培养途径之一就是让学生学习并掌握程序设计的思想、方法和技巧，学会将实际问题的解决方案转化为计算机语言的表达。计算机语言的发展从最初的机器语言、汇编语言到如今的高级语言、面向对象语言，每种语言都有其特定的用途和不同的发展轨迹。C 语言以及在其基础上发展而来的 C++和 C#是其中的优秀代表。

C 语言是典型的面向过程语言，侧重于算法和数据结构，大部分院校将其作为程序设计的入门语言；C++和 C#均为面向对象语言，C++在 C 语言的基础上增加了面向对象的概念，使程序设计更接近于人类的思考方式，侧重于类的设计而不是逻辑的设计；C#基于.NET 框架，能简便快速地开发 Windows 窗体应用程序及 Web 应用程序。编者深入调研了国内知名院校程序设计课程的现状和发展趋势，参阅了国内外数十种相关教材，分析了学习者在学习过程中遇到的困难，研究了初学者的认知规律。因此，本书在编写过程中做到了准确定位，合理取舍内容，并以通俗易懂的语言将复杂的概念化繁为简，大大降低了初学者学习的难度。

本书分为 3 个部分。第一部分为编程基础，主要介绍与编程相关的计算机基础知识以及面向过程设计的基本语法和程序结构。其中，第 1 章介绍计算机的基本结构和工作原理、数制、信息的表示与编码及基本语法等，目的是让学生在学习编程时不仅要“知其然”，更要“知其所以然”，并初步了解程序设计的基本语法；第 2～4 章介绍 C 语言的 3 种基本结构，即顺序结构、选择结构和循环结构，目的是使学生掌握简单程序的编写和调试方法，初步具备编程思维。第二部分为编程进阶，主要介绍数组和函数等涉及复杂程序时使用的数据结构和模块化编程思想。其中，第 5 章对指针、一维数组、二维数组、字符数组等概念和算法进行详细说明，使学生可以处理更加复杂的排序、矩阵计算、文本处理等问题；第 6 章通过对函数的讲解，可以让学生在处理复杂问题时建立分解、封装的模块化思想，进一步训练其编程规范和技巧。第三部分为实用编程，主要介绍面向对象程序设计的基本思想及 Windows 窗体应用程序设计。其中，第 7 章介绍 C++中的类和对象的概念，以及派生、继承、封装和多态等特性，使学生具备初步的面向对象的编程思维；第 8 章介绍 Windows 窗体应用程序设计的步骤和方法，由于使用 C++开发窗体应用程序时存在过程相对复杂、涉及的概念过于抽象等问题，因此第 8 章以 C#为基础，通过实例对各种控件的用法进行讲解，注重实用性，便于学生快速理解和掌握。书中带★的内容为选学内容，读者可根据实际情况进行学习。

本书由潘卫华担任主编，罗贤缙担任副主编。具体编写分工如下：第 1～4 章由潘卫华编写，第 5 章由王红、高伟编写，第 6 章由张锋奇编写，第 7 章由王德文编写，第 8 章由罗贤缙编写。

在本书编写过程中，我们参考了许多同类书籍和参考文献，在此向相关作者表示感谢。由于编者水平有限，书中难免存在不足和疏漏之处，恳请广大读者指正。

编者

2021 年 3 月

目录 CONTENTS

第一部分　编程基础

第二部分 编程进阶

第三部分 实用编程

第一部分

编程基础

01 第1章　编程基础知识

计算机系统由硬件系统和软件系统两大部分构成，其工作原理采用程序存储的思想。程序以二进制代码的形式存放在存储器中。结构化程序设计的思想可以归纳为“程序=算法+数据结构”，本章将介绍C/C++程序设计的基本数据类型、三种基本的程序结构以及常用的运算符和表达式，为后续内容打下基础。

1.1　计算机系统及工作原理

美籍匈牙利科学家约翰・冯・诺依曼（John von Neumann）最先提出“程序存储”的思想，即计算机主要由运算器、控制器、存储器和输入/输出设备组成，它的特点是：指令由操作码和地址码组成；指令在其存储过程中按照执行的顺序进行存储；以运算器和控制器作为计算机结构的中心等。除硬件系统外，计算机运行时的各种程序、数据及相关的文档资料统称为软件系统，包括系统软件和应用软件，以满足用户使用计算机的各种需求，帮助用户管理计算机和维护资源。

1.1.1　硬件系统

在介绍计算机的硬件系统之前，先看一个用算盘计算的例子。

$$163\times156+136\div34-120\times36$$

这个计算题目需要使用一个算盘作为运算工具；此外还需要笔和纸，用来记录原始题目、原始数据、中间结果和最后结果；整个计算过程都是由人来控制和完成的。

如果要用计算机进行计算，计算机首先要有一个部件起到算盘的作用（运算器）；其次要有一个部件起到笔和纸的作用（存储器），存储器除了存储数据外，还存储自动完成计算的命令；还要有部件能起到人的控制作用（控制器）；另外，原始的数据需要输入存储器，计算的最终结果需要输出，这些由输入设备和输出设备完成。这5部分组成了计算机的基本结构，如图1.1所示。

运算器、存储器、控制器、输入设备和输出设备是计算机的实体，看得见也摸得着，统称为计算机的硬件系统，如图1.2所示。

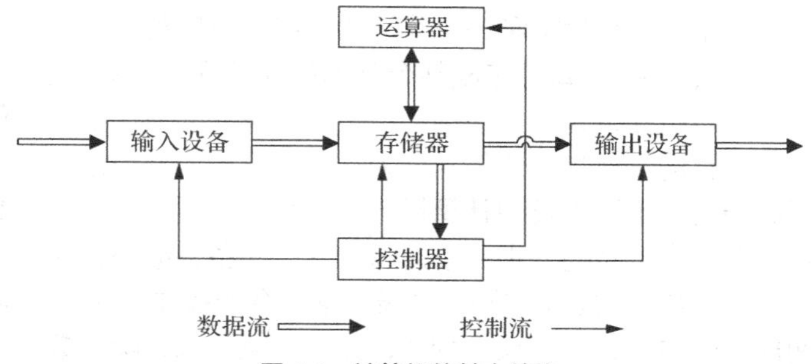

图 1.1　计算机的基本结构

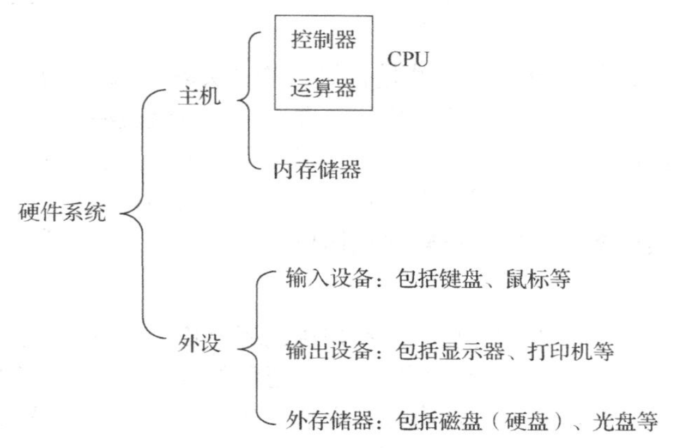

图 1.2　计算机的硬件系统

运算器、内存储器、控制器是计算机的主体，称为主机；输入设备、输出设备和外存储器是计算机的外部设备（简称外设）。另外，控制器、运算器是计算机的核心，称为中央处理单元（Center Processing Unit，CPU）。“输入”的英文是 Input，“输出”的英文是 Output，因此，输入/输出设备也称为 I/O（Input/Output）设备。各部件的基本功能如表 1.1 所示。

表 1.1　各个部件的基本功能

部件	功能
控制器	分析指令、协调 I/O 操作和内存访问
运算器	算术运算和逻辑运算
存储器	存储程序、数据和指令
输入设备	输入数据
输出设备	输出数据

1.1.2　软件系统

只有硬件系统的计算机称为“裸机”，不能接收我们给它的命令，不能为我们所用。要让计算机为我们服务，还要有软件的配合。什么是软件？软件看不见也摸不着，通常，软件不只包括程序，还包含运行程序所需要的数据和有关技术的文档资料。程序是软件的主要部分。如何理解程序？做任何事情都是先按照要求分成步骤，然后一步步去完成的。例如上面的例题：计算 163×156+136÷34−120×36 的值。

第一步计算：163×156=25428。

第二步计算：136 ÷ 34=4，将其加上第一步的结果得 25432。

第三步计算：120 ×36 = 4320，将其从第二步的结果中减掉得到最后的结果为 21112。

以上 3 步就是计算这道题的步骤，将它们用计算机能够理解的命令写出来，这就是程序。因此，程序就是为完成某一特定任务而用某种语言编写的一组指令序列。

那什么是指令？指令是指计算机完成某个基本操作的命令。指令能被计算机的硬件理解及执行，一条指令就是计算机机器语言的一条语句，是程序设计的最小语言单位。

一台计算机所能执行的全部指令的集合称为这台计算机的指令系统。指令系统充分反映了计算机对数据进行处理的能力。不同种类的计算机，其指令系统所包含的指令数目与格式也不同。指令系统是根据计算机使用要求设计的，指令系统越丰富、完备，编写程序就越方便、灵活。

指令由操作码和地址码组成。操作码用来表示该指令的操作特性和功能，即指出进行什么操作。操作码主要包括两部分的内容，一是操作种类，如加、减、乘、除、数据传送等；二是对操作数的描述，如数据的类型和数据的长度等。地址码用来指出参与操作的数据在存储器中的什么地方，即地址。有关指令的其他内容在此不做详细介绍。

硬件是软件赖以运行的物质基础，软件是计算机的“灵魂”，是发挥计算机功能的关键。有了软件，人们不必过多地去了解机器本身的结构和原理就可以方便灵活地使用计算机。因此，一个性能优良的计算机硬件系统能否发挥其应有的作用，很大程度上取决于其所配置的软件是否完善和丰富。软件不仅能提高机器的效率、扩展硬件的功能，还能方便用户使用。

软件内容丰富、种类繁多，通常根据软件用途可将其分为系统软件和应用软件两类。

1. 系统软件

系统软件是指管理、控制和维护计算机系统资源的程序集合。这些资源包括硬件资源与软件资源，例如，对CPU、内存、打印机的分配与管理；对磁盘的维护与管理；对系统程序文件与应用程序文件的组织和管理等。常用的系统软件有操作系统、各种语言处理程序和一些服务性程序等。操作系统用于管理和控制计算机硬件和软件资源，是由一系列程序组成的。操作系统是直接运行在裸机上的最基本的系统软件，是系统软件的核心，其他软件必须在操作系统的支持下才能运行。系统软件是计算机正常运行不可缺少的部分，一般由计算机生产厂家或软件开发人员研发。其中一些系统软件程序在计算机出厂时直接写入只读存储器芯片，如系统引导程序、基本输入/输出系统（Basic Input Output System，BIOS）、诊断程序等；有些直接装入计算机系统，如操作系统；也有一些保存在活动介质上供用户购买，如语言处理程序。任何与计算机打交道的用户都要用到系统软件，所有应用软件都要在系统软件的支持下开发和运行。

2. 应用软件

应用软件是为完成某一特定的任务而编写的程序集合。计算机在各个领域中的应用，就是通过应用软件实现的。应用软件按软件创建的方式可以分成应用软件包和用户程序两类。

（1）应用软件包是指由计算机生产厂家或软件公司为支持某一应用领域而专门研发的软件。为了提高软件的质量和效益，应用软件日益商品化，市面上有很多为满足各种专门需要而开发的应用软件包，如Office套件、标准函数库、计算机辅助设计软件、各种图形处理软件、财务软件、防病毒软件、多媒体制作软件等。

（2）用户程序是指用户为解决特定问题，利用系统软件或应用软件二次开发的程序，如用各种程序设计语言编写的计算程序、用数据库管理软件开发的信息管理系统等。

硬件系统和软件系统一起构成一个完整的计算机系统。计算机工作时软件与硬件系统协同工作，缺一不可。

1.1.3 计算机工作原理

计算机的工作预先要把控制计算机如何进行操作的指令序列（即程序）和原始数据通过输入设备输送到计算机内存中。每一条指令中明确规定了计算机从哪个地址取数，进行什么操作，然后送到什么地址去等步骤。

计算机在运行时，先从内存中取出第一条指令，通过控制器的译码，按指令的要求，从存储器中取出数据进行指定的运算和逻辑操作等加工，然后再按地址把结果送到内存中去。接下来，再取出第二条指令，在控制器的指挥下完成规定操作。依此进行下去，直至遇到停止指令。程序与数据一样存取，按程序编排的顺序，一步一步地取出指令，自动地完成指令规定的操作，这就是计算机基本的工作原理。这一原理最初是由冯・诺依曼于 1946 年提出的，故其也称为“冯・诺依曼原理”，可以概括为 8 个字：存储程序、程序控制。

1.2 信息的存储与表示

信息是对现实世界事物存在方式或运动状态的反映。具体来说，信息是一种已经被加工为特定形式的数据，这种数据形式对接受者来说是有意义的，并且对当前和将来的决策具有实际价值。为了了解世界、研究世界和交流信息，人们需要描述各种事物。用自然语言来描述虽然很直接，但过于烦琐，不便于形式化，而且也不利于计算机表达。描述事物的符号称为数据，包括文字、图像、声音、视频等。这些数据如何存储，是信息技术的重要问题。

1.2.1 计算机信息表示及编码

1. 计算机内部是一个二进制世界

任何信息想存入计算机中，都必须采用二进制编码形式。这是因为在计算机内部，信息的表示依赖机器硬件电路的状态。信息采用什么表示形式，直接影响计算机的结构与性能。采用二进制编码（二进制编码或计算机编码，指计算机内部代表字母或数字的方式）表示信息，有如下几个优点。

（1）易于物理实现

因为具有两种稳定状态的物理器件是很多的，如门电路的导通与截止、电压的高与低，而它们恰好对应 1 和 0 两个符号。假如采用十进制，就要制造具有 10 种稳定状态的物理电路，那是十分困难的。

（2）二进制运算简单

数学推导证明，R 进制的算术求和、求积规则共有 $R(R+1)/2$ 种。如果采用十进制，就有 55 种求和、求积的规则；而二进制仅有 3 种，因而简化了运算器等物理器件的设计。

（3）机器可靠性高

由于电压的高低、电流的有无都是一种质的变化，两种状态分明，所以二进制编码的传递抗干扰能力强，鉴别信息的可靠性高。

（4）通用性强

二进制编码不仅成功地运用于数值信息编码（二进制），而且适用于各种非数值信息的数字化编码。特别是仅有的两个符号 0 和 1 正好与逻辑命题的两个值“真”与“假”相对应时，可以使计算机实现逻辑运算和逻辑判断。

计算机只能识别处理二进制编码。而人们习惯用文字和符号（字符）表达想法，用十进制数进行运算，因此人们通过输入设备把字符和十进制数转换成二进制编码输入计算机，计算机处理后，再把二进制编码的结果通过输出设备转换成人们容易理解的字符和十进制数输出。这种转换是用什么方式实现的呢？文字和符号以编码的方式转换成二进制编码，数值则以等值的方式转换成二进制编码。

2. 数制

在介绍具体数制之前，先要明确如下两个概念。

数制的基数：某种数制所使用的数码的个数称为数制的基数，用 *R* 来表示。

数制的权值：数制的每一位所具有的值称为数制的权值。

几种常见的数制如下。

（1）十进制（decimal system）

基数：10。

权值：以 10 为底的幂。

数码组成：0，1，2，3，4，5，6，7，8，9。

运算规则：逢十进一，借一当十。

例如：19+1=20；20−1=19。

（2）二进制（binary system）

基数：2。

权值：以 2 为底的幂。

数码组成：0，1。

运算规则：逢二进一，借一当二。

例如：101+1=110；110−1=101。

（3）八进制（octal system）

基数：8。

权值：以 8 为底的幂。

数码组成：0，1，2，3，4，5，6，7。

运算规则：逢八进一，借一当八。

例如：17+1=20；20−1=17。

（4）十六进制（hexadecimal system）

基数：16。

权值：以 16 为底的幂。

数码组成：0，1，2，3，4，5，6，7，8，9，A，B，C，D，E，F。

运算规则：逢十六进一，借一当十六。

例如：5F+1=60；60−1=5F。

在实际运用中，尤其在编程时，往往采用十六进制表示数据，以便于记忆。对比下面几组数据：

$(1000)_2=(10)_8=(8)_{16}$

$(1111)_2=(17)_8=(F)_{16}$

$(10000)_2=(20)_8=(10)_{16}$

$(11111001)_2=(371)_8=(F9)_{16}$

可见，用十六进制表示数据可以写得较短，更易于记忆，尤其是当二进制编码的位数很多时，更能体现十六进制的优点。通过上面的例子我们还应注意，当知道数据可以用不同进制表示后，书写数据时，为准确起见，数据一定要带下角标。除了可以在数据右下角标明进制数外，还可用字母来表示这些数制：B 代表二进制，H 代表十六进制，D 代表十进制，O 代表八进制。但是，如果上下文可以理解所写的数是什么进制，就不必附加数制符号。

3. 数制转换

由于计算机只能存储、处理二进制数，所以任何非二进制形式的数据必须经过转换，成为二进制数后，计算机才能接收；在计算机运算完毕得到二进制形式的结果后，又要把结果转换成人们能看懂的形式显示出来。这就要用到进制转换的知识。

（1）十进制数转换成 *R* 进制数

十进制数转换成 *R* 进制数要分别考虑整数部分和小数部分。

① 整数部分："除基取余逆序排列"。用 *R* 除这个十进制数，可得商数及余数，此余数为二进制代码的最小有效位之值；将余数从下往上排列，从左至右写出相应的二进制数。

例如，将$(59)_{10}$转换为二进制数：

除数	被除数/商	余数	
2	59		
2	29	1	低位
2	14	1	
2	7	0	
2	3	1	
2	1	1	
	0	1	高位

因此，$(59)_{10} = (111011)_2$。

② 小数部分："乘基取整正序排列法"。十进制小数转换成 *R* 进制时，可连续地乘以基数 *R*，直到小数部分为 0，或达到所要求的精度为止（小数部分可能永远达不到 0），得到的整数即组成对应的 *R* 进制的小数部分。

例如，将$(0.3125)_{10}$转换成二进制数：

$0.3125 \times 2 = \underline{0}.625$……………………0

$0.625 \times 2 = \underline{1}.25$……………………1

$0.25 \times 2 = \underline{0}.5$……………………0

$0.5 \times 2 = \underline{1}.0$……………………1

因此，$(0.3125)_{10} = (0.0101)_2$。

要注意的是，十进制小数常常不能准确地换算为等值的二进制小数（或其他 *R* 进制数），有换算误差存在。

例如，将$(0.5627)_{10}$转换成二进制数：

$0.5627 \times 2 = 1.1254$

$0.1254 \times 2 = 0.2508$

$0.2508 \times 2 = 0.5016$

$0.5016 \times 2 = 1.0032$

$0.0032 \times 2 = 0.0064$

$0.0064 \times 2 = 0.0128$

$0.0128 \times 2 = 0.0256$

此过程会不断进行下去（小数部分永远达不到 0），因此只能取一定精度：

$(0.5627)_{10} \approx (0.1001000)_2$

若将十进制数 59.3125 转换成二进制数，可分别进行整数部分和小数部分的转换，然后再拼在一起：

$(59.3125)_{10} = (111011.0101)_2$

同理，用上述方法可以将十进制数转换成八进制数、十六进制数。

（2）*R* 进制数转换成十进制数

R 进制数转换为十进制数，采用按位权展开的方法。为计算方便，可以将它们整数部分的位序号定为从 0 开始，向左依次增 1；小数部分的位序号从-1 开始，向右依次减 1。这样，某种进制数

第 n 位的权就等于以其基数为底，以位序号 n 为指数的幂。那么，一个基数为 R 的数字，只要将其各位数字与它的权相乘，其积相加，得到的和就是对应的十进制数。

例如：

$(11011.11)_2$

$= 1\times2^4 + 1\times2^3 + 0\times2^2 + 1\times2^1 + 1\times2^0 + 1\times2^{-1} + 1\times2^{-2}$

$= 16 + 8 + 0 + 2 + 1 + 0.5 + 0.25$

$= (27.75)_{10}$

例如：

$(3506.2)_8$

$= 3\times8^3 + 5\times8^2 + 0\times8^1 + 6\times8^0 + 2\times8^{-1}$

$= (1862.25)_{10}$

例如：

$(0.2A)_{16}$

$= 0\times16^0 + 2\times16^{-1} + 10\times16^{-2}$

$= (0.1640625)_{10}$

（3）二进制数、八进制数、十六进制数的相互转换

二进制数、八进制数、十六进制数的相互转换在实际应用中占有重要地位。由于这 3 种进制的权之间有内在的联系，即 $2^3=8$，$2^4=16$，因此它们之间的转换比较容易，即每位八进制数相当于 3 位二进制数，每位十六进制数相当于 4 位二进制数。

在转换时，位组划分以小数点为中心向左右两边延伸，中间的 0 不能省略，两头不够时可以补 0。

例如，将$(1011010.10)_2$转换成八进制数和十六进制数：

$\underline{001}\ \underline{011}\ \underline{010}\ .\ \underline{100}$　　$(1011010.10)_2 = (132.4)_8$

1　3　2　.　4

$\underline{0101}\ \underline{1010}\ .\ \underline{1000}$　　$(1011010.10)_2 = (5A.8)_{16}$

5　A　.　8

例如，将十六进制数 F7.28 转换为二进制数：

F　7　.　2　8　　$(F7.28)_{16} = (11110111.00101)_2$

$\underline{1111}\ \underline{0111}\ .\ \underline{0010}\ \underline{1000}$

例如，将八进制数 25.63 转换为二进制数：

2　5　.　6　3　　$(25.63)_8 = (10101.110011)_2$

$\underline{010}\ \underline{101}\ .\ \underline{110}\ \underline{011}$

1.2.2 信息存储单位

前面介绍了在计算机内部，各种信息都是以二进制编码形式存储的，因此这里有必要介绍一下信息存储单位。

信息存储单位常采用位、字节、字、字长等，它们是用来表示信息量大小的基本概念。

1. 位

在计算机中，一个二进制的取值单位称为二进制位，简称“位”，用 bit（缩写为 b）表示，也就是说位是构成信息的最小单位。

一位二进制数（取值为 0 或 1）可表示 $2^1=2$ 个信息，两位二进制数（取值为 00、01、10、11）可表示 $2^2=4$ 个信息，依次类推。二进制数每增加一位，可表示的信息个数便增加一倍。

2. 字节

8 位二进制数称为一个字节，简称 B（byte），是信息存储中最基本的单位。

计算机的存储器（包括内存与外存）通常以字节来表示它的容量。常用的单位有：

（1）KB，1KB=1024B；

（2）MB，1MB=1024KB；

（3）GB，1GB=1024MB；

（4）TB，1TB=1024GB；

（5）PB，1PB=1024TB。

3. 字

计算机在存储、传送或操作数据时，作为一个整体单位进行处理的一组二进制编码称为一个计算机字，简称“字”（word）。在计算机存储器中，每个单元通常存储一个字，因此每个字都是可以寻址的。

4. 字长

每个字所包含的二进制位数称为字长。由于字长是计算机一次可处理的二进制位数，所以它与计算机处理数据的速率有关，是衡量计算机性能的一个重要指标。计算机按字长可分为 8 位机、16 位机、32 位机及 64 位机。字长越长，功能越强。

1.2.3 非数值信息的表示

用某种形式来表示信息称为信息的编码表示。信息可以用文字、符号的基本组合来编码并进行表示，由于计算机只能识别 0 和 1 两种符号，因此在计算机中，只能用 0 和 1 的各种不同组合来表示数字、字母、汉字及其他符号和控制信息。这种按预先规定的标准由 0 和 1 组成的数字化信息编码称为二进制编码。

现用的编码方式很多，在不同的设备中，可以采用不同的编码方式。随着计算机的普及，要求对各种文字符号的编码有一个统一的标准。事实表明，采用统一的标准编码，对计算机的进一步普及和计算机数据通信技术的发展都起到了很大的推动作用。

1. 西文字符编码

ASCII（American Standard Code for Information Interchange，美国信息交换标准代码）是目前世界上非常流行的字符信息编码方案。

ASCII 用 7 位二进制数编码表示字符，共可表示 128 个字符。通常再加一位奇偶校验位（最高位）构成 8 位二进制数编码，即一个字节。

2. 中文信息编码

汉字在计算机内应如何表示呢？自然，也只能采用二进制的数字化信息编码。

汉字数量大，常用的也有几千个之多，显然用一个字节（8 位编码）来表示是不够的。目前的编码方案有二字节、三字节甚至四字节的，本书主要介绍《国家标准信息交换用汉字编码》（GB2312—1980），简称“国标码”。

国标码是二字节码，即用两个 7 位二进制数编码表示一个汉字。

目前，国标码收录 6763 个汉字，其中一级汉字（最常用）3755 个，二级汉字 3008 个，另外还包括 682 个西文字符、图符。

例如，“巧”字的代码是 39H 41H，在计算机内形式如下：

0111001	1000001
第一字节	第二字节

在计算机内部，汉字编码与西文编码是共存的，如何区分它们是个很重要的问题，因为计算机

对不同的信息有不同的处理方式。其中一个方法是对于二进制的国标码，将两个字节的最高位都设置成 1，而 ASCII 所用字节最高位保持为 0，然后由软件（或硬件）根据字节最高位来做出判断。

1.2.4 信息的内部表示与外部显示

信息是多种多样的，如文字、数字、图像、声音及各种仪器输出的电信号等。各种各样的信息都可以在计算机内存储和处理，而计算机内表示它们的方法只有一种，就是基于符号 0 和 1 的数字化信息编码。不同的信息需要采用不同的编码方案，如上面介绍的几种中西文编码。二进制数可被看作数值信息的一种编码。

计算机的外部信息需要经过某种转换变为二进制编码信息后，才能被计算机主机所接收；同样，计算机内部信息也必须经过转换才能恢复“本来面目”。这种转换通常由计算机的输入/输出设备来实现，有时还需软件参与这种转换过程。

例如，我们最常使用的终端，就是人与计算机交换数据的外部设备，它主要用于在人和计算机之间传递字符数据。

当一个程序要求用户在终端上输入一个十进制数“10”时，怎样将这个数据传递给程序呢？具体操作步骤如下。

① 用户在键盘上先后按“1”和“0”两个键。

② 终端的编码电路依次接收到这两个键的状态变化，并先后产生对应“1”和“0”的用 ASCII 表示的字符数据$(00110001)_2$和$(00110000)_2$，然后送往主机。

③ 主机的终端接口程序一方面将接收到的两个 ASCII 值回送给终端（这样当用户输入“1”时，终端显示器上就显示出“1”），另一方面将它们依次传给有关程序。

④ 程序根据本意，将这两个字符数据转换成相应十进制数的二进制表示$(00001010)_2$。

同样，当一个运算结果被送往终端显示时，首先要将数值信息转换为字符数据，即每一个数字都要换成相应的 ASCII 值，然后由主机传送到终端。然后终端再将这些 ASCII 值转换成相应的字符点阵信息，用来控制显示器的显示。

当然，上述输入/输出过程对普通用户来说，应该是透明的。用户可以在终端上根据程序的需要，输入数字或字符信息。

至于如何将图像、声音和其他形式的数据送入计算机，则要靠一些专用的外部设备，如图形扫描仪、语音卡等。它们的功能也无非是将不同的输入数据转换成二进制编码并传入计算机，然后由计算机（软件）进一步分析与处理。当然处理这些信息比处理字符信息复杂得多。

1.3 程序设计语言

要使计算机能完成人们指定的工作，就必须把要完成工作的具体步骤编写成计算机能够执行的若干条指令。这样的指令序列就是程序。编写这个指令序列的过程，就是程序设计。程序需要使用程序设计语言来编写。

1.3.1 机器语言

机器语言是计算机可以理解的唯一语言。这种语言包含特定计算机处理器的指令，这些指令以二进制编码表示。用机器语言编写的程序，计算机能够直接识别和执行，执行速度快，但是用机器语言编写程序非常麻烦和枯燥，并且难记忆、不通用。所以，大多数程序是使用其他的语言进行编写再转换为机器语言的。

1.3.2 汇编语言

在汇编语言中，所有的指令不采用二进制编码的形式，而是以英文单词（助记符）的形式出现。系统可以借助语言翻译器程序将这些单词转换为机器语言代码。使用汇编语言编写程序和机器语言一样，也要给出每个基本的指令，因此用汇编语言编写程序也是比较麻烦的。

1.3.3 高级语言

高级语言进一步简化了程序员编写程序所需的命令。例如，两个数相加，在机器语言中，需要执行多个步骤才能在内存单元之间传递信息，而在高级语言中直接可写为 a+b，类似自然语言和数学语言。这种语言被翻译后，两个数相加所必需的一组指令将以机器语言的形式给出并存入内存中。使用高级语言编写程序与机器语言不同的是，程序员不用过多地考虑该程序将在什么样的内部设计的机器上使用。换句话说，用高级语言编写的程序具有通用性。但是，高级语言必须遵循一定的规则将程序准确地翻译为机器语言，任何一种高级语言都有和其对应的编译程序，编译程序的作用就是将高级语言编写的程序翻译成机器语言。

高级语言可以分为 4 类：过程化语言、函数式语言、声明式语言、面向对象的语言。

表 1.2 所示为一些常见的高级语言，从表中可以知道，C++是一种面向对象的语言，C 语言是一种过程化语言。C 语言可以看成 C++的一个子集，使用 C++既可以编写面向过程的程序，又可以编写面向对象的程序。C#语言也是一种面向对象语言，它是在 C/C++基础上发展而来的，且摒弃封装了一些复杂功能，对于初学者来说易过渡、易掌握。

表 1.2 一些常见的高级语言

语言的名称	语言的类型	产生时间
Fortran	过程化语言	20 世纪 50 年代中期
Basic	过程化语言	20 世纪 60 年代中期
Lisp	函数式语言	20 世纪 50 年代后期
Prolog	声明性语言	20 世纪 70 年代早期
Pascal	过程化语言	20 世纪 70 年代早期
C	过程化语言	20 世纪 70 年代早期
Java	面向对象的语言	20 世纪 90 年代中期
C++	面向对象的语言	20 世纪 80 年代中期
C#	面向对象的语言	2000 年

学习 C++，既要会利用 C 语言进行面向过程的结构化程序设计，也要会利用 C++进行面向对象的程序设计。所以，本书既介绍如何用 C 语言设计面向过程的程序，也介绍如何用 C++设计面向对象的程序，还介绍如何用 C#进行 Windows 窗体程序设计。

1.3.4 常见的编程语言

1. C/C++

C 语言是在 20 世纪 70 年代初问世的。1978 年，美国电话电报公司（AT&T）贝尔实验室正式发布了 C 语言。C 语言是一门面向过程的、抽象化的通用程序设计语言，广泛应用于底层开发。C 语言能以简易的方式编译、处理低级存储器。C 语言是仅产生少量的机器语言及不需要任何运行环境支持便能运行的高效率程序设计语言。尽管 C 语言提供了许多低级处理的功能，但仍然保持着跨平台的特性，以一个标准写出的 C 语言程序可在包括嵌入式处理器和超级计算机等平台的许多计算机平台上进行编译。C++是 C 语言的继承，它既可以进行 C 语言的过程化程序设计，又可以进行以抽象数据类型为特点的基于对象的程序设计，还可以进行以继承和多态为特点的面向对象的程序设计。

2. C#

C#是一种安全稳定、简单优雅、由 C/C++衍生出来的面向对象的编程语言。它在继承 C/C++强大功能的同时去掉了一些它们的复杂特性（例如没有宏及不允许多重继承）。C#综合了 Visual Basic 简单的可视化操作和 C++的高运行效率，以其强大的操作能力、优雅的语法风格、创新的语言特性和便捷的面向组件编程的支持成为.NET 开发的首选语言。

C#是面向对象的编程语言。它使得程序员可以快速地编写出各种基于 Microsoft .NET 平台的应用程序。Microsoft .NET 提供了一系列的工具和服务应用于计算与通信领域。

C#使得程序员可以高效地开发程序，而且可调用由 C/C++编写的本机原生函数，而绝不丧失 C/C++原有的强大的功能。因为这种继承关系，C#与 C/C++具有极大的相似性，熟悉 C/C++的程序员可以很快学会 C#。

3. Java

Java 是一种面向对象编程语言，不仅吸收了 C++的各种优点，还摒弃了 C++里难以理解的多继承、指针等概念，因此 Java 具有功能强大和简单易用两个特征。Java 作为静态面向对象编程语言的代表，极好地实现了面向对象理论，允许程序员以优雅的思维方式进行复杂的编程。

Java 具有简单性、面向对象、分布式、稳健性、安全性、平台独立与可移植性、多线程、动态性等特点。Java 可以编写桌面应用程序、Web 应用程序、分布式系统和嵌入式系统应用程序等。

4. Python

Python 是一种跨平台的计算机程序设计语言，是一种面向对象的动态类型语言。Python 最初用于编写自动化脚本（shell），随着版本的不断更新和语言新功能的添加，越来越多地用于独立大型项目的开发。

1.4 结构化程序设计

结构化程序设计的方法可以归纳为“程序=算法+数据结构”，即将程序定义为处理数据的一系列过程。这种设计方法的着眼点是面向过程，特点是数据与程序分离。

结构化程序设计的核心是算法设计，基本思想是采用自顶向下、逐步细化的设计方法及单入和单出的控制结构。自顶向下、逐步细化是指将一个复杂的任务按照功能进行拆分，形成由若干模块组成的树状层次结构，逐步细化到便于理解和描述的程度，各模块尽可能相对独立。而单入和单出的控制结构指的是每个模块的内部均用顺序、选择和循环 3 种基本结构来描述。

1.4.1 算法

算法是为解决一个问题而采取的方法和步骤。算法的描述由一组简单指令和规则组成。计算机按规则执行其中的指令，就能在有限的步骤内解决一个问题。

正确的算法要求组成算法的规则和每一个步骤都应当是确定的，而不是含糊、模棱两可的。由这些规则指定的操作是有序的，必须按指定的操作顺序执行，而这些操作步骤是有限的，并能得到正确的结果。这些是用来判别一个确定的运算序列是否为一个算法的特征。

算法的表示方法有很多种，常用的有自然语言、图形化表示的传统的流程图或结构化流程图、伪代码和计算机语言。

1. **自然语言**

用中文或英文等自然语言描述算法，虽然通俗易懂，但容易出现歧义，因此在程序设计中一般不用自然语言表示算法。

2. **流程图**

用图的形式表示一个算法，直观、形象，易于理解，但不易于修改。图 1.3 所示是常用的流程图符号。

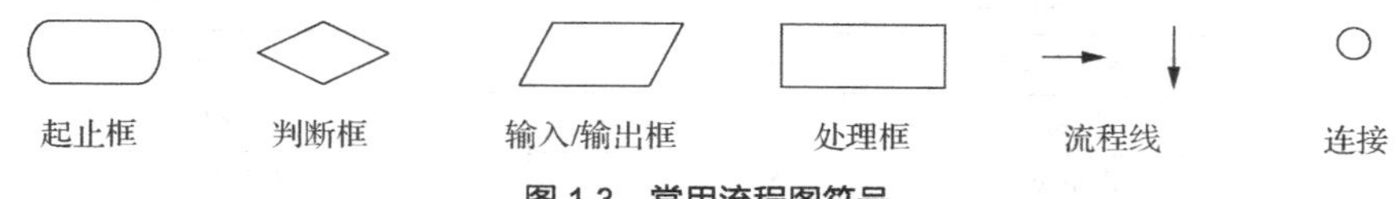

图 1.3　常用流程图符号

3. **伪代码**

伪代码是指介于自然语言和计算机语言之间的文字和符号。用伪代码描述算法时没有固定、严格的语法规则，而且不用图形符号，因此书写方便、格式紧凑、易于修改，便于向用计算机语言描述的算法（即程序）过渡。

1.4.2　数据结构

数据是程序的必要组成部分，也是程序处理的对象。C 语言规定，程序中所使用的每个数据都属于某一种数据类型。数据类型是对程序所处理数据的一种“抽象”，通过类型名对数据赋予一些约束，以便进行高效处理和词法检查。这些约束包括以下几个方面。

1. **取值范围**

每种数据类型对应不同的取值范围，即数据类型是数值的一个集合。

2. **存储空间大小**

每种数据类型对应不同规格的字节空间。

3. **运算方式**

数据类型确定了该类数据的运算方式。

C/C++的数据类型极为丰富，包括基本数据类型、构造类型、指针类型和空类型 4 类。图 1.4 所示为 C/C++数据类型的基本框架。

在程序中用到的所有数据必须指定数据类型，本节只介绍基本数据类型，其他类型将在后续内容中介绍。

C/C++的基本数据类型有整型、实型、字符型和布尔型。整型分为整型、短整型和长整型，这 3 种类型又分为有符号型和无符号型（默认为有符号型，且无须写出有符号）。实型分为单精度型、双精度型和长双精度型。字符型分为有符号型和无符号型，其中无符号型是指存储单元中全部二进制位用作存放数的本身，而不包括符号位。布尔型一般占用 1 字节长度，只有两个取值：true 和 false。true 表示“真”，false 表示“假”。

C/C++的基本数据类型如表 1.3 所示。

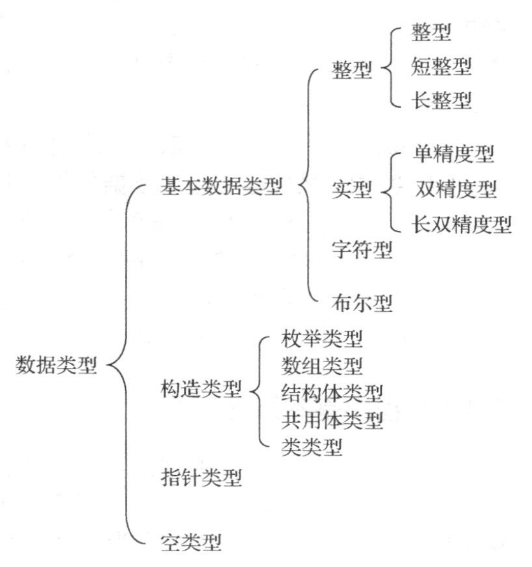

图 1.4　C/C++数据类型的基本框架

表 1.3　C/C++的基本数据类型

类型	类型标识符	字节	位数	取值范围
整型	[signed] int	4	32	-2147483648～2147483647
短整型	short [int]	2	16	-32768～32767
长整型	long [int]	4	32	-2147483648～2147483647
无符号整型	unsigned [int]	4	32	0～4294967295
无符号短整型	unsigned short [int]	2	16	0～65535
无符号长整型	unsigned long [int]	4	32	0～4294967295
单精度型	float	4	32	-3.4×10^{38}～3.4×10^{38}
双精度型	double	8	64	-1.7×10^{308}～1.7×10^{308}
长双精度型	long double	16	128	-3.4×10^{308}～3.4×10^{308}
字符型	[signed] char	1	8	-128～127
无符号字符型	unsigned char	1	8	0～255
布尔型	bool	1	8	true 和 false

具体说明如下。

（1）整型数据分为整型（int）、短整型（short int）和长整型（long int）。C/C++每种类型的数据所占的字节数是一定的，一般在 16 位机系统中，短整型和整型占 2 个字节，长整型占 4 个字节；在 32 位机系统中，短整型占 2 个字节，整型和长整型占 4 个字节。

（2）整型数据的存储方式按二进制数形式存储，例如十进制数 85 的二进制数形式为 1010101，则其在内存中的存储形式如图 1.5 所示。

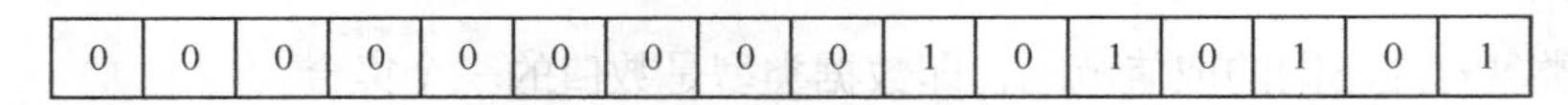

图 1.5　十进制数 85 在内存中的存储形式

（3）在整型 int 和字符型 char 的前面，可以加修饰符 signed（表示“有符号”）或 unsigned（表示“无符号”）。如果指定为 signed，则数值以补码形式存放，存储单元中的最高位用来表示数值的符号；如果指定为 unsigned，则数值没有符号，全部二进制位都用来表示数值本身。例如短整型数占两个字节，有符号时，能存储的最大值为 $2^{15}-1$，即 32767，最小值为-32768；无符号时，能存储的最大值为 $2^{16}-1$，即 65535，最小值为 0。有些数据是没有负值的（如学号、货号、身份证号），可以使用 unsigned，它存储正数的范围比用 signed 时约大一倍。

（4）实型（又称浮点型）数据分为单精度型（float）、双精度型（double）和长双精度型（long double）3 种。在 Visual C++ 6.0 中，对 float 提供 6 位有效数字，对 double 提供 15 位有效数字，二者的数值范围不同。对 float 分配 4 个字节，对 double 和 long double 分配 8 个字节。

（5）在表 1.3 中类型标识符一列中，方括号“[ ]”包含的内容可以省略，如 short 和 short int 等效、unsigned int 和 unsigned 等效。

1.4.3　程序基本结构

基于对程序设计方法的理论研究和程序设计实践，程序的基本流程可以用 3 种基本结构来表示：顺序结构、选择结构和循环结构。对于一个算法，无论其多么简单或多么复杂，都可由这 3 种基本结构组合构造而成。图 1.6 所示为 3 种基本结构的执行流程图。

注意：“块”在程序和算法中表现为一条指令或用“{”和“}”括起来的一组指令。一个块起到若干条指令的作用，其中的指令序列为一个整体，要么都执行，要么都不执行。

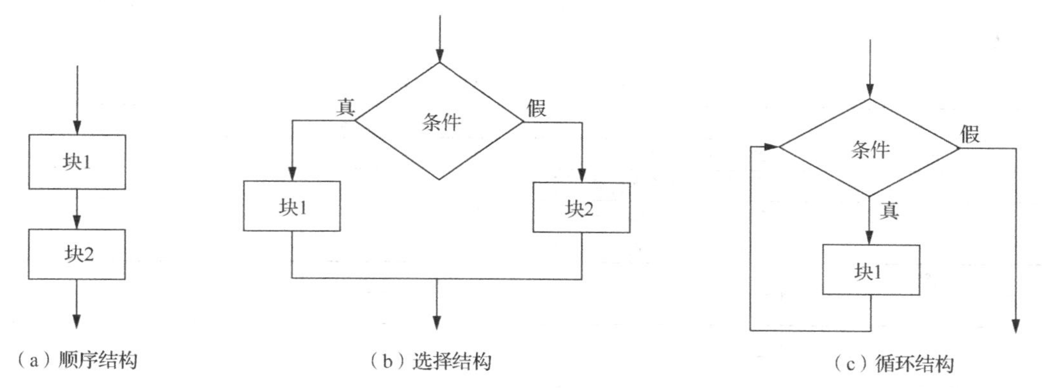

（a）顺序结构　（b）选择结构　（c）循环结构

图 1.6　程序的 3 种基本结构的执行流程图

1.5　基本语法

本节主要介绍基本数据类型的常量形式、变量的定义和初始化，以及常用的运算符和表达式，这是编程语言的基本内容。

1.5.1　常量和变量

1. 常量

常量是指在整个程序运行过程中，其值不发生变化的量。在 C/C++中，常量可分为以下 5 种。

（1）整型常量

整型常量有 3 种表示形式：十进制、八进制、十六进制。

① 十进制整数，如 12、0、-345。

② 八进制整数，是以 0 开头的八进制数，如 012、-011。

③ 十六进制整数，是以 0x 或 0X 开头的十六进制数，如 0x12、-0X11。

一个整型常量后面加 L 或 l，则认为其是 long int 常量，如 123L、23l；一个整型常量后面加 U 或 u，则认为其是 unsigned int 常量，如 234u、34U；一个整型常量后面加 U（或 u）和 L（或 l），大小写及位置不限，则认为其是 unsigned long 常量，如 456ul、456lu、456Lu、456Ul 等。

（2）实型常量

实数又称浮点数，只能用十进制数表示，有以下两种表示形式。

① 小数形式，由整数部分和小数部分组成，如 1.2、5.0、0.3 等。

② 指数形式，常用来表示很大或很小的数，如 123.456 用指数形式表示为 1.23456e2 或 1.23456E2，其中 E 或 e 表示指数，e 之前必须有数字，e 之后必须为整数。

一个实型常量后面加 F（或 f），则认为其是 float 常量，如 3.4E2f；一个实型常量后面加 L（或 l），则认为其是 long double 常量，如 4.7e6L。

（3）字符常量

C/C++的字符常量是用单引号标引起来的字符或字符序列，它在内存中占一个字节，有两种字符常量。

① 单个字符常量：用一对单引号标引起来一个 ASCII 字符，表示该字符在计算机内的编码值即 ASCII 值，如'A'和'a'等，其中'A'的 ASCII 值为 65，'a'的 ASCII 值为 97。单个字符以其 ASCII 值的二进制数的形式存放在内存中。

② 转义字符常量：以“\”开头的字符序列，表示控制字符、图形字符和专用字符。常用的转义字符如表 1.4 所示。

表 1.4 常用的转义字符

字符	含义
\n	回车换行（光标移到下一行开头）
\r	回车不换行（光标移到本行开头）
\t	横向跳格（跳到下一个输出区的第一列）
\b	退格（光标移到前一列）
\f	走纸换页（光标移到下一页开头）
\a	响铃报警（嘟）
\\	反斜杠字符
\"	双引号字符
\'	单引号字符
\0	空字符（字符串结束标志）
\ddd	1 到 3 位八进制数所代表的字符
\xhh	1 到 2 位十六进制数所代表的字符

表中最后两行是用 ASCII（八进制或十六进制）表示的一个字符，如'\101'代表字符'A'，'\376'代表图形字符'■'。

在这里特别强调单个字符在内存中的存放形式与整型数据是一样的，因此单个字符可以参加算术运算，字符型数据和整型数据可以互相赋值。

（4）字符串常量

字符串常量是用双引号标引起来的字符或字符序列，在内存中占多个字节。例如"program"，在内存中实际存放形式如下所示：

'p'	'r'	'o'	'g'	'r'	'a'	'm'	'\0'

它的长度为 8 字节而不是 7 字节，其中'\0'是系统自动加上的。C/C++规定字符'\0'是字符串结束标志，其 ASCII 值为 0，表示空操作，不起任何控制作用，只表示字符串结束。

这时我们就可以区分'a'和"a"，'a'仅占一个字节，用来存放'a'的编码值；而"a"需要占两个字节，一个用来存放'a'的编码值，另一个用来存放字符串结束符'\0'的编码值。

（5）符号常量

以上介绍的是直接使用的常量，C/C++规定常量可以用符号常量来表示。使用符号常量既可以增加程序可读性，又可以增加程序可维护性和可移植性。例如某常量在程序中多处出现时，若想修改该常量的值，则需要一个不漏地修改完，人工修改可能会出错或有遗漏，如果使用符号常量的话，则只需要修改一处。

使用预处理命令定义符号常量，其定义形式为：

```
#define 符号常量 常量
```

例如：

```
#define PI 3.14159
#include<iostream>
using namespace std;
int main()
{
  double r , area ;
  r = 10 ;
  area = PI * r * r ;
  return 0;
}
```

其中的 PI 就是一个符号常量，它的值是 3.14159，程序执行后，变量 area 的值是 314.159000。由上例可知用 define 定义符号常量时，define 命令放在 main 函数的前面。习惯上，符号常量名大写，变量名小写，以示区别。

注意：某个符号一旦被定义成了符号常量就不能再接受任何形式的赋值。例如，符号 PI 已经定义为符号常量，则下面的赋值语句就是错误的：

```
PI = 40 ;
```

2. 变量

在程序执行过程中，大量需要处理的数据都是变量。程序在编译运行时，每个变量占用一定的存储单元，并且变量名和单元地址之间存在一个映射关系。当引用一个变量时，计算机通过变量名寻址，从而访问其中的数据。因此，可以说变量是在程序执行过程中，其值能改变的量，其实质就是代表一个存储单元。变量必须用变量名进行标识，变量名也可叫作标识符。标识符就是一个名字，它不但可以用来标识一个变量名，也可以用来标识函数名、数组名、符号常量名等。

标识符的命名规则：标识符只能使用英文字母、数字和下画线，而且必须以字母或下画线开头。例如，sum、n_4、_123 是合法的变量名，而#av、α 是不合法的变量名。

注意：同一字符的大写形式和小写形式被认为是两个不同的字符。例如，num 和 NUM、Total 和 total 是两个不同的变量。一般变量名用小写字母。在程序设计中，为变量命名采用的原则是“见名知意”，例如，num 表示人数、name 表示姓名等。这样可增加程序的可读性。变量名不能与 C/C++ 的关键字、函数名及类名相同。变量名的长度（字符的个数）没有强制规定，但是各个具体的 C 编译系统都有自己的规定，所以，在编写程序时应了解所用系统对变量名长度的规定。

变量有类型之分，如整型、实型和字符型等。整型变量用来存放整型数据，实型变量用来存放实型数据，字符型变量用来存放字符型数据。任何类型的变量都必须先定义后使用，定义一个变量即确定了它的 4 个属性：名字、数据类型、允许的取值及合法操作。这样做有以下两个好处。

① 便于编译程序为变量预先分配存储空间。不同类型的变量占用的内存单元数不同，编译程序要根据变量的类型分配相应的存储空间。

② 便于在编译期间进行语法检查。不同类型的变量有其对应的合法操作，编译程序可以根据变量的类型对其操作的合法性进行检查。

使用类型标识符：用 int、float、double、char 来对变量的类型进行定义。变量定义有时也称为变量声明。

定义变量的格式为：

```
类型标识符  变量 1[, 变量 2][, 变量 3]…[, 变量 n];
```

C/C++中对变量的定义可以放在程序的任何位置，只要在使用该变量之前就行，例如：

```
int a;    //定义变量 a
a = 4;    //使用变量，对 a 赋值
float b; //定义变量 b
b = 3.8; //使用变量，对 b 赋值
```

在定义变量时，如果加上关键字 const，则变量的值在程序运行期间不能改变，这种变量就称为常变量。例如：

```
const int a=5;
```

注意：在定义常变量时必须同时对它初始化，此后它的值不能改变，即某个变量一旦被定义成常变量，它就不能再出现在赋值号的左边。例如上面的代码不能写成：

```
const int a;
a = 5;          //常变量不能被赋值
```

有些读者自然会提出这样的问题：变量的值应该是可以变化的，怎么值是固定的量也称变量

呢？的确，从字面上看，常变量的名称本身就矛盾。我们知道，变量的实质是代表存储单元，在一般情况下，存储单元中的内容是可以变化的。而常变量是在变量的基础上加上一个限定：存储单元中的内容不允许变化。因此常变量又称为只读变量。

常变量的概念是从应用需要的角度提出的，例如有时要求某些变量的值不允许改变，这时就需要用 const 加以限定。

用#define 命令定义的符号常量和用 const 定义的常变量的区别：符号常量只是用一个符号代替一个字符串，在预编译时把所有符号常量替换为所指定的字符串，它没有类型，在内存中没有以符号常量命名的存储单元；而常变量具有类型，在内存中有以它命名的存储单元，与一般的变量唯一的不同是指定变量的值不能改变。

1.5.2 赋值运算符和赋值表达式

变量通过赋值运算进行赋值，赋值运算符为“=”，赋值的格式为“变量 = 表达式;”，注意语句末尾的分号是语句的一部分，是不可以省略的。

其运算规则为：将表达式的值计算出来，将结果赋给赋值运算符左边的变量。

赋值运算符的功能就是将数据存放到变量对应的存储单元中，给变量赋值的过程如图 1.7 所示。

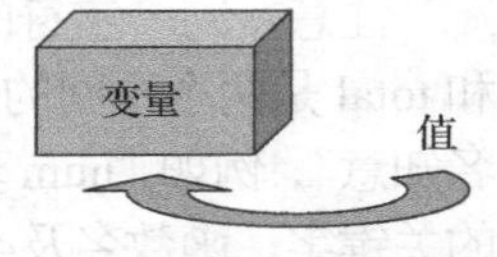

变量

值

图 1.7　给变量赋值的过程

赋值运算的特点是“新来旧去，取之不尽”。因为在内存中的某个单元存放数据时，如果其中有数据，将“覆盖”这个数据，换为新数据。只要不在某个单元中存放新数据，原来的数据就不会因为使用过而消失。

注意：数学中的“=”和赋值语句中的“=”形式相同，但意义不同。“形同意不同”。在数学中不可以写“c=c+1”，而在 C/C++的赋值语句中可以写“c=c+1”，这表明将 c 代表的存储单元中的内容（例如 20）加上 1（得到 21）再放到这个存储单元中。

例如：

```
#include<iostream>
using namespace std;
int main()
{
    int a , b ;
    a = 5 ;
    b = 4 ;
    //--------------
    b = a + b ;
    return 0;
}
```

执行上述赋值语句后，变量 b 所代表的存储单元中是 9，如图 1.8 所示。

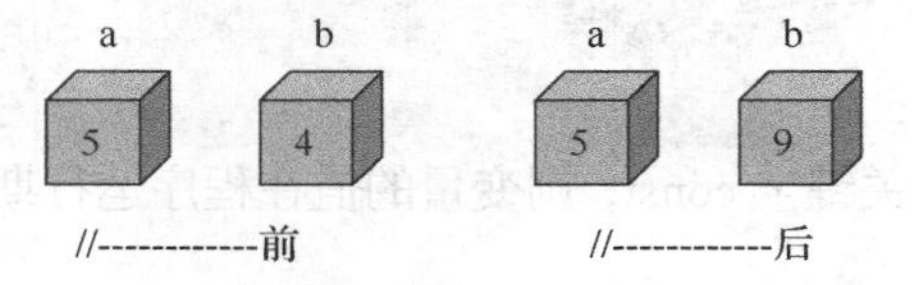

//------------前　　//------------后

图 1.8　内存中变量 a、b 的变化

1.5.3 算术运算符和算术表达式

1. 算术运算符

① +（加法运算符或正值运算符，如 8+5、+4）。

② -（减法运算符或负值运算符，如 8-4、-3）。

③ *（乘法运算符，如 8*3）。

④ /（除法运算符，如 8/3）。

⑤ %（模运算符或求余运算符。%两侧应为整型数据，如 9%4 的值为 1）。

⑥ ++、--（自加、自减运算符，使变量的值增 1 或减 1）。

⑦ ++k，--k（先使 k 的值加或减 1，再使用 k 的值）。

⑧ k++，k--（先使用 k 的值，再使 k 的值加或减 1）。

2. 算术表达式

用算术运算符和括号将运算对象连接起来的符合 C/C++语法规则的式子，称为算术表达式。运算对象包括常量、变量、函数等。下面是一些合法的算术表达式：

a*a-2*a*b*cos(alf)，(a+b)/(c+v)，b*b-4*a*c，a+b/1.5+'a'。

（1）表达式求值运算的优先次序

括号 > 函数 > *、/ 、% > +、-。

（2）表达式类型的转换

常量有类型、变量有类型，而表达式也有类型。如果组成表达式的对象的类型相同，则不用进行类型转换，表达式的类型与运算对象的类型相同。例如，5+3*9 中所有的对象是整型，所以表达式的值也是整型 32。如果组成表达式的对象的类型不同，则存在类型转换的问题，转换的规则为：将低级的转换成高级的，然后再进行计算。表 1.5 所示为常见的类型。

表 1.5　常见的类型

级别	类型	范围	规则
低	char	-128～127	由低到高进行转换
↓	int	-2147483648～2147483647	
高	float	-3.40E+38～3.40E+38	

例如，5+3*9.0 先将 3 转换成实型 3.0，计算 3.0*9.0，结果为 27.0，然后计算 5+27.0；同样先将 5 转换为 5.0，计算 5.0+27.0，结果为 32.0。注意，这个转换是自动进行的。

例如，有这样的声明：int c = 1; char b = 'a' ;，计算表达式 1/2*c + b 的值。按运算的优先次序先计算 1/2，类型相同不用转换，结果和组成表达式对象的类型一样是 0，而不是 0.5；计算 0*c，c 为整型变量，初值是 1，不用转换，结果是 0；最后计算 0+b，在表达式中的字符型数据按整型数据对待，其值为该字符的 ASCII 值，变量 b 的初值为'a'，而 a 的 ASCII 值为 97，所以表达式最终的结果是 97。

注意：在做除法时，如果组成表达式的对象都是整型，则计算的结果也是整型，即把小数点后面的数据直接舍去，不按“四舍五入”的原则进行操作。

例如，表达式 20/3 的结果为 6，表达式 1/(2*c)的结果为 0。

（3）强制类型转换

可以利用强制类型转换将一个表达式的类型转换成所需要的类型。例如：

```
(float)x            （将 x 转换成单精度型）
(int)(x+y)          （将 x+y 的值转换成整型）
(double)(5%2)       （将 5%2 的值转换成双精度型）
```

其一般形式为：

```
（类型名）（表达式）
```

注意：表达式应该用括号括起来。如果写成(int)x+y，则只将 x 转换成整型，然后与 y 相加。

在强制转换时，会得到一个所需类型的中间变量，原来变量的类型不变。例如：

```
#include<iostream>
using namespace std;
int main()
{
    double a = 102.6 ;
    int c = 1 , d ;
    char b = 'a' ;
    d = (int) a*c + b ;
    return 0 ;
}
```

在计算 d = (int) a*c + b 时，a 的值被强制转换为 102，所以 d 的值是 199，变量 a 的类型仍为双精度型，值仍等于 102.6。

算术赋值语句的类型转换常量有类型、变量有类型、表达式有类型，所以赋值语句也存在类型转换问题。这点是对赋值语句的补充。

如果赋值运算符两边的类型一致，则不存在类型转换问题。如果类型不一致，则存在类型转换问题。例如：

```
#include<iostream>
using namespace std;
int main()
{
  int i , j ;
  double a , b ;
  i = 3.6 ;
  a = 3.8 ;
  b = 4 ;
  return 0;
}
```

对于带下画线的两条语句，赋值运算符两边的类型不一致，则存在类型转换问题，转换时以赋值运算符左边变量的类型为准，所以变量 i 的值是 3，变量 b 的值是 4.0。又如：

```
#include<iostream>
using namespace std;
int main()
{
  int iy;
  iy = 1.2 * 2.5 / 2 ;
  return 0 ;
}
```

iy 变量被定义为整型变量，将 1.2*2.5/2 的值赋给它。首先计算表达式的值，1.2*2.5 两个运算量类型一致，不用转换直接计算，结果为 3.0；计算 3.0/2，将 2 转换为 2.0，计算 3.0/2.0 结果为 1.5；然后将其转换成变量的类型，最后赋给变量，所以 iy 的值是 1。

赋值语句的执行次序是：先计算，后转换，最后赋值。

3. 复合赋值运算

C/C++中可以将算术运算符与赋值运算符联合起来构成复合赋值运算符。实际这是一种缩写形式，使得对变量的运算更为简洁。

例如，Total=Total+3;这条语句的含义是将 Total 变量的值加 3，然后再赋值给自身。这条语句也可以简写成 Total+=3;，其中的“+=”即为复合赋值运算符，先将运算符左边操作数指向的变量值和右边的操作数执行相加操作，然后再将相加的结果赋值这个变量。

复合赋值运算符同简单赋值运算符一样，也是双目运算符，需要两个操作数，运算方向也是从右至左。不同的是，复合赋值运算符要先执行运算符自身要求的运算后，再将运算后的结果赋值给左边的操作数指定的变量。表 1.6 列出了常见的复合赋值运算符。

表 1.6　复合赋值运算符

运算符	描述	实例
+=	加法赋值运算符	c += a 等价于 c = c + a
-=	减法赋值运算符	c -= a 等价于 c = c - a
*=	乘法赋值运算符	c *= a 等价于 c = c * a
/=	除法赋值运算符	c /= a 等价于 c = c / a
%=	取模赋值运算符	c %= a 等价于 c = c % a

因此，x*=y+7 等价于 x=x*(y+7)，r%=p 等价于 r=r%p。

1.5.4　其他运算符和表达式

除算术运算符外，常用的运算符还有自加/自减运算符、逗号运算符、位运算符、关系运算符和逻辑运算符。其中，关系运算符和逻辑运算符将在第 3 章进行介绍。

1. 自加/自减运算符

自加（++）、自减（--）运算符，使变量的值增 1 或减 1。

例如：++k，--k（先使 k 的值加/减 1，再使用 k 的值）；k++，k--（先使用 k 的值，再使 k 的值加/减 1）。

以++运算为例，“k++;”与“++k;”的效果都是使变量 k 的值加 1，即均等效于 k=k+1;，但是++运算作为表达式一部分时两者有区别。例如，设 k 的初值为 10，以下两条语句：

① j = k++;

② j = ++k;

语句①等价于 j = k; k++;，即先使用 k 的值对 j 赋值，k 的值再加 1；而语句②等价于++k; j = k;，即先使 k 的值加 1，再使用加 1 后的 k 的值对 j 赋值。因此，语句①中 j 的值为 10，语句②中 j 的值为 11。

有些编译器对++/--的前缀和后缀写法解释不一样，如 j = (i++) + (i++) + (i++)，在不同编译器下得到的结果可能不一样。因此，应当尽量避免类似写法。

2. 逗号运算符

在 C/C++语言中，可以将多个表达式用逗号连接起来（或者说，把这些表达式用逗号分开），构成一个更大的表达式。其中的逗号称为逗号运算符，所构成的表达式称为逗号表达式。逗号表达式中用逗号分开的表达式分别求值，以最后一个表达式的值作为整个表达式的值。逗号表达式的运算方向是从左到右，其形式为：

```
表达式 1，表达式 2，…，表达式 n
```

例如，设 a=1，b=2，c=3，则表达式 (a++, b=a*a, b-c)的值为 1。

3. 位运算符

程序中的所有数据在计算机内存中都是以二进制数的形式储存的，即 0、1 两种状态。以“+”运算为例，3 + 5 是如何运算的呢？

① 将 3 和 5 转换为二进制数：0000 0011 和 0000 0101。

② 按位进行加运算，过程如下：

```
   0 0 0 0 0 0 1 1
+  0 0 0 0 0 1 0 1
-------------------
   0 0 0 0 1 0 0 0
```

③ 将结果“00001000”转换为十进制数8，并显示输出。

实际上，整个过程也是按位在进行运算，只不过用户感觉不到而已。所以，相比在代码中直接使用算术运算符（+、-、*、/），合理地运用位运算符能显著提高代码的执行效率。位运算就是直接对整数在内存中的二进制位进行操作，常用的位运算符见表1.7。

表1.7 位运算符

符号	描述	运算规则
&	与	两个位都为1时，结果才为1
|	或	两个位都为0时，结果才为0
^	异或	两个位相同为0，相异为1
~	取反	0变1，1变0
<<	左移	各二进位全部左移若干位，高位丢弃，低位补0
>>	右移	各二进位全部右移若干位，对无符号数，高位补0，有符号数，各编译器处理方法不一样，有的补符号位（算术右移），有的补0（逻辑右移）

（1）按位与运算符（&）

定义：参加运算的两个数据，按二进制位进行“与”运算。

运算规则：0&0=0，0&1=0，1&0=0，1&1=1。

总结：参加运算的两个位数据同时为1，结果才为1，否则结果为0。注意：负数按补码形式参加按位与运算。

例如，3 & 5 为

```
    00000011
&   00000101
    00000001
```

因此，3 & 5 的结果为1。

（2）按位或运算符（|）

定义：参加运算的两个数据，按二进制位进行“或”运算。

运算规则：0|0=0，0|1=1，1|0=1，1|1=1。

总结：参加运算的两个位数据只要有一个为1，其值为1，否则结果为0。

例如，3 | 5 为

```
    00000011
|   00000101
    00000111
```

因此，3 | 5 的结果为7。

（3）按位异或运算符（^）

定义：参加运算的两个数据，按二进制位进行“异或”运算。

运算规则：0^0=0，0^1=1，1^0=1，1^1=0。

总结：参加运算的两个位数据相同为0，不同为1。

例如，3 ^ 5 为

```
    00000011
^   00000101
    00000110
```

因此，3 ^ 5 的结果为6。

（4）按位取反运算符（～）

定义：参加运算的一个数据，按二进制位进行“取反”运算。

运算规则：～0=1，～1=0。

总结：参加运算的一个位数据，将 0 变 1，将 1 变 0。

例如，～5 为

```
～  00000101
    --------
    11111010
```

因此，～5 的结果为-6。

（5）左移运算符（<<）

定义：将一个运算对象的各二进制位全部左移若干位（左边的二进制位丢弃，右边补 0）。

例如，5<<2 为

```
<<  00000101
    --------
    00010100
```

因此，5<<2 的结果为 20。

（6）右移运算符（>>）

定义：将一个运算对象的各二进制位全部右移若干位（右边的二进制位丢弃，对于无符号数左边补 0；对于有符号数，如果是正数则补 0，如果是负数，在不同的编译系统中，有的补 0，有的补 1）。

例如，5>>2，由于 5 是一个正数，所以高位补 0：

```
>>  00000101
    --------
    00000001
```

因此，5>>2 的结果为 1。

此外，位运算符与赋值运算符结合，组成新的复合赋值运算符，运算规则与复合赋值运算相似：

① &=，如 a&=b，相当于 a=a&b；

② |=，如 a|=b，相当于 a=a|b；

③ ^=，如 a^=b，相当于 a=a^b；

④ >>=，如 a>>=b，相当于 a=a>>b；

⑤ <<=，如 a<<=b，相当于 a=a<<b。

4. 运算符优先级

除以上运算符外，C/C++还提供了很多其他运算符，将在后续内容中介绍。运算符的优先级见表 1.8。

表 1.8　运算符优先级关系

<table>
<tr><th>优先级</th><th>运算符</th><th>作用</th><th>结合方式</th></tr>
<tr><td rowspan="16">由高向低</td><td>()、[ ]、.和-></td><td>括号（包括函数调用）、数组元素引用、两种结构成员的访问</td><td>由左向右</td></tr>
<tr><td>!、～、++和--、+和-、*、&、(类型)、sizeof</td><td>逻辑非、按位取反、自增/自减、正/负号、间接访问、取址、强制类型转换、取数据大小</td><td>由右向左</td></tr>
<tr><td>*、/、%</td><td>乘、除、求余</td><td>由左向右</td></tr>
<tr><td>+、-</td><td>加、减</td><td>由左向右</td></tr>
<tr><td><<、>></td><td>左移、右移</td><td>由左向右</td></tr>
<tr><td><、<=、>=、></td><td>小于、小于等于、大于等于、大于</td><td>由左向右</td></tr>
<tr><td>==、!=</td><td>等于、不等于</td><td>由左向右</td></tr>
<tr><td>&</td><td>按位与</td><td>由左向右</td></tr>
<tr><td>^</td><td>按位异或</td><td>由左向右</td></tr>
<tr><td>|</td><td>按位或</td><td>由左向右</td></tr>
<tr><td>&&</td><td>逻辑与</td><td>由左向右</td></tr>
<tr><td>||</td><td>逻辑或</td><td>由左向右</td></tr>
<tr><td>?:</td><td>条件</td><td>由右向左</td></tr>
<tr><td>=、+=、-=、*=、/=、&=、^=、|=、<<=、>>=</td><td>赋值及复合赋值</td><td>由右向左</td></tr>
<tr><td>,</td><td>逗号</td><td>由左向右</td></tr>
</table>

熟悉以上各种运算符优先级关系，对于正确书写表达式和语句等有非常大的帮助。

习题

1. 程序的结构有哪些？各有什么特点？
2. 什么是算法？
3. 写出下列程序的运行结果。请先阅读程序，分析应输出的结果，然后上机验证。

（1）程序：

```
#include<iostream>
using namespace std;
int main()
{   double d=3.2; int x,y;
    x=1.2; y=(x+3.8)/5.0;
    cout<< d*y;
    return 0;
}
```

（2）程序：

```
#include<iostream>
using namespace std;
int main()
{   double f,d; long l; int i;
    i=20/3; f=20/3; l=20/3; d=20/3;
    cout<<"i="<<i<<"l="<<l<<endl<<"f="<<f<<"d="<<d;
    return 0;
}
```

（3）程序：

```
#include<iostream>
using namespace std;
int main()
{   int c1=1,c2=2,c3;
    c3=1.0/c2*c1;
    cout<<"c3="<<c3;
    return 0;
}
```

（4）程序：

```
#include<iostream>
using namespace std;
int main()
{   int a=1, b=2;
    a=a+b; b=a-b; a=a-b;
    cout<<a<<","<<b;
    return 0;}
```

（5）程序：

```
#include<iostream>
using namespace std;
int main()
{
    int  i,j,m,n;
    i=8;
    j=10;
    m=++i;
    n=j++;
    cout<<i<<","<<j<<","<<m<<","<<n<<endl;
    return 0;
}
```

（6）程序：

```
#include<iostream>
```

```
using namespace std;
int main()
{   char c1='a',c2='b',c3='c',c4='\101',c5='\116';
    cout<<c1<<c2<<c3<<"\n";
    cout<<"\tb"<<c4<<'\t'<<c5<<endl;
    return 0;
}
```

（7）程序：

```
#include<iostream>
using namespace std;
int main()
{   char c1='C',c2='+',c3='+';
    cout<<"I say:\""<<c1<<c2<<c3<<'\"';
    cout<<"\t\t"<<"He says:\"C++ is very interesting!\""<<endl;
    return 0;
}
```

4．下面程序的输出结果是 16.00，请填空。

```
#include<iostream>
#include<iomanip>
using namespace std;
int main()
{   int a=9, b=2;
    float x=____, y=1.1,z;
     z=a/2+b*x/y+1/2;
    cout<<setiosflags(ios::fixed)<<setprecision(2);
    cout<<z <<"\n";
    return 0;}
```

02 第 2 章　顺序结构

学习编程最好的方法就是自己动手编写程序。在计算机上进行编程的次数越多，学会的知识也就越多。本章通过程序示例来讲解程序的顺序结构，编写简单的文本输出程序，在程序中加入文档（以注释的形式），以及语句的概念等。

2.1　引例

程序中语句的书写顺序决定了语句的执行顺序，程序整体是按照从上到下的语句顺序执行的。

下面通过例题说明顺序结构程序的编写方法。

【例 2.1】已知三角形的两边 a、b 及夹角 α，求第三边 c，如图 2.1 所示。

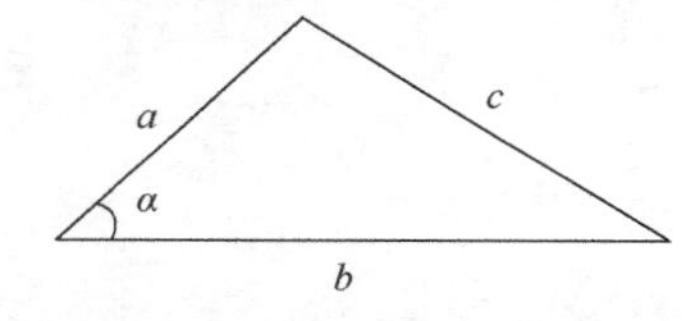

图 2.1　三角形示例

解：根据余弦定理，可以得到如下计算公式：

$$\because \cos(\alpha)=\frac{a^2+b^2-c^2}{2ab}$$

$$\therefore c=\sqrt{a^2+b^2-2ab\cos(\alpha)}$$

设 a=1.0，b=2.0，α=0.2 弧度。下面就可以把解题步骤写出来：$a=1.0$；$b=2.0$；$\alpha=0.2$。

$$c=\sqrt{a^2+b^2-2ab\cos(\alpha)}$$

按题意及计算公式，上面的书写内容没有任何错误，但它不是正确的 C/C++程序，正确的程序如下：

```
//---求三角形的边---
#include<iostream>
#include<cmath>
using namespace std;
int main()
{
  double a , b , alf , c ;
  a = 1.0;
  b = 2.0;
```

```
    alf = 0.2;
    c = sqrt( a*a + b*b - 2*a*b*cos(alf) );
    return 0;
}
```

程序的第一行是注释，sqrt 函数的作用是求平方根，cos 函数的作用是求余弦，这些是 C/C++库函数中的数学函数。使用时应包括预处理命令#include <cmath>。除数学函数外，系统还提供其他的函数供程序设计人员使用。

程序的运行结果存放在变量 c 中，我们知道变量的实质是表示某个存储单元，而内存中的数据是无法直接看到的，要将其从内存中“搬到”外部输出设备（如显示器、打印机），这就是输出数据，简称为输出。因此，从外部设备接收信息的操作称为输入，向外部设备发送信息的操作称为输出。

2.2　输入与输出

C/C++本身不提供输入/输出语句，输入/输出操作有两种实现方法：一是通过 C++提供的输入/输出流类来实现的，即在程序中调用输入/输出流类库中的对象 cin 和 cout 进行输入和输出；二是通过使用 C 语言提供的输入/输出函数来实现的，即在程序中调用输入/输出函数 scanf 和 printf 进行输入和输出。另外，C 语言的函数库中还提供了专门输入/输出字符数据的函数：putchar（输出字符）、getchar（输入字符）、puts（输出字符串）、gets（输入字符串）。

iostream 是 C/C++的输入/输出的库文件，因此，使用上述任何一种方式进行输入/输出时，在程序的开始都必须使用编译预处理命令“#include <iostream>”将有关的“库文件”包含到用户的源文件中。

说明：为了叙述方便，我们常常把 cin、scanf 语句称为输入语句，把 cout、printf 语句称为输出语句。

2.2.1　C++风格

1. cout（输出）语句

（1）cout 语句的一般格式：

```
cout << 表达式1 << 表达式2 << … << 表达式n;
```

其中“<<”称为插入运算符，它将表达式的值输出到显示器中当前光标的位置。其中的“表达式”可以是常量、变量。

（2）功能：在显示器上显示表达式的“值”或变量的“值”。例如：

```
cout << a << b << a+b+5 ;
```

在显示器上显示变量 a 的值、变量 b 的值和表达式 a+b+5 的值。

【例 2.2】如果变量 a 定义为整型、值为 3，变量 b 定义为双精度型、值为 123.456，变量 c 定义为字符型、值为'a'，写出下列输出语句的结果。

① cout << a << b << c;

运行结果为：3123.456a

② cout << a << "□□" << b << "□□" << c;

运行结果为：3□□123.456□□a

其中□表示空格，如果要输出某些字符，要将这些字符用双引号标引起来。

如果要使输出结果为 a=3b=123.456c=a，那么 cout 语句应这样写：

cout<<"a="<<a<<"b="<<b<<"c="<<c;

③ cout<<"a="<<a<<endl<<"b="<<b<<endl<<"c="<<c;

运行结果为：

```
a=3
b=123.456
c=a
```

字符“endl”的作用是使输出换行，相当于'\n'。

一条 cout 语句可以写成多行。例如：

```
cout<<"a="<<a<<"b="<<b<<"c="<<c;
```

可以写成：

```
cout<<"a="<<a       //注意行末尾没有分号
    <<"b="<<b
    <<"c="<<c;           //语句最后有分号
```

也可以写成多条 cout 语句：

```
cout<<"a="<<a;
cout<<"b="<<b;
cout<<"c="<<c;
```

以上 3 种情况的运行结果均为：

```
a=3b=123.456c=a
```

由以上例子可以看到，在用 cout 进行输出时，用户不必告知计算机按什么类型输出，系统会自动判别输出数据的类型，使输出的数据按系统对相应的类型隐含指定的格式输出。

给例 2.1 中的程序添加输出语句，程序如下：

```
/*---求三角形的边---*/
#include<iostream>
#include<cmath>
using namespace std;
int main()
{
  double a , b , alf , c ;
  a = 1.0;
  b = 2.0;
  alf = 0.2;
  c = sqrt( a*a + b*b - 2*a*b*cos(alf) );
  cout << "a=" << a << "b=" << b << endl << "c=" << c;
  return 0;
}
```

至此，该例题就完整了。

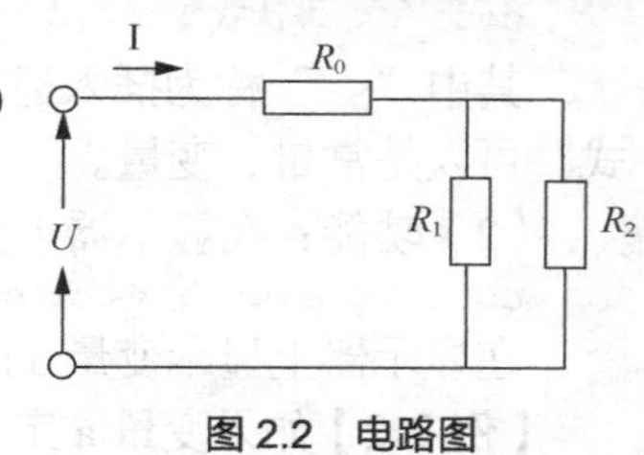

图 2.2 电路图

【例 2.3】有一直流电路如图 2.2 所示。已知：R_0=100 欧姆、R_1=20 欧姆、R_2=50 欧姆、U=100 伏特，求等效电阻 R 和总电流 I。

计算公式为：

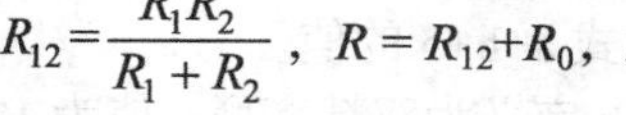

$$R_{12}=\frac{R_1R_2}{R_1+R_2}, \quad R=R_{12}+R_0, \quad I=U/R$$

程序：

```
#include<iostream>
using namespace std;
int main()
{
  double r0,r1,r2,r,u,i;
  r0=100.0;
  r1=20.0;
  r2=50.0;
  u=100.0;
  r=r0+r1*r2/ (r1+r2);
  i=u/r;
```

```
    cout<<"r="<<r<<endl;
    cout<<"i="<<i<<endl;
    return 0;
}
```

运行结果为：

```
r= 114.286

i= 0.875
```

如果题目要求 R_0、U 的值不变，分别计算当 R_1、R_2 为以下值时，R 和 I 的值：

R_1=40　　R_2=50

R_1=70　　R_2=100

R_1=90　　R_2=50

…

打开源程序修改 r1、r2 的值，然后再运行，直到完成所有的计算。我们也可以不用修改程序，在运行时给变量赋不同的值，也可以得到不同的多组值的结果。这就要使用另外一种给变量赋值的方式，即在程序运行时通过输入语句给变量赋值。

2. cin（输入）语句

（1）cin 语句的一般格式：

```
cin >> 变量1 >> 变量2 >> 变量3 >> … >> 变量n;
```

其中“>>”称为提取运算符，它将暂停程序执行，等待用户从键盘上输入相应数据，直到所列出的所有变量均获得值后，程序才继续执行。

（2）功能：从键盘输入数据，对相应变量赋值。

【例 2.4】 如果使用下面所示的 cin 语句给变量 a、b、c、d 分别赋 1、2、3、4，则下面 3 种输入数据的形式都是正确的。

```
cin >> a >> b >> c >> d;
```

① 1　2　3　4（回车）。

② 1　　2　　3　　4（回车）。

③ 1（按<Tab>键）2（回车）3（回车）4（回车）。

由此可知，使用 cin 给多个变量输入数据时，数据之间用“空格”或“回车符”分隔。

与 cout 语句一样，上例的 cin 语句也可以分写成若干行。例如：

```
cin >> a
    >> b
    >> c
    >> d;
```

也可以分写成若干条语句：

```
cin >> a;
cin >> b;
cin >> c;
cin >> d;
```

在用 cin 进行输入时，系统会根据变量的类型从输入流中提取相应长度的字节赋给相应的变量。例如：

```
char c1, c2;
int a;
double b;
cin >> c1 >> c2 >> a >> b;
```

如果输入 1234　56.78，系统会取第一个字符'1'赋给字符型变量 c1，取第二个字符'2'赋给字符型变量 c2，再取 34 赋给整型变量 a，最后取 56.78 赋给实型变量 b。注意：34 后面应该有空格以便和 56.78 分隔。也可以按下面的格式输入：

```
1 2 34 56.78
```

在从输入流中提取了字符'1'赋给 c1 后，遇到第二个字符，是一个空格，系统把空格作为数据间的分隔符，不予提取；而提取后面的一个字符'2'赋给 c2，然后再分别提取 34 和 56.78 赋给 a 和 b。由此可知：用 cin 语句在键盘输入数据时，数据之间是用空格或回车符分隔的，即不能用 cin 语句把空格字符或回车符作为输入数据赋给字符变量。如果想将空格字符或回车符赋给字符变量，可以用 getchar 函数实现。

【例 2.5】设 a=2，b=3，c='a'，执行下面的语句，输入不同形式的数据，并观察结果。

```
#include<iostream>
using namespace std;
int main()
{ int a , b ; char c ;
  cin >> a >> b >> c ;
  cout << "a=" << a << "b=" << b << "c=" << c ;
  return 0;
}
```

若数据输入的形式为：2　3　a。

则运行结果为：a=2b=3c=a。

若数据输入的形式为：2　3.0　a。

则运行结果为：a=2b=3c=.。

若数据输入的形式为：23　a。

则运行结果为：a=23b=-858993460c=蘃。

对比以上 3 种数据输入的形式和输出的结果，明显可以看出，后两次运行的结果是不正确的（错误原因请读者根据前面的知识进行分析）。因此，在输入数据时，要仔细分析 cin 语句中变量的类型，按照相应的格式输入，否则容易导致错误结果。

将上面例 2.3 的程序改写为如下的形式，只要将程序多运行几遍（每次运行时给 r1、r2 赋不同的值），就可得到多组值，而不用修改程序：

```
#include<iostream>
using namespace std;
int main()
{
  double r0,r1,r2,r,u,i;
  r0=100.0;
  u=100.0;
  cin>>r1>>r2;
  r=r0+r1*r2/(r1+r2);
  i=u/r;
  cout<<"r="<<r<<endl;
  cout<<"i="<<i<<endl;
  return 0;
}
```

上面介绍的是使用 cout 和 cin 时的默认格式（系统隐含指定的）。但有时在输入/输出数据时有一些特殊的要求，如规定输出实型数据的字段宽度、只保留两位小数、数据向左或向右对齐等。这时就可以使用 C/C++提供的在输入/输出流中使用的格式控制符，如表 2.1 所示。

表 2.1　输入/输出流的格式控制符

控制符	作用
Dec	设置数值的基数为 10
Hex	设置数值的基数为 16
Oct	设置数值的基数为 8
setfill(c)	设置填充字符 c，c 可以是字符常量或字符变量

续表

控制符	作用
setprecision(n)	设置浮点数的精度为 *n* 位。在以一般十进制小数形式输出时，*n* 代表有效位数。在以 fixed（固定小数位数）形式和 scientific（指数）形式输出时，*n* 为小数位数
setw(n)	设置字段宽度为 *n* 位
setiosflags(ios::fixed)	设置浮点数以固定的小数位数显示
setiosflags(ios::scientific)	设置浮点数以科学记数法（指数形式）显示
setiosflags(ios::left)	输出数据左对齐
setiosflags(ios::right)	输出数据右对齐
setiosflags(ios::skipws)	忽略前导的空格
setiosflags(ios::uppercase)	数据以十六进制数形式输出时字母以大写形式表示
setiosflags(ios::lowercase)	数据以十六进制数形式输出时字母以小写形式表示
setiosflags(ios::showpos)	输出正数时给出“+”

2.2.2 C 语言风格

1. printf 函数

（1）printf 函数的一般格式

```
printf(格式控制,输出表列)
```

括号内包括以下两部分内容。

①“格式控制”是用双引号标引起来的字符串，包括格式说明符、普通字符。

格式说明符由“%”和格式字符组成，如%d、%f 等。它的作用是将要输出的数据按指定的格式输出。“普通字符”是需要原样输出的字符。

②“输出表列”是需要输出的数据，可以是变量名、表达式或函数。

在函数末尾加上分号，就可以作为语句使用了。

（2）功能

在指定设备上，按“格式控制”提供的格式，显示变量或表达式的值。系统默认的输出设备为显示器。例如：

```
printf("%d%d" , a,b );
```

在显示器上，按%d 的格式显示变量 a、b 的值。

（3）格式说明符

不同类型的数据使用不同的格式说明符。下面是一些常用的格式说明符。

① d 格式符：输出十进制整数。有以下两种形式。

%d：按整型数据的实际位数输出。

%md：m 为指定的输出字段宽度，如果数据位数小于 m，则在左端补空格；若大于 m，则按数据的实际位数输出。

【例 2.6】如果 a=3，b=3，写出下面输出语句的结果。

```
printf("%d%d" , a,b);
```

运行结果为：33

```
printf("%d%3d" , a,b);
```

运行结果为：3□□3

分析：其中□表示空格，因为输出变量 b 值要求数据宽度为 3 列，而数据本身只有一位，此时在数据的左边补空格，使数据宽度达到要求。

如果 a=3，b=1234，由于变量 b 的值本身为 4 列，超出了指定的数据宽度，就按实际的位数输出，所以结果为 31234。

从这个结果中很难看出变量 a、b 的值各是多少。为了使输出的数据更加清晰和易懂，经常在“格式控制”中加一些普通字符，例如下面的例子。

```
printf("%d %d", a,b);
```

运行结果为：3□3

```
printf("a=%d,b=%d" , a,b);
```

运行结果为：a=3,b=3

“□”“a=”“b=”都是普通字符，普通字符是照原样输出的。

② f 格式符：输出实型数据的小数形式。有以下两种形式。

%f：按系统隐含指定的格式输出，即整数部分全部输出，小数输出 6 位。如果数据的小数部分小于 6 位数，则在数据的右端补数据（随机）；如果小数部分大于 6 位数，则产生截断，截断时按四舍五入的原则输出数据。

%m.nf：m 为指定的输出字段宽度，其中 n 为小数的位数。如果数据长度小于 m，则在左端加空格；若数据长度大于 m，则按数据的实际位数输出。

【例 2.7】写出下面语句的运行结果。

```
float x = 123.456 ;
printf("%f%f10.2f" , x,x);
```

运行结果为：

```
123.456994   123.46
```

使用 f 格式符输出数据时，小数点也占一位。输出实型数据除了可以用 f 格式符外，也可以用 e 格式符，e 格式符输出的实型数据是指数形式。

③ c 格式符：输出一个字符。一般形式有%c，以字符形式输出；%mc，m 的含义同前。

【例 2.8】写出下面程序的运行结果。

```
#include<stdio.h>
int main()
{    char c1='a';
     int i=97;
     printf("%c,%d\n" , c1,c1);
     printf("%3c,%d\n" , i,i);
     return 0;
}
```

运行结果为：

```
a,97
  a,97
```

其中'\n'是转义字符，作用是换行。从此列中可以看到字符型变量和整型变量可以用“%c”格式符说明，也可以用“%d”格式符说明。

以上介绍了几种常用的格式符，归纳如表 2.2 所示。

表 2.2　格式说明符

格式说明符	一般形式	意义	数据宽度
d	%d	按十进制输出整数	系统决定（按实际位数）
d	%md	按十进制输出整数	占 m 位
o	%o	按八进制输出整数	系统决定（按实际位数）
x、X	%x、%X	按十六进制输出整数	系统决定（按实际位数）
c	%c	以字符形式输出，只输出一个字符	系统决定（一位）
c	%mc	以字符形式输出，只输出一个字符	占 m 位

续表

格式说明符	一般形式	意义	数据宽度
f	%f	按小数形式输出实数	系统决定（小数占 6 位）
	%m.nf		m 为数据总宽度，n 为小数位数
e、E	%e、%E	按指数形式输出实数	
转义字符	\n	输出换行	

注意：使用 printf 函数输出时，格式说明符的个数要与输出表列中输出项个数相等；格式说明符的类型要与输出项类型一致。

2. scanf 函数

（1）scanf 函数的一般格式

```
scanf(格式控制，地址表列);
```

其中，“格式控制”的含义与 printf 函数相同，“地址表列”是由若干个地址组成的表列。

（2）功能

从键盘上接收一系列数据“赋给”相应的变量。例如：

```
scanf("%d%d",&a,&b);
```

其中，地址表列&a,&b 中的&是地址符，&a、&b 分别表示变量 a、b 的地址。

例如，给变量 a、b、c、d 分别赋 1、2、3、4，则下面 3 种输入数据的形式都正确。

```
scanf("%d%d%d%d", &a,&b,&c,&d);
```

① 1□2□3□4。

② 1□□2□□□3□□4。

③ 1（按<Tab>键）2（回车）3（回车）4（回车）。

显然，当“格式控制”中没有普通字符时，输入数据时，数据之间用空格分隔，而且空格可以是一个或者多个；一条输入语句可以输入多行数据完成对所有变量的赋值，如上面的第三种形式。

【例 2.9】设 a=2，b=2.5，写出执行下面的语句时，数据输入的形式。

```
scanf("%d%f" , &a,&b);
```

数据的输入形式为：2□2.5

```
scanf("a=%d,b=%f" , &a,&b);
```

数据的输入形式为：a=2, b=2.5

说明如下。

① 常用格式符为%d、%f、%s、%c。

② 输入数据不能指定精度，即在 scanf 函数中不能使用%m.nf 格式符。

例如，scanf("%7.2f",&a); 是错误的。但 scanf("%3d%2d",&a,&b);是正确的。如果输入数据为 12345，则赋给变量 a 的值是 123，赋给变量 b 的值是 45。

③ “格式控制”部分出现非格式符，在输入数据时必须输入相应符号，如上面的例子。

④ 使用%c 格式符输入字符时，空格、转义字符均为有效输入。

例如，scanf("%c%c",&c1,&c2);，输入 a□b，本意是想将字符 a、b 分别赋给变量 c1 和 c2，但实际上 c1 是字符 a，而 c2 是空格。

3. putchar 函数

（1）putchar 函数的格式

```
putchar(c);
```

（2）功能

输出一个字符。其中 c 可以是字符型变量或整型变量，还可以是字符型常量或整型常量。

【例 2.10】写出下面程序的运行结果。

```
#include<stdio.h>
int main()
{    char a, b, c;
 a='Y'; b='e'; c='s';
 putchar(a); putchar(b);  putchar(c);
 putchar('\n');
 putchar(89);     putchar(101);     putchar(115);
 putchar(10);
 return 0;
}
```

运行结果为：

```
Yes
Yes
```

可以看到用 putchar 函数可以输出转义字符，putchar('\n')的作用是输出一个换行符，使输出的当前位置移到下一行的开头。putchar(89)的作用是将 89 作为 ASCII 值转换为字符输出，89 是字母 Y 的 ASCII 值，所以 putchar(89)输出字母 Y。其余类似。换行符'\n'对应的 ASCII 值是 10，因此 putchar(10)输出一个换行符，作用与 putchar('\n')相同。

4. getchar 函数

（1）getchar 函数的格式

```
getchar();
```

（2）功能

在运行程序时输入一个字符。注意，只能接收一个字符。

【例 2.11】输入数据为字符 as，写出下面程序的运行结果。

```
#include <stdio.h>
int main()
{    char c;
 c=getchar();
 putchar(c);
 putchar(c-32);
 printf("%c",getchar());
 return 0;
}
```

运行结果为：

```
as
aAs
```

getchar 函数得到的字符可以赋给一个字符变量或整型变量，也可以不赋给任何变量，作为表达式的一部分。例如，putchar(c−32)中 c 得到的值是'a'，'a'-32 是大写字母'A'的 ASCII 值，因此输出 A。由上例可以看出，当给多个 getchar 函数输入数据时，数据间不用任何间隔符。

2.3 语句的概念

C/C++中的语句是基本的也是非常重要的概念。语句是程序运行时执行的命令，例如在例 2.11 中就用到了两种语句，一种是返回（return）语句，另一种则是 printf 函数调用语句。C/C++规定每条语句都要以分号结尾。语句主要包括以下几种形式。

1. 表达式语句

表达式语句由一个表达式加一个分号构成。

例如，i = 10，这是一个赋值表达式，在该表达式后加上分号 i = 10; 就是一条赋值语句。当然，有一些函数的调用，例如 sin(x)也可以作为表达式的一部分，从而构成语句。

2. 函数调用语句

函数调用语句由函数调用加一个分号构成。例如，printf("Hello,world!");。

3. 空语句

空语句只有一个分号，表示什么都不做。尤其需要注意，许多初学者在选择结构或循环结构中会习惯性地加上分号，导致程序结构与预想的不一致。

4. 复合语句

用一对{ }将若干条语句括起来，使其成为一条复合语句，也称为语句块。复合语句通常用在选择结构或循环结构中，表示条件成立时需要执行一组操作。

5. 控制语句

控制语句用于完成一定的控制功能以及完整的选择结构或循环结构，包括以下几种形式：

① if 结构；

② if…else…结构；

③ switch 结构；

④ switch 结构中用于跳出该结构的 break 语句；

⑤ while 结构；

⑥ do…while 结构；

⑦ for 结构；

⑧ goto（无条件转向）语句；

⑨ 循环结构中用于结束整个循环的 break 语句；

⑩ 循环结构中用于结束本次循环的 continue 语句；

⑪ 函数中用于返回结果的 return 语句。

2.4 实例

下面通过几个实例来理解顺序结构程序设计。程序结构大体应包括以下部分：

```
#include<iostream>
using namespace std;
int main()
{
      变量定义部分
      输入语句部分
      问题处理部分
      输出语句部分
      return 0;
}
```

其中，程序中包含的头文件与问题处理过程中使用的系统函数有关。例如，程序中若调用了数学函数 sin(x)、cos(x)等，则应加上一条预处理命令：#include<cmath>。

【例 2.12】编写程序，从键盘输入三角形三边长 *a*、*b*、*c*（要求输入值能构成三角形），求三角形面积。

分析：本题可利用海伦公式 $area=\sqrt{s(s-a)(s-b)(s-c)}$ 计算面积，其中 $s=\frac{a+b+c}{2}$。

① 定义变量 a、b、c、s、area，且类型均为 double。

② 输入 a、b、c 后利用公式计算三角形面积。

③ s = (a + b + c) / 2 也可以采用其他方式表示，例如 s = 1.0 / 2 * (a + b + c)。

④ 由于 area = sqrt (s * (s−a) * (s−b) * (s−c))使用了数学函数 sqrt，因此需要加一条预处理命令：#include<cmath>。

⑤ 输出 area 的值。

程序如下：

```
#include<iostream>
using namespace std;
#include<cmath>
int main()
{   double a, b, c, s, area ;
    cin >> a >> b >> c ;
    s=1.0 / 2 * ( a + b + c ) ;
    area=sqrt( s*(s-a)*(s-b)*(s-c) ) ;
    cout << area ;
    return 0 ;
}
```

【例 2.13】编写程序，从键盘输入一元二次方程 $ax^2+bx+c=0$ 的系数 a、b、c（要求输入值满足 $b^2-4ac\geqslant 0$），求方程的根。

分析：一元二次方程的解可以通过以下公式得到。

$$x_{1,2}=\frac{-b\pm\sqrt{b^2-4ac}}{2a}$$

① 定义变量 a、b、c、p、q、x1、x2、delta，且类型均为 double。

② 输入 a、b、c 利用公式求方程的根。

③ delta = b * b − 4 * a * c ;，p = −b / (2 * a) ;，q = sqrt(delta) / (2 * a) ;。

④ x1 = p + q ;，x2 = p − q ;。

⑤ 输出 x1、x2 的值。

程序如下：

```
#include<iostream>
using namespace std;
#include<cmath>
int main()
{   double a , b , c , delta , x1 , x2 , p , q ;
    cin >> a >> b >> c ;
    delta = b * b - 4 * a * c ;
    p = -b / ( 2 * a ) ; q = sqrt(delta) / ( 2 * a ) ;
    x1 = p + q ; x2 = p - q ;
    cout << x1 << " " << x2 << endl ;
    return 0 ;
}
```

【例 2.14】编写程序，从键盘输入一个大写字母（要求输入值必须是大写字母），输出对应的小写字母及其 ASCII 值。

分析：英文大写字母和小写字母的 ASCII 值相差 32。

① 定义变量 c1、c2，且类型均为 char。

② 输入 c1。

③ c2 = c1 + 32 ;。

④ 输出 c1、c2 及其 ASCII 值。

程序如下：

```
#include<iostream>
using namespace std;
int main()
{   char c1, c2 ;
    cin >> c1 ;
```

```
    c2 = c1 + 32 ;
    cout << c1 << " " << (int) c1 << endl ;
    cout << c2 << " " << (int) c2 << endl ;
    return 0 ;
}
```

习题

1. 要将“China”转换成密码，密码规律是：用原来的字母后面第 4 个字母代替原来的字母。例如，字母“A”后面第 4 个字母是“E”，用“E”代替“A”。因此，“China”应转换为“Glmre”。编写一个程序，用赋初值的方法使 c1～c5 这 5 个变量的值分别为“C”“h”“i”“n”“a”，经过运算，使 c1～c5 的值分别变为“G”“l”“m”“r”“e”并输出。

2. 若 a=3，b=4，c=5，x=1.2，y=2.4，z=-3.6，u=51274，n=128765，c1='a'，c2='b'，编写程序（包括定义变量类型和设计输出）。要求输出的结果及格式如下：

```
a= 3  b= 4  c= 5
x=1.200000,y=2.400000,z=-3.600000
x+y= 3.60  y+z=-1.20  z+x=-2.4
u= 51274  n=  128765
c1='a' or 97(ASCII)
c2='b' or 98(ASCII)
```

3. 设圆半径 r=1.5，圆柱高 h=3，求圆周长、圆面积、圆柱表面积、圆柱体积。输出计算结果，输出时要求有文字说明，取小数点后两位数字。

4. 编写程序，要求输入一个华氏温度 F，输出摄氏温度 C。公式为 $C=5/9\times(F-32)$，输出时要有文字说明，取两位小数。

03 第 3 章　选择结构

顺序结构程序是按照书写顺序来执行的,即从语句的第一条依次执行到最后一条，前面所列举的程序都是这样执行的。在学习编程的过程中，我们发现有时候需要程序自己决定该执行哪一种计算。例如，求解一元二次方程的过程中,要根据判别式的值是大于等于零还是小于零来判断解是实数还是复数。这类问题需要使用选择结构程序来解决。选择结构程序也称分支程序，如图 3.1 和图 3.2 所示。此结构中包含一个判断框，根据给定的条件是否成立而选择执行块 1 或块 2。块 1 或块 2 中可以有一个为空，即不执行任何操作，此时称为单分支结构，若块 1 或块 2 均不为空则称为双分支结构。

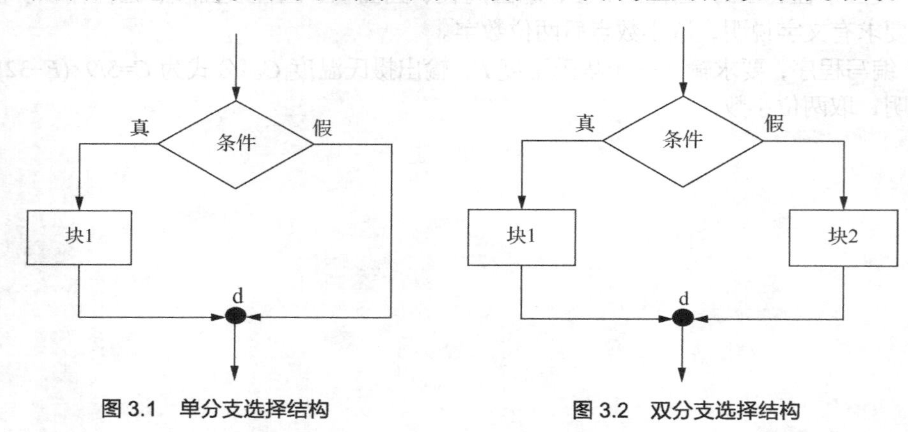

图 3.1　单分支选择结构　　　　图 3.2　双分支选择结构

值得注意的是，无论条件是否成立，只能执行块 1 和块 2 其中一个，不可能既执行块 1 又执行块 2。无论走哪一条路径，执行完块 1 或块 2 之后，流程都要到 d 点，然后结束本选择结构。

选择结构中的条件如何表达？用什么语句实现选择结构程序的设计？这些问题就是本章要讲述的内容。

3.1　引例

第 2 章的例 2.12～例 2.14，分别求三角形面积、求一元二次方程的根以及大小写英文字母的转换，细心的读者可能注意到，每个例题都对输入的数据有要求。如例 2.12 中要求输入的三角形边长能构成三角形，但是对于用户来说并不能保证输入的数据满足此条件，因此，我们编写程序时不仅要注重算法本身，还需要考虑到各种实际情况，从而不断地完善程序，使其更具有稳健性，即程序能根据不同的情况进行不同的处理。

对于不同的情况，在程序中需要用一定的条件表达式来表示，那么对于这三个例题应如何描述条件呢？

（1）例 2.12 中能构成三角形的条件是：任意两边之和大于第三边。具体的表达式为：$a+b>c$ && $a+c>b$ && $b+c>a$ ，如果不满足此条件，则应输出提示“不能构成三角形”。

（2）如果例 2.13 中输入的 a、b、c 的值不满足 $b^2-4ac \geqslant 0$ ，即 $b^2-4ac<0$ ，则方程的根为两个共轭复根：

$$x_{1,2}=\frac{-b \pm i\sqrt{-(b^2-4ac)}}{2a}$$

（3）例 2.14 中判断输入的字符为大写字母，应采用表达式：c1 >= 'A' && c1 <= 'Z'，如果不满足此条件，则应输出提示“输入字符不是大写字母”；

以上表达式中涉及关系运算符和逻辑运算符，本章先介绍这两类运算符，之后再介绍选择结构的几种形式。

3.2 关系运算符和关系表达式

上面说的“条件”在程序中要用一个式子来表示。例如，a>b+2、c<8、b*b-4*a*c>0 等。这种式子显然不是数值表达式，它含有比较符号“>”和“<”，这些式子的值也不是数值，而是一个逻辑值（“真”或“假”）。因此“关系运算”实际上是“比较运算”，用来进行比较的符号称为关系运算符，上面这些式子称为关系表达式。

1. 关系运算符及其优先次序

C/C++提供了 6 种关系运算符，如表 3.1 所示。

表 3.1 关系运算符

符号	意义	优先级
>	大于	优先级相同（高）
>=	大于等于	
<	小于	
<=	小于等于	
= =	等于	优先级相同（低）
!=	不等于	

（1）前 4 种关系运算符（<、<=、>、>=）的优先级相同，后两种的优先级也相同。前 4 种的优先级高于后两种。例如，“>”优先于“==”，但“>”与“<”的优先级相同。

（2）关系运算符的优先级低于算术运算符。

（3）关系运算符的优先级高于赋值运算符。

例如，表 3.2 所示为一些包含关系运算符的式子，从中可以看出优先级的高低。

表 3.2 关系运算符的优先次序

关系表达式	等价关系表达式	解释
c>a+b	c>(a+b)	c 的值大于 a+b 的值
a==b<c	a==(b<c)	a 的值等于(b<c)的值
a=b>c	a=(b>c)	将(b>c)的值赋给 a

2. 关系表达式

用关系运算符将两个表达式连接起来的式子，称为关系表达式。其一般形式为：

```
表达式 关系运算符 表达式
```

下面都是合法的关系表达式：

```
a>b, a+b>b+c, (a=3)>(b=5), 'a'<'b', (a>b)>(a>c)
```

注意：关系表达式的值是一个逻辑值，即“真”或“假”。例如，关系表达式“5==3”的值为“假”，“5>=0”的值为“真”。C/C++中用 1 代表“真”，用 0 代表“假”。

设 a=3，b=2，c=1，表 3.3 所示为一些关系表达式的值。

表 3.3 关系表达式的值

关系表达式	值	原因
a>b	1	3>2 成立，则表达式的值为 1
(a>b)==c	1	a>b 的值为 1，等于 c 的值，则表达式的值为 1
b+c<a	0	先计算 b+c 的值，然后和 a 的值比较，b+c<a 不成立，则表达式的值为 0
b>c	1	2>1 成立，则表达式的值为 1
a>b>c	0	先执行 a>b，值为 1，再执行关系运算 1>c，则表达式的值为 0

3.3 逻辑运算符和逻辑表达式

关系表达式只表示一个简单的条件，但在实际问题中往往需要复杂的条件，即两个或两个以上的条件。例如，数学式子 $0<x\leqslant 100$，在 C/C++中表示为：

```
x>0 && x<=100
```

这就是一个逻辑表达式。它的含义是：$x>0$ 和 $x\leqslant 100$ 两个条件同时满足，或者说 $x>0$ 和 $x\leqslant 100$ 同时为真。“&&”是 C/C++中表示“与”的逻辑运算符。

1. **逻辑运算符**

C/C++提供 3 种逻辑运算符，其意义如表 3.4 所示。

表 3.4 逻辑运算符及其意义

运算符	名称	示例	意义
&&	逻辑与	a && b	若 a、b 同时为真，则 a && b 为真
||	逻辑或	a || b	若 a、b 其中之一为真，则 a || b 为真
!	逻辑非	!a	若 a 为真，则!a 为假；若 a 为假，则!a 为真

注意：“&&”和“||”是二目运算符，要求有两个运算量（操作数），如(a>b) && (x>y)、(a>b)||(x<y)等；而“!”是一目运算符，只要求有一个运算量，如 !(a>b)。

表 3.5 所示为各种逻辑运算的“真值表”，该表表示了 a 和 b 为不同组合时，各种逻辑运算得到的值。

表 3.5 逻辑运算的真值表

a	b	!a	!b	a && b	a || b
真	真	假	假	真	真
真	假	假	真	假	真
假	真	真	假	假	真
假	假	真	真	假	假

2. **逻辑表达式**

用逻辑运算符将多个表达式连接之后即可得逻辑表达式，如(a<b) && (c<d)。逻辑表达式的值是一个逻辑量“真”或“假”。C/C++编译系统在给出逻辑运算结果时，用 1 代表“真”，用 0 代表“假”，但在判断一个量是否为“真”时，以 0 为“假”，以非 0 为“真”。也就是说，在判断时，对于所有非 0 的数值，其逻辑值均为“真”，如表 3.6 所示。

表 3.6　逻辑运算的示例

前提	逻辑表达式	值	原因
a=2	!a	0	a 的值为非 0，被认作“真”，对它进行非运算，得“假”，值为 0
a=4，b=5	a && b	1	a 和 b 的值均为非 0，被认为是“真”，因此，a && b 的值也为“真”，值为 1
a、b 的值同上	a || b	1	a 和 b 的值均为非 0，被认为是“真”，因此，a || b 的值也为“真”，值为 1
a、b 的值同上	!a || b	1	!a 的值为假，b 的值为非 0，即“真”，!a || b 的值为“真”，值为 1

通过这几个例子可以看出，由系统给出的逻辑运算结果不是 0 就是 1，不可能是其他数值，而在逻辑表达式中作为参加逻辑运算的对象却可以是 0（假）或任何非 0 的数值（按“真”对待）。如果在一个表达式的不同位置上出现数值，应先区分哪些是作为数值或关系运算的对象，哪些是作为逻辑运算的对象。

3. **逻辑表达式求值的优先次序**

如果一个逻辑表达式中包含算术运算符、关系运算符和逻辑运算符，在求值时按照图 3.3 所示的优先次序运算。例如：

(a > b) && (x > y)等价于 a > b && x > y；

((! a)+b) || (a > b) 等价于 ! a +b || a > b。

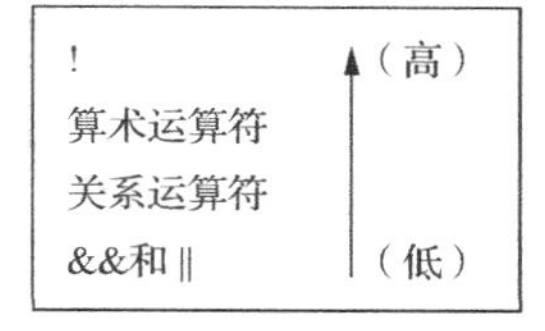

图 3.3　运算的优先次序

例如，求下面表达式的值：

```
5>3 && 2 || 8< 4-!0
```

表达式自左至右求解，过程如下。

① 处理“5>3”（因为关系运算符优先于“&&”）。在关系运算符两侧的 5 和 3 作为数值参加关系运算，“5>3”的值为 1。

② 进行“1 && 2”的运算，此时 1 和 2 均是逻辑运算对象，均作为“真”来处理，因此结果为 1。

③ 暂不考虑逻辑运算符的特殊性，进行“1 || 8<4-!0”的运算。根据优先次序，先进行“!0”的运算，结果为 1，因此要运算的表达式等价于“1 || 8<4-1”，即“1 || 8<3”。

④ 将关系运算符“<”两侧的 8 和 3 作为数值进行比较运算（“<”优先于“||”），“8<3”的值为 0，最后得到“1|| 0”的结果为 1。

注意：逻辑运算两侧的运算对象不但可以是 0 和 1，或者是 0 和非 0 的整数，还可以是任何类型的数据，如字符型、实型等。最终以 0 和非 0 来判定它们属于“真”还是“假”。例如：

```
'c' && 'd'
```

上述运算的值为 1（因为 c 和 d 的 ASCII 值都不是 0，所以按“真”处理）。

综上，可将表 3.5 改写成表 3.7 所示的形式。

表 3.7　逻辑运算的真值表

a	b	! a	! b	a && b	a || b
非 0	非 0	0	0	1	1
非 0	0	0	1	0	1
0	非 0	1	0	0	1
0	0	1	1	0	0

注意：在逻辑表达式的计算中，并不是所有的逻辑运算符都会被执行，只有在必须执行下一个逻辑运算符才能求出表达式的解时，才执行该运算符。

① a &&b && c：只有 a 为真（非 0）时，才需要判别 b 的值；只有 a、b 都为真时才需要判别 c 的值；只要 a 为假，就不必判别 b 和 c 的值（此时整个表达式已确定为假）；如果 a 为真，b 为假，

则不必判别 c 的值，如图 3.4 所示。

② a || b || c：只要 a 为真（非 0），就不必判断 b 和 c 的值；只有 a 为假，才判断 b 的值；只有 a 和 b 都为假才判别 c 的值，如图 3.5 所示。

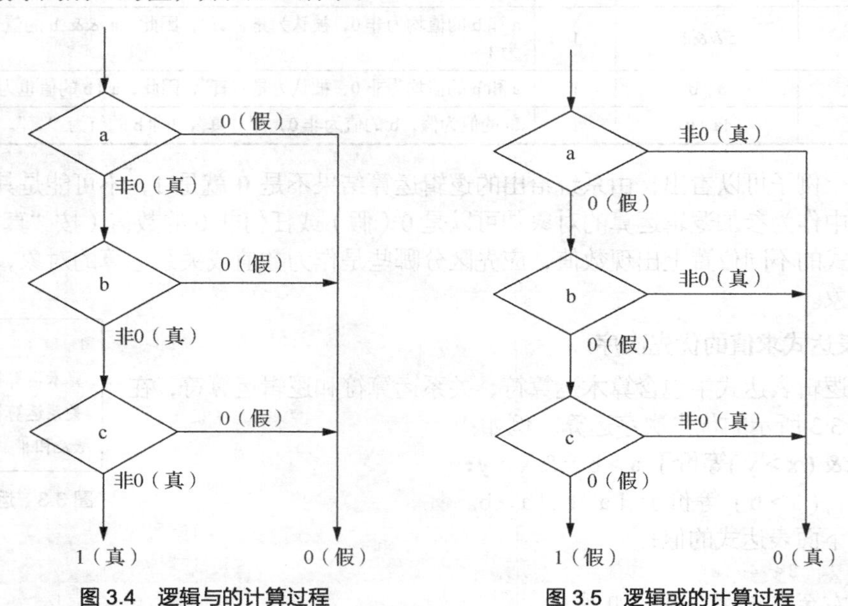

图 3.4 逻辑与的计算过程　　图 3.5 逻辑或的计算过程

例如，已知 a=0.5，b=2.0，c=1.2，d=7.5，x=3.0，y=5.0，L1=6，求下面表达式的值：

```
a>3.6*b&&x==y||L1&&!(3.6-c)*2>=3*d/2.5
```

过程如下。

① 求(3.6−c)的值为 2.4。

② 进行!2.4 运算，结果为 0。

③ 进行算术运算，从左到右计算：3.6*b 的值为 7.2，0*2 的值为 0，3*d/2.5 的值为 9.0。

④ 进行关系运算，从左到右计算：a>7.2 的结果为 0，x==y 这个式子不用计算，因为 a>3.6*b 的结果已经是 0 了，0>=9.0 的结果为 0。

⑤ 进行逻辑运算，从左到右计算：0&&x==y 的结果为 0，0||L1 的结果为 1，1&&0 的结果为 0。

熟练掌握 C/C++中的关系运算符和逻辑运算符后，可以巧妙地用一个逻辑表达式表示一些复杂的条件。

（1）a 或 b 大于 c，逻辑表达式为：

a>c||b>c。

（2）a 是偶数，逻辑表达式为：

a%2==0。

（3）判别某一年 year 是否为闰年。判断闰年的条件为下面二者之一。

① 普通闰年：能被 4 整除，但不能被 100 整除。

② 世纪闰年：能被 4 整除，又能被 400 整除。

逻辑表达式表示如下：

```
(year%4==0 && year%100 != 0) || year%400 == 0
```

year 为某一整数值时，若上述表达式为真，则 year 为闰年，否则不为闰年。

3.4　if 结构

if 结构的格式：

```
if (表达式) 语句
```

其执行过程如图 3.6 所示。

当表达式的值为 1（非 0）时，执行语句块 1，否则直接执行 if 结构后的语句。

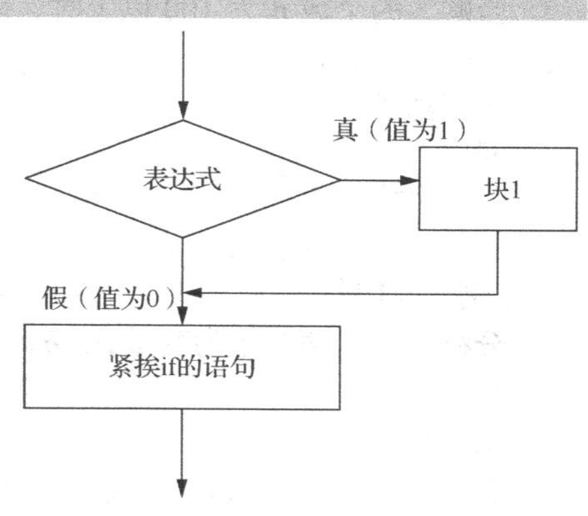

图 3.6　if 结构的执行过程

【例 3.1】计算一个数的绝对值。

分析：设输入的数为 x，其绝对值为 y。

输入 x 之后，先使 $y=x$，若 y 小于 0，则使其等于它的相反数。

算法如下。

① 输入 x。

② $y=x$。

③ 如果 $y<0$，则 $y=-y$，不成立则保持原值。

④ 输出 y。

程序如下：

```
#include <iostream>
using namespace std;
int main()
{
     int x,y;
     cout<<"Enter a integer:";
     cin>>x;
     y=x;
     if(x<0)y=-y;
     cout<<"integer: "<<x<<"→absolute value: "<<y<<endl;
     return 0;
}
```

如果输入 5，则运行结果为：

```
Enter a integer: 5
Integer:5 →absolute value: 5
```

如果输入-30，则运行结果为：

```
Enter a integer: -30
Integer:-30 →absolute value: 30
```

【例 3.2】某货物单价为 850 元，若买 100 个以上（包含 100），则打九五折。输入购买个数，求总价。

分析：单价 p=850，n 是购买个数，总价为 total。

由题意：$\text{total} = p\times n\begin{cases} p & (n<100) \\ p\times 0.95 & (n\geqslant 100) \end{cases}$

流程图如图 3.7 所示。

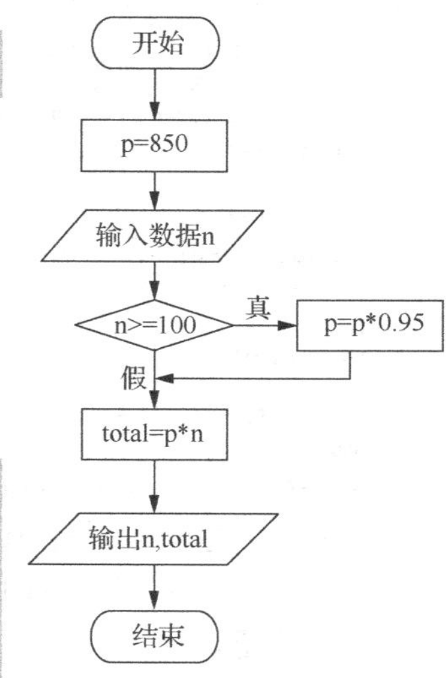

图 3.7　例 3.2 流程图

程序如下：

```
#include <iostream>
using namespace std;
int main()
{
double p=850.0,total;
int n;
cin>>n;
```

```
    if(n>=100) p=p*0.95;
    total=p*n;
    cout<<"n="<<n<<"total="<<total<<endl;
    return 0;
    }
```

当购买的个数 n 为 100 以上时，即 n>=100 的值为真，执行 p=p*0.95，然后求总价；否则，不执行 p=p*0.95，直接求总价。

运行结果：

```
50
n=50 total=42500
150
n=150 total=121125
```

【例 3.3】输入两个整数，按由大到小的顺序输出这两个数。

分析：设这两个数为变量 *a*，*b*。

算法如下。

① 输入 *a*，*b*。

② 如果 *a*<*b*，则 *a*⇔*b*（表示交换 *a*、*b* 的值）。

③ 输出 *a*，*b*。

流程图如图 3.8 所示。

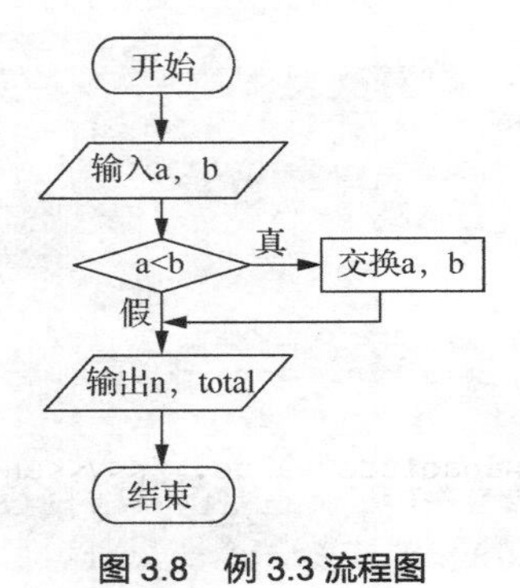

图 3.8　例 3.3 流程图

程序如下：

```
#include<iostream>
using namespace std;
int main()
{ int a,b,t;
 cout<<"Enter a,b value:";
  cin>>a>>b;
  if(a<b)
     {t=a;a=b;b=t;}
  cout<<"Result:"<<a<<","<<b;
return 0;
}
```

运行结果为：

```
Enter a,b value:5,9
Result: 9,5
```

若我们要求在条件成立时执行一系列的语句，如上例，可用“{”与“}”把需执行的一系列语句括起来。这里，“{”和“}”称为语句括号，由“{”和“}”括起来的内容称为“复合语句”。无论包括多少条语句，从逻辑上讲，复合语句可以看成一条语句。复合语句在分支结构和循环结构中，使用十分广泛。

【例 3.4】求分段函数 $y=f(x)$的值，$f(x)$的表达式如下：

$$f(x)=\begin{cases} x^2-1 & (x\geqslant 0) \\ x^2+1 & (x<0) \end{cases}$$

程序如下：

```
#include <iostream>
using namespace std;
int main()
{
    int x,y;
    cout<<"Please input x:";
    cin>>x;
    if(x>=0)
        y=x*x-1;
    if(x<0)
    {   y=x*x+1;
        cout<<"y="<<y<<endl;}
    return 0;
}
```

运行结果为：

```
Please input x:5
y=24
Please input x:-1
y=2
```

请读者自行比较未加“{”与“}”时程序执行结果有何不同。

3.5　if…else…结构

if…else…结构的格式如下：

```
if(表达式)
    {
        块 1
    }
else
    {
       块 2
    }
```

其中，当块 1、块 2 只有一条语句时，“{”与“}”可以省略。

执行过程如图 3.9 所示，它表示若条件成立，则执行块 1，否则执行块 2。执行完块 1 或块 2 之后执行 if 语句的后续语句。

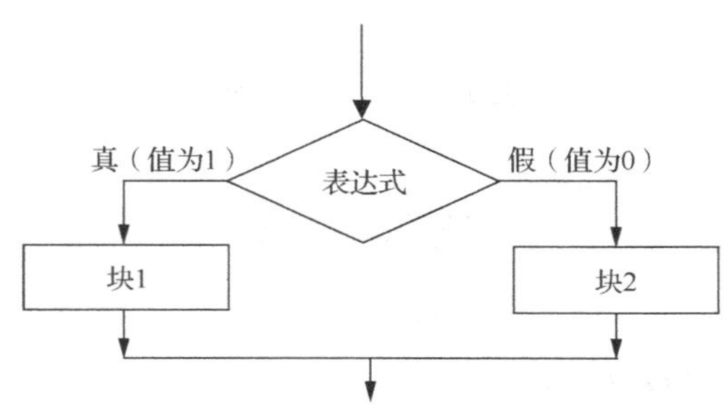

图 3.9　if…else…结构的执行过程

为叙述方便，我们称 if…else…结构为块 if，称块 1 为 if 块，块 2 为 else 块。

巧用块 if 可以简化程序的书写，例如，例 3.4 中的程序可以简写为：

```
#include <iostream>
using namespace std;
int main()
{
    int x,y;
    cout<<"Please input x:";
    cin>>x;
    if(x>=0)
        y=x*x-1;                    //if 块，只有一条语句，省略了花括号
    else
        y=x*x+1;                    //else 块，只有一条语句，省略了花括号
    cout<<"y="<<y<<endl;
    return 0;
}
```

运行结果不变。

这里顺便提一下程序书写的缩进问题。所谓缩进，就是某一行与其上一行相比，行首向右缩进若干字符，如上例的 **y=x*x-1;**或 **y=x*x+1;**等。适当的缩进能使程序的结构层次清晰、一目了然，增强程序的易读性。程序员应该从一开始就养成一个比较好的编程习惯，包括必要的注释、适当的空行以及缩进。

注意：**else** 语句要和 **if** 语句配对出现。

【例 3.5】求一元二次方程式 $ax^2+bx+c=0$ 的根。

分析：当 $b^2-4ac \geqslant 0$ 时，方程有两个实根；当 $b^2-4ac<0$ 时，方程有两个虚根。

计算公式为 $d=b^2-4ac$，两个实根为 $x_{1,2}=\left(-b \pm \sqrt{d}\right)/2a$，两个虚根为 $x_{1,2}=-b/2a \pm i\sqrt{-d}/2a$。

流程图如图 3.10 所示。

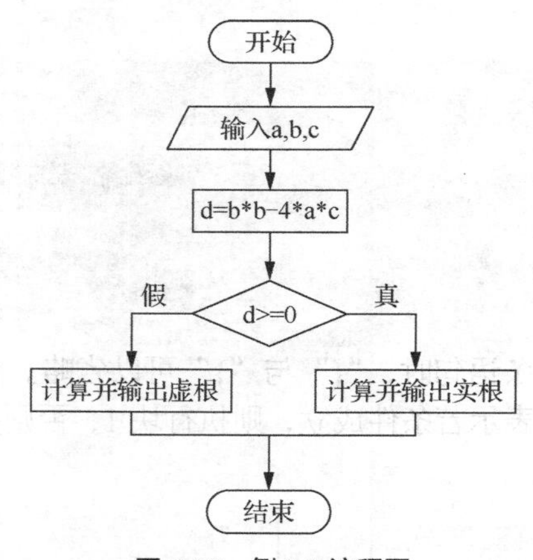

图 3.10　例 3.5 流程图

程序如下：

```
#include <iostream>
using namespace std;
#include <cmath>
int main()
{   double a,b,c,d,x1,x2,t;
    cin>>a>>b>>c;
    d=b*b-4*a*c;
    t=2*a;
    if(d>=0)                                    //if 块，计算两个实根
```

```
        {
            x1=(-b+sqrt(d))/t;
            x2=(-b-sqrt(d))/t;
            cout<<x1<< ""<<x2;                          //输出两个实根
        }
        else                                            // else 块
        {   cout<<-b/t<<"+"<< sqrt(-d)/t<<"i";
            cout<<-b/t<<"-"<< sqrt(-d)/t<<"i";          //计算并输出两个虚根
        }
    return 0;
}
```

3.6 嵌套

在例 3.5 中，如果要对判别式 b^2-4ac 大于 0、等于 0 和小于 0 这 3 种情况进行处理，当其不大于 0 时，还要判断其等于 0 还是小于 0，流程图如图 3.11 所示。

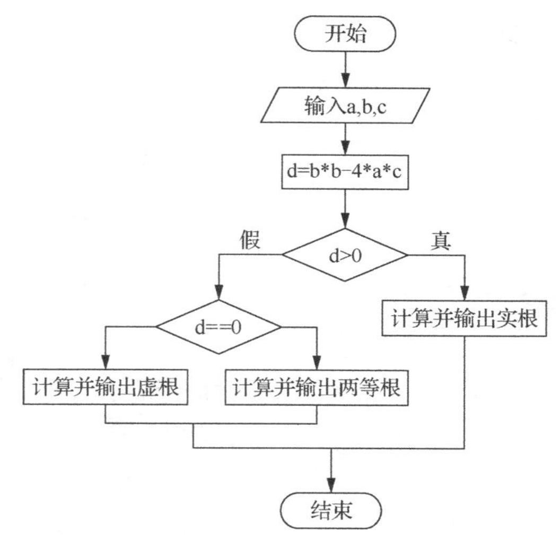

图 3.11　判别式大于 0、等于 0 和小于 0 时的情况

程序如下：

```
#include <iostream>
using namespace std;
#include <cmath>
int main()
{   double a,b,c,d,x1,x2,t;
    cin>>a>>b>>c;
    d=b*b-4*a*c;
    t=2*a;
    if(d>0)
    {   x1=(-b+sqrt(d))/t;
        x2=(-b-sqrt(d))/t;
        cout<<"x1="<<x1<< ",x2="<<x2;
    }
    else
    if(d==0)                                    //else 块中嵌套块 if
    {   x1=-b/t;
        cout<< "x1=x2="<<x1;
    }
```

```
    else
    {   cout<<"x1="<<-b/t<<"+"<< sqrt(-d)/t)<<"i";
        cout<<"x2="<<-b/t<<"-"<< sqrt(-d)/t)<<"i";
    }
    return 0;
}
```

运行结果为：

```
2 4 1
x1=-0.29,x2=-1.71
1 2 1
x1=x2=-1.00
4, 2, 3
x1=-0.25+0.83i
x2=-0.25-0.83i
```

当 d>0 不成立时，我们不能断定 d 是等于 0 还是小于 0，所以在 if 语句的 else 块中又要判断是否等于 0，如果等于 0，则计算两个相等的实根，否则计算两个虚根。像这样在 if 语句的 if 块中或 else 块中又出现 if 语句，就是 if 语句的嵌套。嵌套不限于两层，如果需要可以在第二层的 if 块或 else 块中继续嵌套下去。

综上，if…else…嵌套的形式可以表示为：

```
if(条件表达式 1)
    if(条件表达式 2)
        if 块 1
    else
        else 块 1
else
    if(条件表达式 3)
        if 块 2
    else
        else 块 2
```

应当注意 if 与 else 的配对关系。else 总是与它上面最近的 if 配对，例如：

```
if(条件表达式 1)
    if(条件表达式 2)
        if 块 1
else
    if(条件表达式 3)
        if 块 2
    else
        else 块 2
```

这里把第一个 else 与第一个 if(外层 if)对齐，企图使该 else 与第一个 if 对应，但实际上该 else 与第二个 if 配对，因为它们距离最近。本例也说明了 C/C++中并不是以空格或书写格式来分隔不同的语句的，而是要看语句的逻辑关系。

如果 if 与 else 的数目不一样，为实现程序设计目的，也可以加“{”和“}”来确定配对关系。例如：

```
if(条件表达式 1)
    {if(条件表达式 2)
        if 块 1
    }
else
    if(条件表达式 3)
        if 块 2
    else
```

```
        else 块 2
```

这时，“{”与“}”限定了 if 语句的范围，使得第一个 else 与第一个 if 配对。

【例 3.6】征收税款时，税率与收入有关，若规定收入 1000 元以下税率为 3%，1000～2000 元包括 1000 元税率为 4%，2000（包括 2000 元）～3000 元税率为 5%，3000 元及以上税率为 6%。要求：输入收入，求出税款。

分析：收入用变量 a 表示，税率用变量 r 表示，则税款 t=r*a。根据收入的不同，r 具有不同的值。

程序如下：

```
#include <iostream>
using namespace std;
int main()
{    double a,r,t;
     cout<<"Enter a:";
     cin>>a;
     if(a<1000)
         r=0.03;
     else
         if(a<2000)
             r=0.04;
         else
             if(a<3000)
                 r=0.05;
             else
                 r=0.06;
     t=a*r;
     cout<<"a="<<a<<"r="<<r;
     cout<<"t="<<t<<endl;
     return 0;
}
```

该例在外层的 if…else…中嵌套了两层 if…else…，而且都是在 else 块中嵌套的。如果税率的档次分得越细，那么嵌套的层数就越多。

运行结果如下：

```
500                       （输入数据）
a=500 r=0.03 t=15         （运行结果）
1500                      （输入数据）
a=1500 r=0.04 t=60        （运行结果）
2500                      （输入数据）
a=2500 r=0.05 t=125       （运行结果）
3500                      （输入数据）
a=3500 r=0.06 t=210       （运行结果）
```

【例 3.7】购买一种货物，每件 100 元。购 100 件及以上 500 件以下，打九五折，购 500 件以上 1000 件以下（包括 500 件）打九折，购 1000 件以上 2000 件以下（包括 1000 件）打八五折，购 2000 件以上 5000 件以下（包括 2000 件）打八折，购 5000 件及以上打七五折。输入购买件数，求总价。

分析：变量 n 为购买件数，p 为单价，Total 为总价。Total=n*p，p 的值根据购买件数 n 的不同而不同。流程图如图 3.12 所示。

程序如下：

```
#include <iostream>
#include<iomanip >
using namespace std;
int main()
```

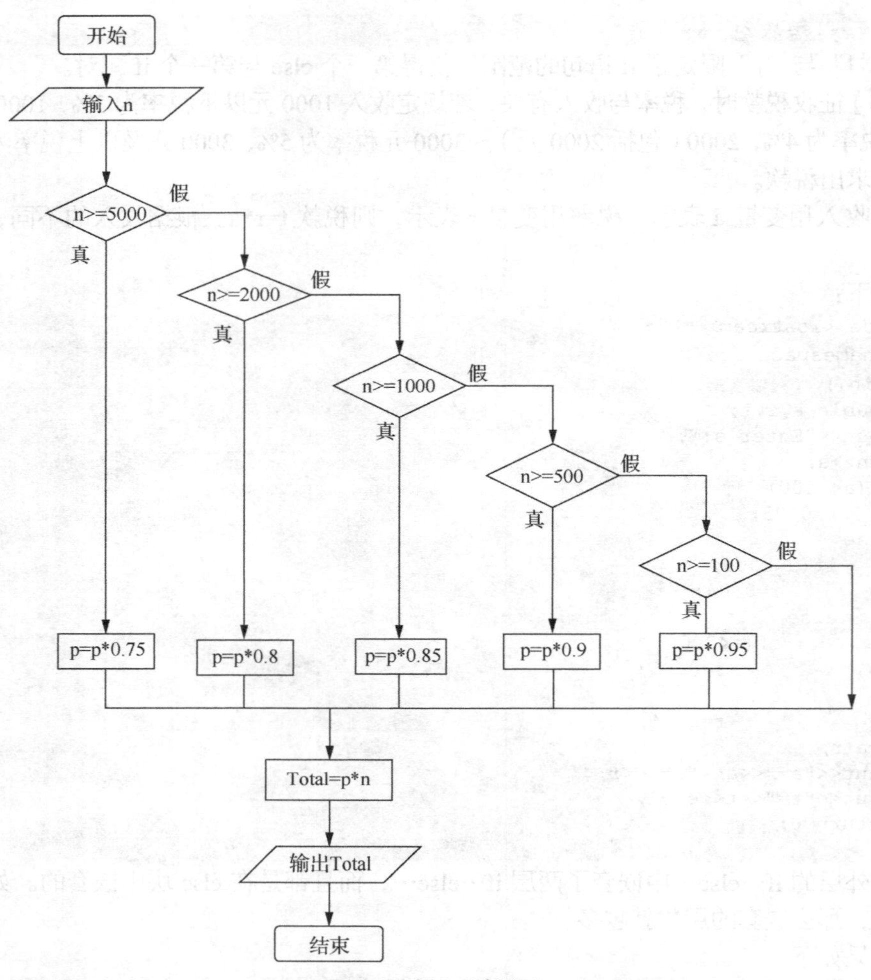

图 3.12　例 3.7 流程图

```
{
    double Total,p=100.0;
    int n;
    cin>>n;
    if(n>=5000)
        p=p*0.75;
    else if(n>=2000)
        p=p*0.8;
    else if(n>=1000)
        p=p*0.85;
    else if(n>=500)
        p=p*0.9;
    else if(n>=100)
        p=p*0.95;
    Total=n*p;
    cout<<"n="<<n<<"p="<<p<<"\n";
    cout<<setiosflags(ios::fixed)<<setprecision(2);
    cout<<"Total="<<Total<<endl;
    return 0;
}
```

运行结果为：

```
45
```

```
n=45p=100.00
Total=4500.00
105
n=105p=95.00
Total=9975.00

505
n=505p=90.00
Total=45450.00
5000
n=5000p=75.00
Total=375000.00
```

3.7 条件运算符及表达式

如果在 if 语句中，当被判别的表达式的值为“真”或“假”，都分别执行一条赋值语句且给同一个变量赋值时，就可以使用条件运算符来处理。例如，有以下 if 语句：

```
if(a>b) max=a;
else  max=b;
```

可以用条件运算符“?:”来处理：

```
max = a > b ? a : b;
```

其中“max = a > b ? a : b;”是一个“条件表达式”。它是这样执行的：如果“a>b”条件为真，则条件表达式的值就取“?”后面的值，即条件表达式的值为 a，否则条件表达式的值为“:”后面的值，即 b。

条件运算符“?:”是 C/C++中唯一的三目运算符，该运算符有 3 个运算量。它的优先级高于赋值运算符，低于所有的双目运算符，结合方式为从右向左。其一般格式为：

```
表达式 1 ? 表达式 2 : 表达式 3
```

条件运算符的执行过程是先计算表达式 1 的值，若表达式 1 的值为真，则整个表达式的结果值为表达式 2 的值；若表达式 1 的值为假，则整个表达式的结果值为表达式 3 的值。“max = a > b ? a : b;”的执行结果就是将表达式的值赋给 max。例如：

```
int a=5,b=7,max;
max = a > b ? a : b;
```

上述语句中 a > b 条件不成立，值为假，则整个条件表达式的值为 b 的值，即将 7 赋给 max。再如：

```
int a=5,b=7,c=9,d=3;
max = a > b ? a : c > d ? c : d ;
```

由于条件运算符的结合方式为从右向左，因此该语句等价于：

```
max = a > b ? a : ( c > d ? c : d );
```

先求括号中条件表达式的结果，值为 c 的值 9，再求赋值号右边的整个条件表达式的结果，值也为 9，最后将 9 赋给 max。

说明：条件表达式中，表达式 1 的类型可以与表达式 2 和表达式 3 的类型不同。例如：

```
x?'a':'b'
```

定义 x 为整型变量，若 x=0，则条件表达式的值为字符 b 的 ASCII 值。表达式 2 和表达式 3 的类型也可以不一样，此时条件表达式的值的类型为二者中较高的类型。例如：

```
x>y ?1:1.5
```

如果“x>y”的值为假，则条件表达式的值为 1.5；如果“x>y”的值为真，则条件表达式的值应为 1。由于 C/C++把 1.5 按双精度数型处理，双精度型比整型高，因此，将 1 转换成双精度数，作为表达式的值。

3.8 switch 结构

前面介绍的 if 语句只有两个分支可供选择，而实际应用中常常会遇到多个分支选择的问题。C/C++专门提供了一个多分支语句 switch，也称为开关语句。它的一般形式如下：

```
switch(表达式)
{ case  常量表达式 1: 语句块 1;break;
  case  常量表达式 2: 语句块 2;break;
  …
  case  常量表达式 n: 语句块 n;break;
  default:          语句块 n+1;
}
```

其中，switch、case、default 都是关键字；switch 后面括号内的“表达式”既可以是整型表达式或整型变量，也可以是字符型表达式或字符变量等；常量表达式 1、常量表达式 2、…、常量表达式 n，它们和“表达式”类型值相对应，可以是整型常量、字符型常量等；语句块的意思同两分支选择结构。

执行过程：先计算 switch 后面括号内的表达式的值，将该值与常量表达式 1、常量表达式 2、…、常量表达式 n 相比较，当表达式的值与某一个 case 后面常量表达式的值相等时，就执行该 case 后面的语句块；然后依次执行下一次语句块；若表达式的值与所有 case 后面常量表达式的值都不相等，就执行 default 后面的语句块。

【例 3.8】输入一个百分制成绩，要求输出成绩等级 A、B、C、D、E。90 分及以上为 A，80～89 分为 B，70～79 分为 C，60～69 分为 D，59 分及以下为 E。

程序如下：

```
#include <iostream>
using namespace std;
int main()
{int g;
cin>>g;
switch (g/10)
{ case 10: cout<<"A"<<endl;
  case 9: cout<<"A"<<endl;
  case 8: cout<<"B"<<endl;
  case 7: cout<<"C"<<endl;
  case 6: cout<<"D"<<endl;
  default:cout<<"E"<<endl;
 }
}
```

运行结果为：

```
100
A
A
B
C
D
E
```

当输入成绩为 100 时，g/10 等于 10，和第一个 case 后面的常量相等，执行 cout<<"A"<<endl;，输出一个字符“A”，按 switch 的执行过程继续执行下面的语句，显然，得到的结果不符合题意。因此需要在输出 A 之后立即退出 switch 结构，用来完成这一功能的语句是 break。如下程序 2 所示，在每一个 case 语句块后加入一条 break 语句。

```
#include <iostream>
using namespace std;
```

```
int main()
{ int x;
cin>>x;
switch(x/10)
{  case  10: cout<<'A';  break;
   case  9:  cout<<'A';  break;
   case  8:  cout<<'B';  break;
   case  7:  cout<<'C';  break;
   case  6:  cout<<'D';  break;
   default:  cout<<'E';  break;
}
   return 0;
}
```

运行结果为：

```
100
A

45
E
```

说明如下。

① 每个 case 后面的常量表达式的值必须互不相同，但位置可以任意。

② 多个 case 可以共用一组语句块。

例如，上面的例子中的前两个 case 可以改为：

```
case  10:
case  9:  cout<<'A';  break;
```

习题

1. C 语言中如何表示“真”和“假”？

2. 写出下面各逻辑表达式的值。设 a=3，b=4，c=5。

（1）a+b>c && b==c。

（2）a||b==c && b-c。

（3）!(a>b) && ! c||1。

（4）!(a+b)+c-1 && b+c/2。

3. 写出下列程序的运行结果。

（1）程序：

```
#include<iostream>
using namespace std;
int main()
{ int  a,b,c=246;
    a=c/100%9;
    b=(-1)&&(-1);
    cout<<a<<","<<b;
    return 0;
}
```

（2）程序：

```
#include<iostream>
using namespace std;
int main()
{   int m=5;
    if(m++>5) cout<<m;
    else  cout<<m--;
    return 0;}
```

（3）程序：

```
#include<iostream>
using namespace std;
int main()
{   int a=1,b=3,c=5,d=4,x;
    if(a<b)
    if(c<d) x=1;
    else
            if(a<c)
                if(b<d) x=2;
                else x=3;
            else x=6;
else x=7;
cout<<"x="<<x;
return 0;}
```

（4）程序：

```
#include<iostream>
using namespace std;
int main()
{   double x=2.0,y;
    if(x<0.0) y=0.0;
    else if(x<10.0) y=1.0/x;
    else y=1.0;
    cout<<y;
    return 0;
 }
```

（5）程序：

```
#include<iostream>
using namespace std;
int main()
{ int a=4,b=5,c=0,d;
d=!a&&!b||!c;
cout<<d<<'\n';
return 0;
}
```

（6）程序：

```
#include<iostream>
using namespace std;
int main()
{
     int x,y;
     cout<<"Enter x and y:";
   cin>>x>>y;
    if (x!=y)
         if (x>y)
              cout<<"x>y"<<endl;
         else
             cout<<"x<y"<<endl;
    else
         cout<<"x=y"<<endl;
    return 0;
}
```

（7）程序：

```
#include <iostream>
using namespace std;
int main()
{
     int day;
```

```
    cin >> day;
    switch (day)
    {
    case 0: cout << "Sunday" << endl; break;
    case 1: cout << "Monday" << endl; break;
    case 2: cout << "Tuesday" << endl;    break;
    case 3: cout << "Wednesday" << endl;  break;
    case 4: cout << "Thursday" << endl;   break;
    case 5: cout << "Friday" << endl; break;
    case 6: cout << "Saturday" << endl;   break;
    default:cout << "Day out of range Sunday .. Saturday" <<endl;   break;
    }
    return 0;
}
```

4. 在执行以下程序时，为了使输出结果为 t=4，则给 a 和 b 输入的值应满足的条件是什么?

```
#include<iostream>
using namespace std;
int main()
{ int s, t, a, b;
cin>>a>>b;
s=1; t=1;
if(a>0)s=s+1;
if(a>b)t=s+1;
else if(a= =b)t=5;
else t=2*s;
cout<<"t="<<t<<endl;
return 0;
}
```

5. 有一个函数

$$y=\begin{cases}x^2-1 & (x<1)\\ 2x-1 & (1\leqslant x<10)\\ 3x-11 & (x\geqslant 10)\end{cases}$$

编写一个程序，输入 x 值，输出 y 值。

6. 有 3 个数 a、b、c，由键盘输入，编写程序输出其中最大的数。

7. 给定一个不多于 5 位的正整数，要求：（1）求它是几位数；（2）分别输出每一位数字；（3）按逆序输出每一位数字（例如，原数为 321，应输出 123）。

8. 企业发放的奖金根据利润提成。利润 I 低于或者等于 10 万元时，奖金可按 10%提成；利润高于 10 万元，低于或者等于 20 万元时（$100000<I\leqslant 200000$），其中 10 万元部分按照 10%提成，高于 10 万元的部分，可按 7.5%提成；$200000<I\leqslant 400000$ 时，其中 20 万元部分仍按上述办法提成，高于 20 万元的部分按照 5%提成（下同）；$400000<I\leqslant 600000$ 时，高于 40 万元的部分按照 3%提成；$600000<I\leqslant 1000000$ 时，高于 60 万元的部分按照 1.5%提成；$I>1000000$ 时，超过 100 万元的部分按照 1%提成。输入当月利润 I，求应发放奖金总数。

要求：（1）用 if 语句编写程序；（2）用 switch 语句编写程序。

04 第 4 章　循环结构

循环结构是指在程序中为需要反复执行某个功能而设置的一种程序结构。循环体中的条件会判断是继续执行某个功能，还是退出循环。

4.1　引例

编写程序统计某班级某门课程的总成绩和平均成绩。

程序如下：

```
#include<iostream>
using namespace std;
int main()
{    double cj,sum=0.0,aver;
     int i=0;
     p10: cin>>cj;             ⎫
     sum=sum+cj;               ⎬ 重复执行
     i=i+1;                    ⎪
     if(i<32)goto p10;         ⎭
     aver=sum/32;
     cout<<"sum="<<sum;
     cout<<"aver="<<aver<<endl;
     return 0;}
```

像这样重复地执行某个或某些语句的结构称为循环结构，需要重复执行的语句称为循环体。上述的程序也可以写成如下的形式：

```
#include<iostream>
using namespace std;
int main()
{   double cj,sum=0.0,aver;
    int i=0;
    p10: if(i<32)
    { cin>>cj;
    sum=sum+cj;
    i=i+1;
    goto p10;}
    aver=sum/32;
    cout<<"sum="<<sum;
    cout<<"aver="<<aver<<endl;
    return 0;}
```

这两个程序一个是先判定条件是否满足，如果条件满足，执行循环体；另一个是先执行一次循环体，后判定条件是否满足。它们分别对应循环结构的两种类型：当型循环和直到型循环。

用 goto 语句构成循环一般形式如下。

1. 当型循环

这种结构有如下特征：在每次执行循环体前，对条件进行判断，当条件满足时，执行循环体，否则终止循环。其一般形式为：

```
S1: if(表达式)
     { 语句
      goto S1; }
```

执行过程如图 4.1 所示。

2. 直到型循环

这种结构有如下特征：在执行一次循环后，对条件进行判断，如果条件不满足，继续执行循环体，直到条件满足时终止循环。值得注意的是，C/C++中提供的是一种伪直到型循环，即如果条件满足，则继续执行循环体，否则终止循环。其一般形式为：

```
S2: { 语句 }
    if(表达式) goto S2;
```

执行过程如图 4.2 所示。

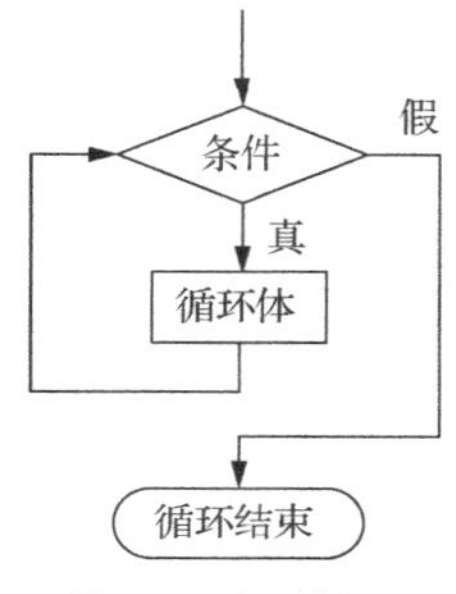

图 4.1　当型循环

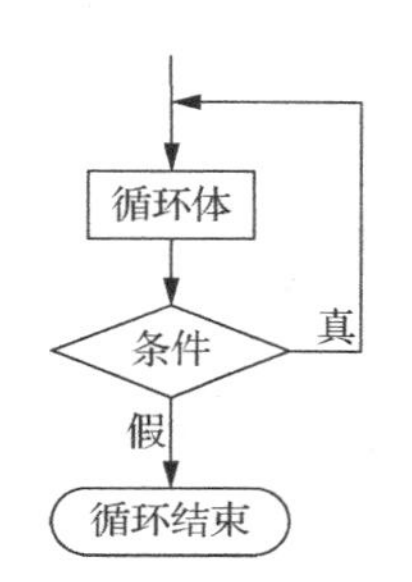

图 4.2　伪直到型循环

4.2　while 结构

while 语句的一般形式：

```
while (表达式)
{ 语句 }
```

当表达式为非 0 值时，执行 while 循环内嵌的语句，即循环体；当表达式的值为 0 时，跳出 while 循环，执行 while 循环下面的语句。

【例 4.1】编写程序计算 1+2+3+4+…+100 的值。流程图如图 4.3 所示。

程序如下：

```
#include<iostream>
using namespace std;
int main()
{ int i ;
  int sum = 0 ;
  i = 1;
  while ( i <= 100 )
  { sum = sum + i;
    i ++; }
  cout<<"sum="<<sum<<endl;
  return 0;
}
```

运行结果为：

```
sum=5050
```

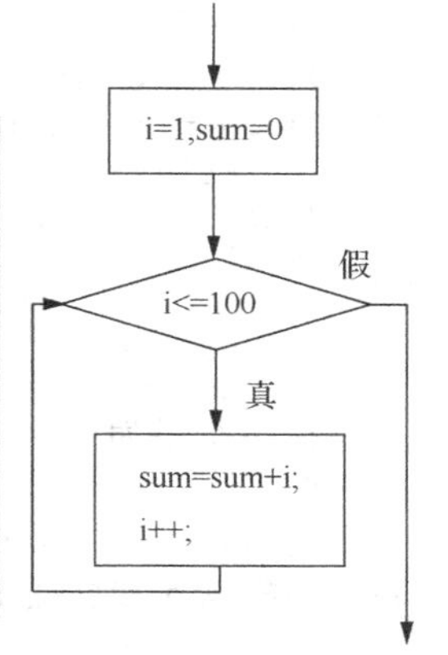

图 4.3　例 4.1 流程图

说明如下。

（1）循环体中如果只包含一条语句，则花括号可以省略。

（2）循环体中必须有使循环趋于结束的语句。例如，本例中循环结束的条件是“i>100”，因此在循环体中应该有使 i 值增加的语句，最终导致 i>100，使循环结束，本例用“i++;”语句来达到此目的。如果无此语句，则 i 的值始终不变，循环永不结束，即为死循环。

4.3 do…while 结构

do…while 语句的一般形式：

```
do
{语句}
while（表达式）;
```

其执行过程是先执行一次循环体，然后判别表达式。当表达式的值为非 0 时，返回重新执行循环体语句，如此反复，直到表达式的值等于 0，此时循环结束。

【例 4.2】用 do…while 语句编写例 4.1 的程序。

流程图如图 4.4 所示。

程序如下：

```
#include<iostream >
using namespace std;
int main()
{   int i ;
    int sum = 0 ;
    i = 1;
    do
    {  sum = sum + i;
       i ++; }
    while ( i <= 100 );
    cout<<"sum="<<sum;
    return 0;
}
```

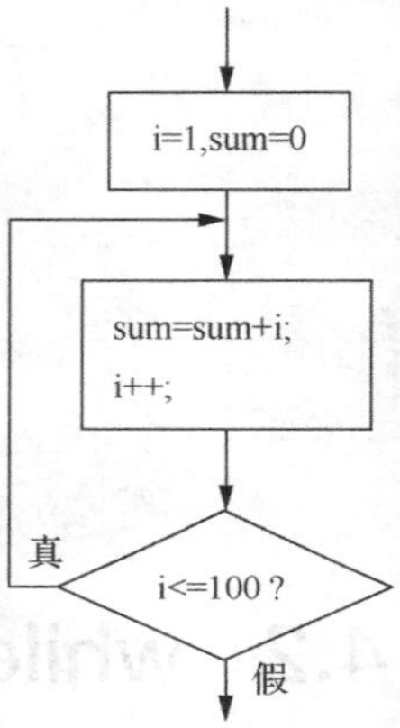

i=1,sum=0
sum=sum+i;
i++;
i<=100 ?
真
假

图 4.4 例 4.2 流程图

可以看到，对于同一个问题，可以用 while 语句处理，也可以用 do…while 语句处理，二者可以相互转换。一般情况下，用 while 语句和 do…while 语句处理同一问题时，若二者的循环体部分是一样的，则它们的结果也是一样的，如例 4.1 和例 4.2 所示。但是如果 while 语句中表达式一开始就为假，两种循环的结果就不同了。看下面的例子。

【例 4.3】写出下面程序的运行结果。

程序 1 如下：

```
#include<iostream>
using namespace std;
int main()
{ int i=0,a=8;
 while (i!=0)
  {cout<<a;}
 cout<<a+1;
}
```

运行结果为：

```
9
```

程序 2 如下：

```
#include<iostream>
using namespace std;
int main()
{int i=0,a=8;
 do
{cout<<a;}
 while(i!=0);
cout<<"  "<<a+1;}
```

运行结果为：

```
8  9
```

可以看到，由于 while 语句中的表达式为 0，程序 1 循环体中的语句“cout<<a;”一次也没有执行；而程序 2 循环体中的语句“cout<<a;”被执行了一次。因此可以说，当 while 语句中的表达式的值一开始为“真”时，两种循环得到相同的结果，否则结果不相同。

结论：while 语句先判断再执行循环体，do…while 语句先执行循环体再判断；while 语句可一次也不执行循环体，do…while 语句至少执行一次循环体；二者的结构在表达式的值一开始为“真”（非 0）时可以相互转换。

【例 4.4】输入一批正数，计算其累加和，以 0 或负数作为“结束标志”。

分析：读入一个数 x，判断它是否大于 0。如果是则累加之，否则就结束此过程。累加和放在 sum 中。

流程图如图 4.5 所示。

程序如下：

```
#include<iostream>
using namespace std;
int main()
{   double sum=0.0,x;
    cin>>x;
    while(x>0)
    { sum=sum+x;
    cin>>x; }
    cout<<"sum="<<sum;
    return 0;
}
```

【例 4.5】求 $t=1+2+2^2+2^3+\cdots+2^n$ 的值，直到 t 的值大于或等于 10000 为止。

分析：设变量 t 存放各项的累加和，n 代表 2 的幂次，n 从 0 开始。将 2^n 加到 t 中，然后 n 的值加 1，重复以上过程，直到 $t \geqslant 10000$ 时结束，输出 t 和 n 的值。流程图如图 4.6 所示。

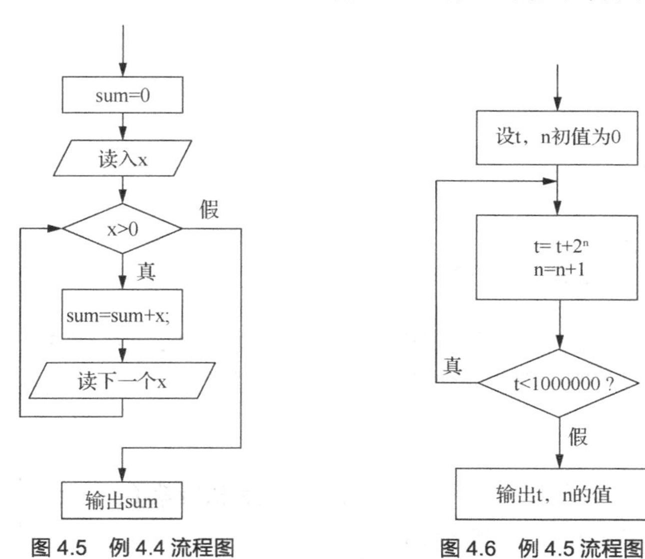

图 4.5　例 4.4 流程图　　图 4.6　例 4.5 流程图

程序如下：

```
#include<cmath>
#include<iostream>
using namespace std;
int main()
{   double t=0.0; int n=0;
    do
    {t=t+pow(2,n);
     n=n+1; }
    while(t<10000);
    cout<<"n="<<n<<endl;
```

```
    cout<<"t="<<t<<endl;
    return 0;
}
```

运行结果为：

```
n=14
t=16383
```

【例 4.6】编程序计算 $T=1+\frac{1}{2}+\frac{1}{3}+\frac{1}{4}+\cdots+\frac{1}{n}$。

分析：通项式 a_i=1/*i*，求 $\sum_{i=1}^{n}a_i$。给出 *n* 值，循环 *n* 次，每次循环时，累加一个 a_i 即可。流程图如图 4.7 所示。

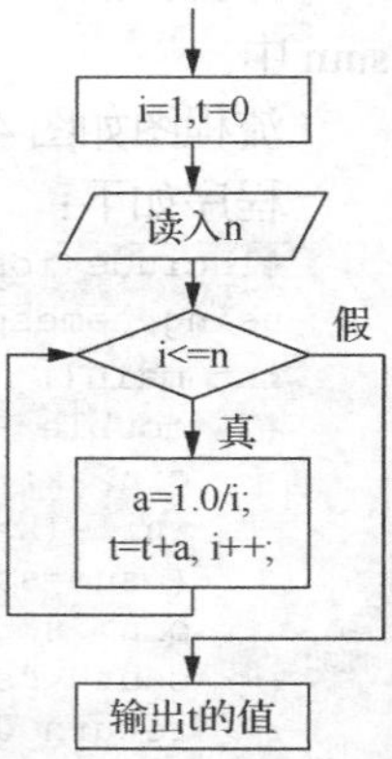

程序如下：

```
#include<iostream>
using namespace std;
int main()
{   double t=0,a; int i=1,n;
    cin>>n;
    while(i<=n)
    {a=1.0/i;
     t=t+a;
     i++;}
    cout<<"t="<<t<<endl;
    return 0;
}
```

图 4.7　例 4.6 流程图

运行结果为：

```
4
t=2.08333
```

4.4　for 结构

for 语句的一般形式：

```
for(表达式 1;表达式 2;表达式 3)
  {语句}
```

其中：表达式 1 为循环变量赋初值；表达式 2 为循环的条件；表达式 3 为循环变量增值。表达式 1 赋值符号左边的变量为循环变量。

执行过程如下。

（1）求解表达式 1。

（2）计算表达式 2，若其值为真，则执行循环体，然后执行第（3）步；否则，结束循环，转到第（5）步继续执行。

（3）执行循环体后，循环变量增值（执行表达式 3）。

（4）返回第（2）步继续执行。

（5）循环结束，执行 for 语句下面的语句。

图 4.8 所示为 for 语句的执行过程。

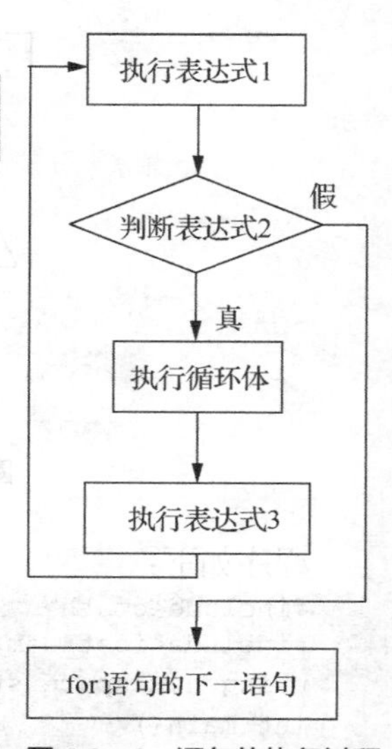

图 4.8　for 语句的执行过程

示例程序如下：

```
#include<iostream>
using namespace std;
int main()
{   int i, sum = 0 ;
    for(i=1; i <= 100;i++)
    {sum = sum + i;}
```

```
    cout<<sum;
    return 0;
}
```

说明如下。

（1）for 语句非常灵活、简便，就算循环前不知道循环次数也可以使用。

（2）for 语句中的表达式 1 可以省略，此时应在 for 语句之前给循环变量赋初值。注意，省略表达式 1 时，其后的分号不能省略。例如，for(;i<=100;i++)执行时会跳过“求解表达式 1”这一步，其他不变。

（3）for 语句中的表达式 2 也可以省略，此时认为表达式 2 始终为真。例如：

```
for(i=1; ;i++) sum=sum+i;
```

相当于：

```
i=1;
while(1)
 {sum=sum+i;
  i++;  }
```

流程图如图 4.9 所示。由于表达式 2 始终为真，循环会无休止地进行下去，即死循环。如果循环体中有 break 语句就可能不会构成死循环。

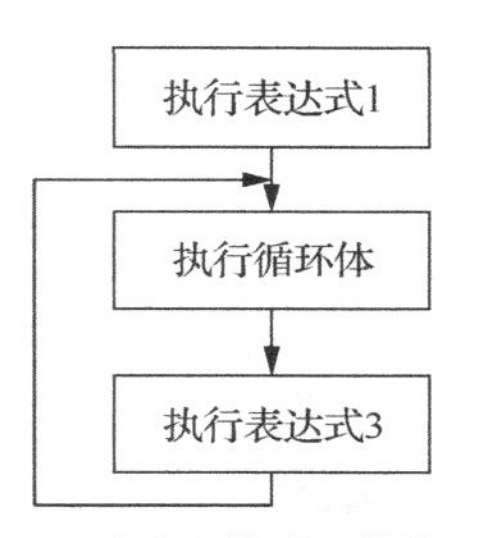

图 4.9　省略表达式 2 的流程图

（4）表达式 3 也可以省略，但此时应另外设法保证循环能正常结束。例如：

```
for(i=1; i<=100;)
   {sum=sum+i;
     i++;}
```

上述 for 语句中只有表达式 1 和表达式 2，而没有表达式 3。i++的操作没放在 for 语句中的表达式 3 的位置，而是作为循环体的一部分，效果是一样的，都能使循环正常结束。

（5）可以省略表达式 1 和表达式 3，只有表达式 2。例如：

```
for(; i<=100;)
   {sum=sum+i;
     i++;}
```

相当于

```
while( i<=100)
 {sum=sum+i;
     i++; }
```

在这种情况下，for 语句完全等同于 while 语句。可见 for 语句比 while 语句功能强，除了可以给出循环条件，还可以给循环变量赋初值，以及使循环变量自动增值。

for 语句的形式很多，建议初学者使用 for 语句的标准形式。

【例 4.7】写出下面程序的运行结果。

程序如下：

```
#include<iostream>
using namespace std;
int main()
{   int i,k,sum;
```

```
    sum=0;
    for(i=1;i<=3;i++)
    { k=i*i;
      cout<<"i="<<i<<"k="<<k;
      sum=sum+i;}
    cout<<"\n"<<"i="<<i<<"sum="<<sum;
    return 0;
}
```

分析：循环变量的初值是 1，条件是小于等于 3，增量是 1。循环体是程序中的黑体部分，如表 4.1 所示。

表 4.1　分析运行过程

i 的值	i<=3	k 值	i、k 的值	sum	i++
1	真	1	i=1，k=1	1	2
2	真	4	i=2，k=4	3	3
3	真	9	i=3，k=9	6	4
4	假	跳出循环，执行 for 语句下面的语句，换行，输出 i 和 sum 的值			

运行结果为：

```
i=1k=1i=2k=4 i=3k=9;
i=4sum=6
```

4.5　循环结构嵌套

【例 4.8】输出九九乘法表。

分析：要求输出如下的形式。

```
1 * 1=1  1 * 2=2  1 * 3=3 …      1 * 9=9
2 * 1=2  2 * 2=4  2 * 3=6 …      2 * 9=18
3 * 1=3  3 * 2=6  3 * 3=9 …      3 * 9=27
…
9 * 1=9  9 * 2=18 9 * 3=27…      9 * 9=81
```

竖看数据是从 1 到 9（竖着加单下画线的），分别乘以 1、2、…、9（横着加双下画线的）。从而得到这个数据表。竖的 1 到 9 可以用一个循环来控制，例如 for(i=1;i<=9;i++)；同理，横的 1 到 9 也可以用一个循环来控制，例如 for(j=1;j<=9;j++)。输出 i*j 的值。i 是 1 时，j 从 1 到 9；i 是 2 时，j 从 1 到 9；i 是 3 时，j 从 1 到 9；…；i 是 9 时，j 从 1 到 9。可以用下面程序段表示。

```
for(i=1;i<=9;i++)
{   for(j=1;j<=9;j++)
    {
     cj=i*j;
     cout<<i<<"*"<<j<<"="<<cj<<"\t";
       }
       cout<<endl;
}
```

i 是 1 时，执行 for(j=1;j<=9;j++)，输出第 1 行数据，这个循环结束后执行 cout<<endl;使输出换行；i 是 2 时，执行 for(j=1;j<=9;j++)，输出第 2 行数据；…；i 是 9 时，执行 for(j=1;j<=9;j++)，输出第 9 行数据。程序如下：

```
#include<iostream>
using namespace std;
int main()
{ int i,j,cj;
for(i=1;i<=9;i++)
     {for(j=1;j<=9;j++)
         {cj=i*j;
          cout<<i<<"*"<<j<<"="<<cj<<"\t";
```

```
        }
      cout<<endl;
  }
```

运行结果为：

```
1*1=1    1*2=2    1*3=3    1*4=4    1*5=5    1*6=6    1*7=7    1*8=8    1*9=9
2*1=2    2*2=4    2*3=6    2*4=8    2*5=10   2*6=12   2*7=14   2*8=16   2*9=18
3*1=3    3*2=6    3*3=9    3*4=12   3*5=15   3*6=18   3*7=21   3*8=24   3*9=27
4*1=4    4*2=8    4*3=12   4*4=16   4*5=20   4*6=24   4*7=28   4*8=32   4*9=36
5*1=5    5*2=10   5*3=15   5*4=20   5*5=25   5*6=30   5*7=35   5*8=40   5*9=45
6*1=6    6*2=12   6*3=18   6*4=24   6*5=30   6*6=36   6*7=42   6*8=48   6*9=54
7*1=7    7*2=14   7*3=21   7*4=28   7*5=35   7*6=42   7*7=49   7*8=56   7*9=63
8*1=8    8*2=16   8*3=24   8*4=32   8*5=40   8*6=48   8*7=56   8*8=64   8*9=72
9*1=9    9*2=18   9*3=27   9*4=36   9*5=45   9*6=54   9*7=63   9*8=72   9*9=81
```

如何修改程序使其输出结果如下所示？分析以下结果不难看出，当 i 是 1 时输出 1 个数据，当 i 是 2 时输出 2 个数据，…当 i 是 9 时输出 9 个数据。只要把 for(j=1;j<=9;j++)语句中的表达式 2 改为 j<=i;即可。

```
1*1=1
2*1=2    2*2=4
3*1=3    3*2=6    3*3=9
4*1=4    4*2=8    4*3=12   4*4=16
5*1=5    5*2=10   5*3=15   5*4=20   5*5=25
6*1=6    6*2=12   6*3=18   6*4=24   6*5=30   6*6=36
7*1=7    7*2=14   7*3=21   7*4=28   7*5=35   7*6=42   7*7=49
8*1=8    8*2=16   8*3=24   8*4=32   8*5=40   8*6=48   8*7=56   8*8=64
9*1=9    9*2=18   9*3=27   9*4=36   9*5=45   9*6=54   9*7=63   9*8=72   9*9=81
```

例 4.8 中使用了两条 for 语句，而且 for(j=1;j<=9;j++)循环被完整地包含在 for(i=1;i<=9;i++)循环体内，像这样一个循环体内又包含另一个完整的循环结构，就是循环的嵌套。内嵌的循环中还可以嵌套循环，这就是多层嵌套。

【例 4.9】编程求 1！+3！+5！+7!，m 的阶乘计算公式为 $m!=1\times2\times3\times\cdots\times m-1\times m$。可以用下面的程序段实现。

```
   …
cin>>m;
jc=1;
for(k=1;k<=m;k++)
 jc=jc*k;
   …
```

使用变量 jc 存放数 m 的阶乘，循环变量 k 取值范围为 1～m，重复执行 jc=jc*k;求得 m 的阶乘。值得注意的是，变量 jc 是累乘的，所以给其赋初值 1。

本例求 1、3、5、7 阶乘之和，即 m 的值分别为 1、3、5、7，可以用一个循环来控制，例如 for(m=1;m<=7;m=m+2)，循环变量的增量是 2。每求完一个数的阶乘还要将其累加至变量 sum，例如 sum=sum+jc;。程序如下：

```
#include<iostream>
using namespace std;
int main()
{ int jc,k,m;
   double jc, sum=0.0;
   for(m=1;m<=7;m=m+2)
     { jc=1;
         for(k=1;k<=m;k++)
               jc=jc*k;
         sum=sum+jc;
     }
   cout<<"sum="<<sum;
    return 0;
}
```

运行结果为：

```
sum=5167
```

3 种循环可以互相嵌套。下面几种都是合法的形式：

```
(1) while()                    (2) do
     { :                           { :
         while()                   do
     { …  }                         {…}
}                                  while();
                                   }
                                 while();
(3) for(;;)                    (4) while()
      {                            { :
       for(;;)                     do
          {…}                       {…}
      }                            while();
                                    :
                                   }
                                 }
(5) for(;;)                    (6) do
      {                            { :
       while()                      for(;;)
         {…}                        {…}
       :                            }
      }                            while();
```

4.6 循环控制语句

在上文中已经介绍过，用 break 语句可以使流程跳出 switch 结构，继续执行 switch 结构下面的语句。此外，break 语句也可以用于循环体内。

1. break 语句

break 语句的格式为：

```
break;
```

作用：用于循环体中，使程序从整个循环中退出。break 语句的作用如图 4.10 所示。

程序在循环体中遇到 break 语句时，跳出循环体，即提前结束循环，接着执行循环体下面的语句。例如：

```
#include<iostream>
using namespace std;
int main()
{ int k,sum=0;
   for(k=1;k<=100;k++)
     {sum=sum+k;
      if(sum>200) break;
     }
   cout<<"sum="<<sum;
   return 0;
 }
```

上述程序的功能是计算 1～100 的和，当和大于 200 时，就跳出循环，后面的就不再加了。跳出循环后输出 sum 的值。

运行结果为：

```
sum=210
```

值得注意的是，break 语句只能用于循环语句和 switch 语句内，不能单独使用或用于其他语句中。

2. continue 语句

continue 语句的格式为：

```
continue;
```

作用：用于循环体中，使程序从本次循环中退出，继续下一次循环。continue 语句的作用如图 4.11 所示。

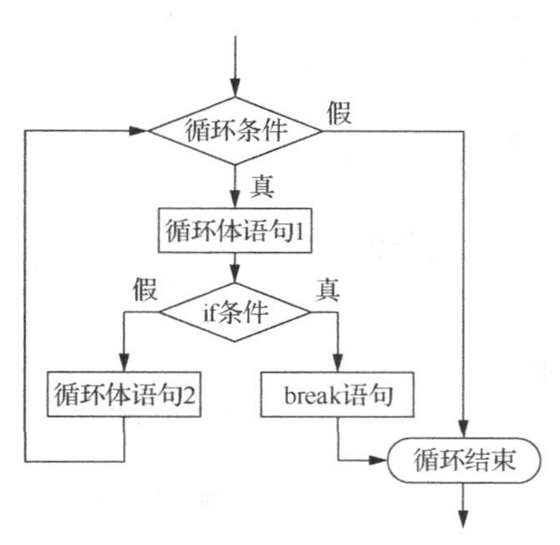

图 4.10　break 语句的作用

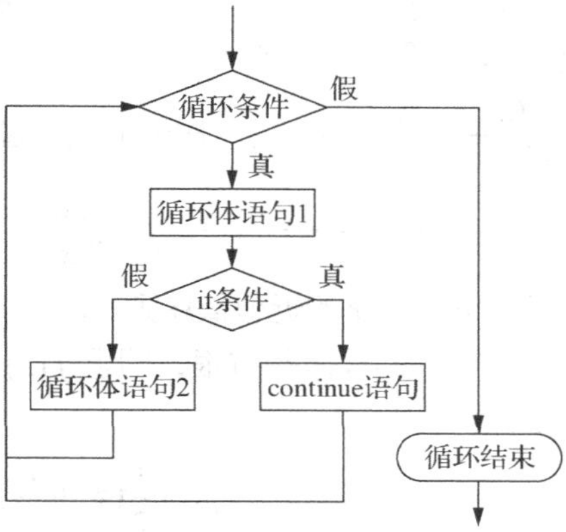

图 4.11　continue 语句的作用

【例 4.10】写出下列程序的运行结果。

程序 a 如下：

```
#include<iostream>
using namespace std;
int main()
{ int i;
   for(i=1;i<8;i++)
     {if(i%2==0)
         cout<<"$"<<i;
      else
       cout<<i;
   cout<<"**";
   }
   return 0;
 }
```

运行结果为：

```
1**2$**3**4$**5**6$**7**
```

程序 b 如下：

```
#include<iostream>
using namespace std;
int main()
      { int i;
  for(i=1;i<8;i++)
         {if(i%2==0)
        continue;
          else
        cout<<i;
          cout<<"**";
          }
        return 0;
        }
```

运行结果为：

```
1**3**5**7**
```

在程序 b 中，当 i%2 为 0 时，执行 continue 语句，if 语句下面的 cout<<"**";语句不执行，即执行 i++运算，结束本次循环，进入下一次循环。程序 b 也可以写成如下形式：

```
  #include<iostream>
  using namespace std;
  int main()
  { int i;
     for(i=1;i<8;i++)
      if(i%2!=0)
         {cout<<i;
          cout<<"**";
         }
    return 0;
}
```

4.7 实例

【例 4.11】编写程序，利用牛顿迭代法求 x 的平方根。

多数方程不存在求根公式，因此求精确解非常困难，甚至不可解，从而寻找方程的近似根就显得特别重要。牛顿迭代法（Newton's method）又称为牛顿-拉夫逊方法（Newton-Raphson method），它是牛顿在 17 世纪提出的一种在实数域和复数域上近似求解方程的方法。

如图 4.12 所示，设 r 是 $f(x)=0$ 的根，选取 x_0 作为 r 的初始近似值，过点 $(x_0,f(x_0))$ 做曲线的切线，则切线与 x 轴交点的横坐标 $x_1=x_0-\frac{f(x_0)}{f'(x_0)}$，称 x_1 为 r 的一次近似值。过点 $(x_1,f(x_1))$ 做曲线的切线，则切线与 x 轴交点的横坐标 $x_2=x_1-\frac{f(x_1)}{f'(x_1)}$，称 x_2 为 r 的二次近似值。重复以上过程，可得到 r 的近似值序列 x_1、x_2、…、x_n。

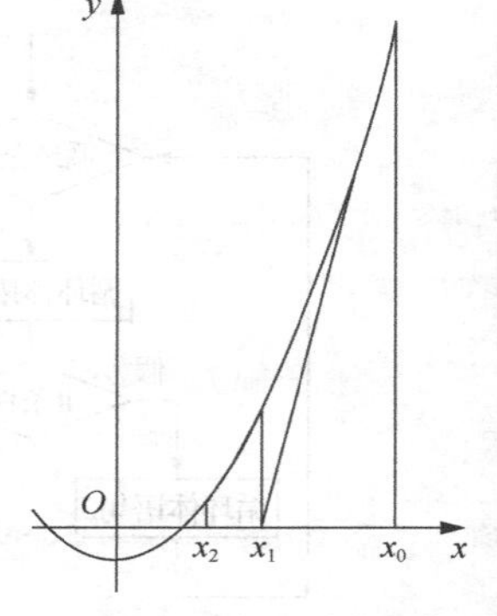

图 4.12　牛顿迭代法示意

求某一个数 c 的算术平方根，即求 $f(x)=x^2-c$ 的根，持续化简可得迭代公式：

$$x_{n+1}=\frac{1}{2}(x_n+\frac{c}{x_n})$$

程序如下：

```
#include<iostream>
using namespace std;
#include<cmath>
int main()
{
    double x , y , c , e = 1e-15;
    cin >> c;
    x = c;
    y = (x + c / x) / 2;
    while (fabs(x - y) > e)
    {
        x = y;
        y = (x + c / x) / 2;
    }
    cout << y;
    return 0 ;
}
```

【例 4.12】编写程序，利用二分法求 x 的平方根。

所谓“二分法”就是通过二分查找不断地缩小平方根所在的范围。例如，求解数 x 的平方根 t，定义一个最小值 0 和最大值 x，将一个数取一个中间值$(0+x)/2$。如果中间值的平方大于该数值，将中间值赋给最大值，否则将中间值赋给最小值。重复以上步骤，直到某一精度为止。

程序如下：

```
#include<iostream>
using namespace std;
#include<cmath>
int main()
{   double low, high, t, x, e = 1e-15;
    cin >> x;
    low = 0;
    high = x;
    t = low + ( high - low ) / 2 ;
    while (fabs(high - low) > e)
```

```
    {
          if ( t*t > x ) high = t;
          else low = t;
          t = low + ( high - low ) / 2 ;
    }
    cout << t << endl ;
   return 0 ;    }
```

【例 4.13】编写程序，输出以下图形。

```
      *
    * * *
  * * * * *
    * * *
      *
```

分析：此图形每一行输出分三步。第一步，输出若干个空格；第二步，输出若干个“*”；第三步，回车换行。关键是找出空格及“*”的个数与行数的关系，设 i 表示行数，j 表示空格数，k 表示“*”的个数，则 i、j、k 的关系如表 4.2 所示。

表 4.2　例 4.13 的 i、j、k 关系

i	j	k
1	2	1
2	1	3
3	0	5
4	1	3
5	2	1

直接找到 i、j、k 的关系并不容易，仔细分析一下，该图形是以第三行为对称轴上下对称的。观察 $i-3$ 的值依次为-2、-1、0、1、2，与 j 的变化规律相似；再观察$|i-3|$的值依次为 2、1、0、1、2，与 j 的变化规律就一致了。同理，$5-2\cdot|i-3|$与 k 的变化规律一致。

程序如下：

```
#include<iostream>
using namespace std;
#include<cmath>
int main()
{
    int i , j , k ;
    for( i = 1; i <= 5; i++ )
    {
          for( j = 1; j <= abs(i-3); j++ )
                cout << "  ";
          for( k = 1; k <= 5-2*abs(i-3); k++ )
                cout << "* ";
          cout << endl;
    }
    return 0 ;
}
```

请读者自行思考，若要输出 n 行（n 由键盘输入），本例应如何修改？

习题

1．写出下列程序的运行结果。

（1）程序：

```
#include<iostream>
using namespace std;
```

```
int main()
{int num= 0;
 while(num<=2)
   {num++; cout<<num<<endl;}
 return 0;
}
```

（2）程序：

```
#include<iostream>
using namespace std;
int main()
{int i,j,x=0;
 for(i=0;i<2;i++)
     {x++;
      for(j=0;j<=3;j++)
          {if(j%2) continue;
           x++;}
     }
 cout<<"x="<<x<<"\n";
 return 0;
}
```

（3）程序：

```
#include<iostream>
using namespace std;
int main()
{int a,b;
 for(a=1, b=1; a<=100; a++)
     {
      if(b>=10) break;
      if(b%3==1) b+=3;
     }
 cout<<a<<"\n";
 return 0;
}
```

（4）程序：

```
#include<iostream>
using namespace std;
int main()
{int i,sum=0;
 for(i=1;i<=3;i++,sum++) sum+=i;
 cout<<sum<<"\n";
 return 0;
}
```

（5）程序：

```
#include <iostream>
using namespace std;
int main()
{
int n, right_digit, newnum = 0;
cout << "Enter the number: ";
cin >> n;
cout << "The number in reverse order is  ";
do
{
right_digit = n % 10;
cout << right_digit;
n /= 10;
}
while (n != 0);
cout<<endl;
```

```
  return 0;
}
```

2. 要求以下程序的功能是计算 s=1+1/2+1/3+⋯+1/10，程序如下：

```
#include<iostream>
using namespace std;
int main()
{int n;
 double s;
 s=1.0;
 for(n=10;n>1;n--)
   s=s+1/n;
 cout<<s<<"\n ";
 return 0;
}
```

程序运行后输出结果错误，导致错误结果的语句是（　　）。

A. s=1.0;　　B. for(n=10;n>1;n--)

C. s=s+1/n;　　D. cout<<s<<"\n";

3. 有以下程序：

```
#include<iostream>
using namespace std;
int main()
{int s=0,a=1,n;
 cin>>n;
 do
  {s+=1; a=a-2;}
 while(a!=n);
 cout<<s<<"\n";
  return 0;
}
```

若要使程序的输出值为 2，则 n 的值应该是（　　）。

A. -1　　B. -3　　C. -5　　D. 0

4. 要求以下程序的功能是按顺序读入 10 名学生 4 门课程的成绩，计算出每名学生的平均分并输出，程序如下：

```
#include<iostream>
using namespace std;
int main()
{int n,k;
 double score,sum,ave;
 sum=0.0;
 for(n=1;n<=10;n++)
     {
      for(k=1;k<=4;k++)
          {cin>>score; sum+=score;}
      ave=sum/4.0;
      cout<<"NO:"<<n<<"平均分"<<ave<<"\n";
      return 0;
   }
}
```

上述程序运行后结果不正确，调试中发现有一条语句出现在程序中的位置不正确。这条语句是（　　）。

A. sum=0.0;　　B. sum+=score;

C. ave=sum/4.0;　　D. cout<<"NO:"<<n<<"平均分"<<ave<<"\n";

5. 设有以下程序：

```
#include<iostream>
```

```
using namespace std;
int main()
{ int n1,n2;
cin>>n2;
while(n2!=0)
 { n1=n2%10;
   n2=n2/10;
   cout<<n1;
 }
 return 0;
}
```

程序运行后，如果输入1298，则输出结果为______。

6. 输入两个正整数 **m** 和 **n**，编写程序求其最大公约数和最小公倍数。

7. 编写程序输出所有的“水仙花数”。“水仙花数”是指一个 3 位数，其各位数字的立方和等于该数本身。例如，153 是一个“水仙花数”，因为$153=1^3+5^3+3^3$。

8. 如果一个数恰好等于它的因子之和，这个数就称为“完数”。例如，6 的因子为 1、2、3，而 6=1+2+3，因此 6 是“完数”。编写程序找出 1000 以内的所有“完数”。

9. 有一个分数序列：

$$\frac{2}{1},\frac{3}{2},\frac{5}{3},\frac{8}{5},\frac{13}{8},\frac{21}{13},\cdots$$

编写程序求出这个序列的前 20 项之和。

10. 一球从 100 米高度自由落下，每一次落地后反弹回原高度的一半，再落下。编写程序求它在第 10 次落地时，其运动总距离为多少米？第 10 次反弹的高度是多少？

第二部分

编程进阶

05 第 5 章　结构化数据

为了更方便地处理结构化数据，C/C++引入了指针、数组、结构体和文件等，这些都是程序设计中非常重要的数据结构，本章将详细介绍这些概念及其使用方式。

5.1　指针

指针是 C/C++中的一个重要概念。程序运行时，不同类型的变量在内存空间中占用的字节数不同，其中首字节的地址称为变量的地址，即指针。地址用来标识每一个存储单元，方便用户对存储单元中的数据进行访问。

C/C++拥有在运行时获得变量的地址和操作地址的能力，这种用来保存地址的特殊类型的变量就是指针变量。指针可以用于数组，可以作为函数参数，还可以用于内存访问和操作。

5.1.1　内存的访问方式

计算机的内存储器被划分为一个个存储单元。存储单元按一定的规则编号，这个编号就是存储单元的地址。地址编码的最基本单位是字节，每个字节由 8 个二进制位组成。计算机就是通过这种地址编号的方式来管理内存数据的读写和定位的。内存结构的简化示意图如图 5.1 所示。

图 5.1　内存结构的简化示意图

在 C/C++程序中存取数据有两种方法：一是通过变量名，二是通过变量地址。程序中声明的变量是要占据一定的内存空间的，例如短整型占 2 个字节，整型和长整型占 4 个字节。具有静态生存期的变量在程序开始运行之前就已经被分配了内存空间。在变量获得内存空间的同时，变量名也就成为相应内存空间的符号化名称，在变量的整个生存期内都可以通过变量名访问该内存空间。但是，若使用变量名不方便或者根本没有变量名可用，这时就需要通过地址来访问内存单元。例如，在不同的函数之间传送大量数据时，如果不传递变量的值，只传递变量的地址，就会减少系统开销，提高效率。如果是动态分配的内存单元，则根本就没有名称，这时只能通过地址访问。

对内存单元的访问管理可以和学生公寓的情况类比，如图 5.2 所示。假设每个学生住一间房，每个学生就相当于一个变量的内容，房间是存储单元，房号就是存储地址。如果知道了学生姓名，则可以通过名字来找到该学生，这相当于使用普通变量名访问数据。如果知道了房号，同样也可以找到该学生，这相当于通过地址访问数据。

C/C++中有专门用来存放内存单元地址的变量类型，即指针类型。

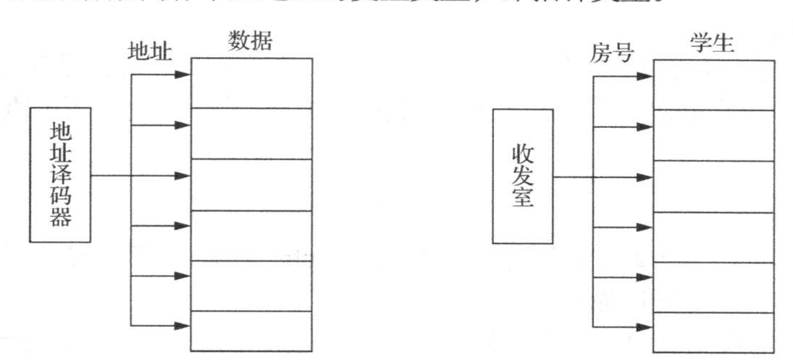

图 5.2　对内存单元的访问管理和学生公寓的情况类比

5.1.2　指针的基本概念

指针是一种数据类型，保存指针类型数据的变量称为指针变量。实际上，可以把指针变量看成一种特殊的变量，它用来存放某种类型变量的地址。如果一个指针变量存放了某个简单变量的地址值，则在指针变量和简单变量之间建立了“指向”关系。简单地说，指针就是内存地址，它的值表示被存储的数据所在的地址，而不是被存储的内容。

通过变量名访问存储单元称为直接访问方式，而通过指针变量进行访问称为间接访问方式。例如，要找某一位学生，如果事先知道学生的房间号（110 号），则直接通过房间号即可找到该学生，此时该房间可看作存储单元，房间号即变量名（符号化地址），学生即变量值，这种访问方式为“直接访问方式”。如果在 110 号房间中并没有该学生，而只有学生的信息“我在 201 号房间”，则 110 号房间可看作指针变量，它没有存储一个变量的值，而是存储变量的地址（201 号），通过这个地址才能找到该学生，这种访问方式为“间接访问方式”。

再举个例子，要打开 A 抽屉，有两种办法：一种是将 A 抽屉的钥匙带在身上，需要时直接找出该钥匙打开抽屉，取出所需的东西，这是“直接访问”；另一种办法是，为安全起见，将 A 抽屉的钥匙放在 B 抽屉中锁起来，如果需要打开 A 抽屉，则应先找出 B 抽屉的钥匙，打开 B 抽屉，取出 A 抽屉的钥匙，再打开 A 抽屉，取出 A 抽屉中的东西，这就是“间接访问”。指针变量相当于 B 抽屉，B 抽屉中的钥匙相当于地址，A 抽屉中的东西相当于存储单元的内容。

“指向”就是通过地址来体现的。图 5.3 所示的 i_pointer 中的值为 2000H，即变量 i 的地址，这样就在 i_pointer 和 i 之间建立起一种指向关系，即通过 i_pointer 就能知道 i 的地址，从而找到变量 i 的内存单元。图 5.3 中用箭头表示这种“指向”关系。

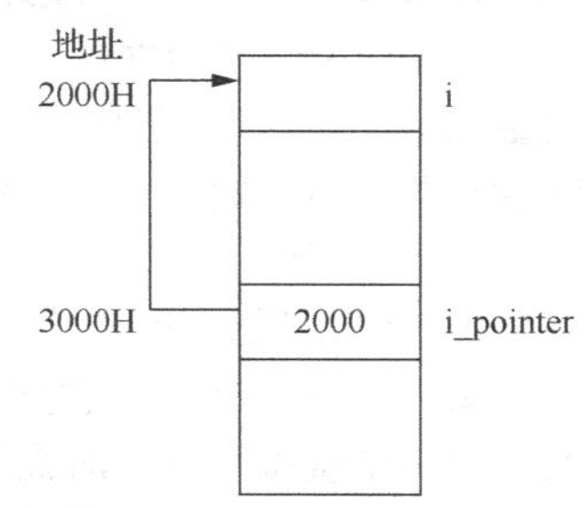

图 5.3　用箭头表示“指向”关系

既然指针变量的值是一个地址，那么这个地址不仅可以是变量的地址，也可以是函数的地址。在一个指针变量中存放一个数组或一个函数的首地址有何意义呢？因为数组元素或函数代码都是连续存放的。通过访问指针变量取得了数组或函数存储单元的首地址，也就找到了该数组或函数。这样，凡是出现数组、函数的地方都可以用指针变量来操作。这样做将使程序中的概念更清楚，程序本身也更精练、高效。

5.1.3 指针的定义

我们已经知道，指针类型的变量是用来存放内存地址的。定义了指针类型的变量，就可以在该变量中存放其他变量的地址。如果将变量 v 的地址存放在指针变量 p 中，就可以通过 p 访问到 v，也可以说，指针变量 p 指向变量 v。声明指针变量的语法格式是：

```
数据类型   * 标识符
```

其中“*”表示这里声明的是一个指针类型的变量。“数据类型”可以是任意类型，指的是指针所指向的变量的类型，即该指针变量可以用于存放什么类型变量的地址，我们称之为指针的类型。例如：

```
int *ptr1;
double *ptr2;
```

这个定义说明：ptr1 和 ptr2 均保存变量的地址，且 ptr1 只能存储某一整型变量的地址，ptr2 只能存储某一双精度浮点型变量的地址。

读者也许有这样的疑问：为什么在声明指针变量时要指出它所指的对象是什么类型呢？为了理解这一点，首先要思考一下：当我们在程序中声明一个变量时声明了什么信息？也许我们所意识到的只是声明了变量需要的内存空间，但这只是一方面；另一个重要的方面就是限定了对变量可以进行的运算及其运算规则。例如有如下语句：

```
int i;
```

该语句声明了 i 是一个整型变量，这不仅意味着 i 需要占用 4 个字节的内存空间，而且规定了它可以参加算术运算、关系运算以及使用相应的运算规则。

指针的一般定义形式为：

```
类型* 指针变量名;      //“*”靠左（常用）
类型 *指针变量名;      //“*”靠右
类型 * 指针变量名;     //“*”在中间
```

这里的“类型”可以是以前学过的基本数据类型，也可以是 void（空）类型及自定义结构类型。例如：

```
int *ptr1 ;
int* ptr1 ;
```

它们是等价的。

注意：在一行中可以定义多个指针，每个指针之前都应有指针定义符“*”。例如：

```
int a=4, b=8;
int* ptr1, *ptr2; //ptr1 和 ptr2 都是整型指针
int*ptr1, ptr3;   //ptr1 是整型指针，而 ptr3 是整型变量
ptr1=&a;          //正确
ptr2=&b;          //正确
ptr3=&b;          //错误：整型变量不能存储变量地址
```

其中“&”称为地址运算符，它是单目运算符，有一个变量作为它的右操作数，其功能是获取变量的地址。该语句执行后，a 的地址就被赋给了 ptr1，即 ptr1 指向 a；b 的地址就被赋给了 ptr2，即 ptr2 指向 b，如图 5.4 所示。

在定义指针变量时要注意以下两点。

① 变量名前面的“*”表示该变量为指针变量，但“*”不是变量名的一部分。

② 一个指针变量只能指向同一个类型的变量。如前面定义的 ptr1 只能指向整型变量，不能时而指向一个整型变量，时而又指向一个实型变量。

在定义了一个指针变量后，系统会为其分配内存单元。由于指针变量存放的是内存地址的值，因此分配的内存单元大小都是相同的。

下面通过实例进行说明：

```
int n = 100 ;
int *p = &n ;
```

这里首先定义了一个整型变量 n，并初始化为 100，然后定义了一个指针变量 p，初始化为&n，其中“&”为取地址运算符，作用为取某一变量的地址。这样，p 就指向了变量 n，如图 5.5 所示。

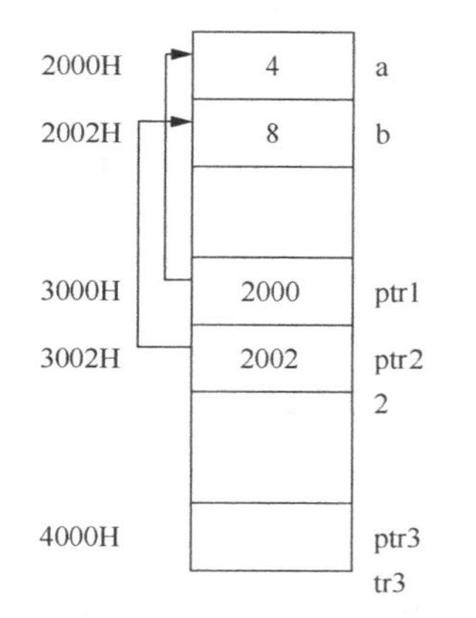

图 5.4　通过赋地址值具有指向关系

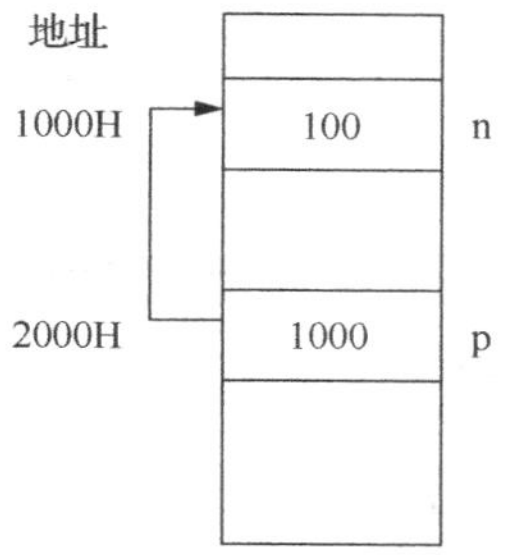

图 5.5　指向变量 n 的指针 p

我们假设变量 n 的地址是 1000H，指针变量 p 的地址是 2000H，n 的值为 100（已知）。由于语句“*p=&n;”是把变量 n 的地址赋给了指针 p，所以指针 p 的数据值为 1000H（n 的地址）。

5.1.4　指针变量运算符

C/C++提供了两个与地址相关的运算符——“*”和“&”。

（1）“*”称为指针运算符（或间接访问运算符），表示获取指针变量所指向的变量的值，是一个一元操作符。例如，上例*p 表示指针变量 p 所指向的整型变量 n 的值 100。

（2）“&”称为取地址运算符，也是一个一元操作符。它返回的是变量的存储单元地址。例如，使用&i 就可以得到变量 i 的存储单元地址。例如：

```
abc_addr=&abc;
```

表示将变量 abc 的地址赋给变量 abc_addr。这里的 abc_addr 必须是指针变量。

设有指向整型变量的指针变量 p，把整型变量 a 的地址赋给 p 有下面两种方式。

① 指针变量初始化的方法。例如：

```
int a;
int *p = &a;      //定义时初始化
```

② 赋值语句的方法。例如：

```
int a;
int *p;
p = &a;
```

注意：不允许把一个数赋给指针变量，例如：

```
int *p;
p=1000;             //错误：不能将一个整型数赋给指针变量
```

被赋值的指针变量前不能再加“*”，如写为“*p=&a;”是错误的。例如：

```
int i=3,j ;          // 语句 1：定义变量 i 和 j，并使 i=3
int * ptr ;          // 语句 2：定义 ptr 为指针变量
ptr=&i ;             // 语句 3：以 i 的地址初始化 ptr
j= * ptr ;           // 语句 4：间接引用 i，把 ptr 指向的变量 i 的值赋给 j，结果 j=3
```

语句 4 可用图 5.6 来说明。

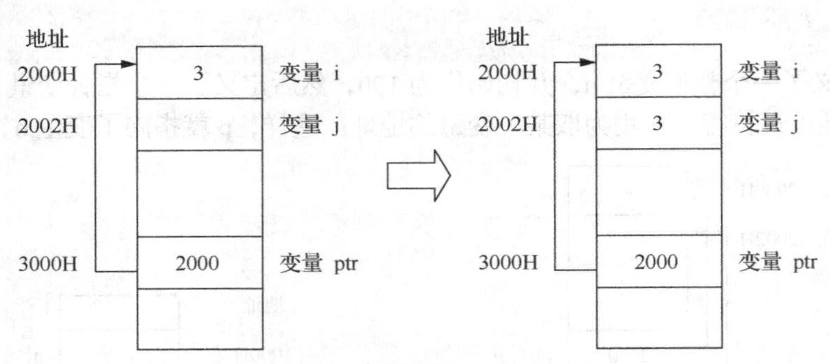

图 5.6　j= * ptr;语句执行前、后

至此，关于运算符“*”，已经介绍了下面 3 种用途，请读者区别：

① 作为乘法运算符；

② 作为指针定义符；

③ 作为间接引用运算符。

间接引用运算符“*”来获取指针所指向的变量，非指针变量不能使用间接引用运算符。例如：

```
int i=5 ;
int * ptr =& i ;                //ptr 是指针变量
cout<<*ptr<<endl ;              // 正确，显示 5
cout<<*i<<endl ;                // 错误：i 不是指针变量
```

指针的间接引用，指的是提取内存中该指针所指的变量。所以，指针的间接引用既可用作右值，也可用作左值。例如：

```
int a, b=10;
int * ptr= &b;
a= * ptr;      // *ptr 作为右值，等效于 a=10
*ptr=20;       // *ptr 作为左值，等效于 b=20（将整型数 20 赋给指针变量 ptr 所指向的变量）
```

通过指针访问它所指向的一个变量，称为间接访问。它比直接访问一个变量更费时间，而且不直观。

例如，有一段程序：

```
int i,j,*p1,*p2;
i='a';
j='b';
p1=&i;
p2=&j;
*p2=*p1;
```

其中“***p2=*p1;**”实际上就是“j = i;”，前者不仅速度慢，而且目的不明。但是，使用指针变量的优点也是明显的。由于指针是变量，我们可以通过改变它们的指向，间接访问不同的变量，给程序设计带来灵活性，也使得程序的代码更简洁和有效。

指针变量可出现在表达式中，例如：

```
int x,y,*px=&x;
```

指针变量 **px** 指向整型变量 **x**，则***px** 可出现在 **x** 能出现的任何地方。例如：

```
y=*px+5;              //表示把 x 的内容加 5，并赋给 y
y=++*px;              //表示*px 的内容加上 1 之后赋给 y，++*px 相当于++(*px)
y=*px++;        //相当于 y=*px;和 px++;这两条语句
```

通常情况下，C/C++要求指针变量的数据类型要和该指针所指向的数据类型一致。因此，在给指针变量赋值的时候一定要注意类型匹配，必要的时候可以进行类型强制转换。

【例 5.1】应用指针运算符“&”和“*”。

程序如下：

```
#include<iostream>
using namespace std;
int main()
{
   int *abc_addr,abc,val;
   abc=67;
   abc_addr=&abc;
   val=*abc_addr;
   cout<<"abc_addr="<<abc_addr<<endl;
   cout<<"val="<<val;
   return 0;
}
```

运行结果为：

```
abc_addr= 0019FF28（注：该值与程序运行时内存情况有关，非确定值）
val=67
```

下面以例 5.1 对“&”和“*”运算符再做些说明。

① *（&abc）=abc，“&”和“*”两个运算符的优先级别相同，但按自右向左方向结合，因此先进行&abc 的运算，再进行*运算，相互抵消，结果为 abc。

② &(* abc_addr)=& abc。

③ *(abc_addr)++相当于 abc++。括号是必要的，如果没有括号，就会成为* abc_addr ++。这时先按 abc_addr 的原值进行*运算，得到 abc_addr 的值，然后使 abc_addr 的值改变，这样 abc_addr 便不再指向 abc 了。

5.1.5　指针的赋值

声明了一个指针，只是得到了一个用于存储地址的指针变量，但是变量中并没有确定的值，其中的地址值是一个随机的数。也就是说，不能确定这时候的指针变量中存放的是哪个内存单元的地址。这时指针所指的内存单元中有可能存放着重要的数据或程序，如果盲目去访问，可能会破坏数据或造成系统的故障。因此声明指针之后必须先赋值，然后才可以引用。与其他类型的变量一样，对指针赋初值也有以下两种方法。

（1）在声明指针的同时进行初始化赋值，语法格式为：

```
数据类型  *指针名=初始地址;
```

（2）在声明指针之后，单独使用赋值语句，赋值语句的语法格式为：

```
指针名=地址;
```

如果使用对象地址作为指针的初值，或在赋值语句中将对象地址赋给指针变量，那么该对象必须在赋值之前就已经声明过，而且这个对象的类型应该和指针类型一致。也可以使用一个已经赋值的指针去初始化另一个指针，即可以使多个指针指向同一个变量。

对于基本类型的变量、数组元素、结构成员、类的对象，我们可以使用取地址运算符“&”来获得它们的地址。例如，使用&i 来取得整型变量 i 的地址。

数组的起始地址就是数组的名称（有关数组的概念，本章后续有详细说明）。例如：

```
int  a[10] ;              // 声明整型数组
int  *i_pointer=a ;       // 声明并初始化整型指针
```

首先声明一个具有 10 个整型数据的数组 a ，然后声明指针变量 i_pointer ，并用数组名表示的数组首地址来初始化指针。

又如，ptr 是一个指针，它指向整型变量 i。在程序中，应先定义指针，然后在使用前对它初始化，例如：

```
int i=3;
int *ptr;
ptr=&i ;
```

第二条语句是指针定义语句，字符“*”是指针定义符，其后的 ptr 是指针名，而前面的“int”是指针类型。第三条语句初始化指针 ptr，其中，i 在第一条语句中已被定义为整型变量，&i 表示取 i 的地址。这条语句的作用是把 i 的地址赋给 ptr，使之指向 i。

指针的定义和初始化语句可以合并，例如：

```
int *ptr=&i;      //等效于 int *ptr 和 ptr=&i ;这两条语句
```

下面通过一个例子来回顾指针的知识。

【例 5.2】指针的声明、赋值与使用。

```
#include <iostream>
using namespace std;
int main()
{
   int i;                          //声明 int 型变量 i
   int *i_pointer;                 //声明 int 型指针 i_pointer
   i_pointer=&i;                   //取 i 的地址赋给 i_pointer
   i=10;                           //int 型变量赋初值
   cout<<"int i"<<i<<endl;         //输出 int 型变量的值
   cout<<"*int i_pointer="<<*i_pointer<<endl;    //输出 int 型指针所指地址的内容
   return 0 ;
}
```

运行结果为：

```
int i=10
int i_pointer i=10
```

下面我们来分析程序的运行情况。程序中首先声明了一个整型变量 i，接着声明了一个整型指针 i_pointer，用取地址操作符求出 i 的地址并赋给指针 i_pointer，再给整型变量 i 赋初值 10。这时的情况可以用图 5.7 来描述，这里假设整型变量 i 和整型指针 i_pointer 在内存中的地址分别为 3000H 和 4000H。整型变量 i 的值是 10，整型指针变量 i_pointer 所存储的是变量 i 的地址 3000H。而*i_pointer 即 i_pointer 所指的变量 i 的值 10。这时，输出的 i 和*i_pointer 都是 10。前者是直接访问，后者是通过指针间接访问。程序中两次出现*i_pointer，具有不同的含义：第一次是在指针声明语句中，标识符前面的“*”表示被声明的标识符是指针；第二次是在输出语句中，作为指针运算符，是对指针所指向的变量的间接访问。

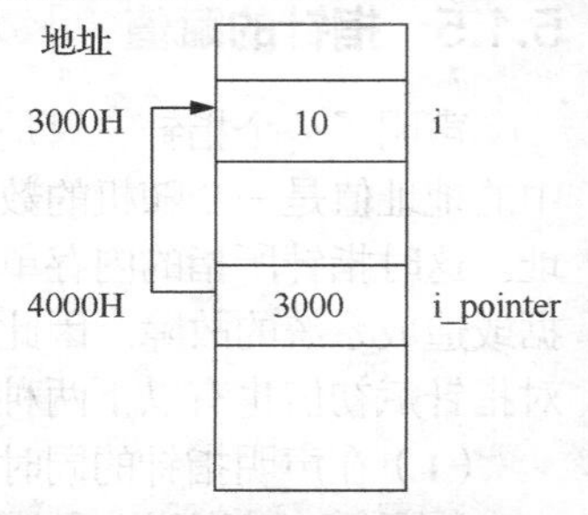

图 5.7　指针变量与变量的指针

注意：C/C++编译器能够检查数据类型，如果把一个变量赋给一个与其类型不匹配的数据，可能会出现错误，指针也不例外。例如，ptr1 和 ptr2 的定义如下：

```
int *ptr1;
char *ptr2;
```

下面的语句就会出现编译错误：

```
ptr2=ptr1;
```

如果我们把 ptr1 强制转换成字符型，再赋给 ptr2，就不会出错：

```
ptr2 = (char*) ptr1;
```

如果指针类型是空类型，则可以与任意数据类型匹配。

【例 5.3】指针类型是空类型，可以与任意数据类型匹配。

程序如下：

```
#include <iostream>
using namespace std;
int main()
```

```
{
    void *vp;           // 任意类型的地址都能赋给指针 vp
    char c;  int i;
    double f;  double d;
    vp = &c;  vp = &i;
    vp = &f;  vp = &d;
    return 0;
}
```

如果我们没有给指针变量赋值，那么指针指向的内容就没有意义。在 C/C++中，有几个头文件定义了一个常量 NULL（它的值为 0），表示指针不指向任何内存单元。我们可以把 NULL 常量赋给任意类型的指针变量，以初始化指针变量。例如：

```
int *ptr1=NULL;
char *ptr2=NULL;
```

NULL 常用于基于指针的数据结构（例如链表）的末尾，处理这样的数据结构通常用循环语句。遇到 NULL 指针时，循环停止。

对于全局指针变量，它被自动初始化为 0，即 NULL。但是，作为局部变量的指针，如果不被初始化，它的值就是不确定的。它可能指向任何地方，即有可能指向非法地址而导致程序出错。定义一个指针变量时就对该变量初始化，这是一个好的编程习惯。

5.1.6　指针与常量

我们在定义指针时，如果在“*”的右边加一个 const 修饰符，则定义了一个常量指针，即该指针的值是不能修改的，例如：

```
int d =1;
int* const p =&d;
```

p 是一个常量指针，它指向一个整型变量。p 本身不能修改，但它所指向的内容可以修改，例如：

```
*p =2;
```

我们也可以定义常量指针指向常量，以下两种形式都是合法的：

```
int d =1;
const int* const x = &d;    //第一种形式
int const* const x2 = &d;   //第二种形式
```

现在，指针和变量都不能改变。

注意：定义常量指针时必须初始化。下面的常量指针定义是错误的：

```
const int* const x;
```

5.1.7　指针的运算

指针是一种数据类型。与其他数据类型一样，指针变量也可以参与部分运算，包括算术运算、关系运算和赋值运算。

（1）指针的赋值运算（前面已经详细介绍）。

（2）指针的算术运算。

由于指针存放的都是内存地址，所以指针的算术运算都是整数运算。

一个指针可以加上或减去一个整数值，包括加 1 和减 1。根据 C/C++地址运算规则，一个指针变量加（减）一个整数并不是简单地将其地址量加（减）一个整数，而是根据其所指的数据类型的长度，计算出指针最后指向的位置。例如，p+i 实际指向的地址是：

```
p+i*m
```

其中 m 是数据存储所需的字节数，一般情况下，字符型数据 m=1，整型数据 m=4，浮点型数据 m=4。例如，下面的语句说明了一个整型指针变量 p 进行算术运算的情况：

```
int *p;  //p=3000H
p++;     //p=3004H
p--;     //p=2FFC (p--之前p=3000)
```

一个整数在内存中占 4 个字节的空间。p++操作是使指针 p 指向下一个整型数据，同理可知，p--操作是使指针 p 指向上一个整型数据。

此外，如果两个指针所指的数据类型相同，在某些情况下，这两个指针可以相减。例如，指向同一个数组的不同元素的两个指针可以相减，其差便是这两个指针之间相隔元素的个数。又如，在一个字符串里面，让指向字符串尾的指针和指向字符串首的指针相减，就可以得到这个字符串的长度。

（3）指针的关系运算。

在某些情况下，两个指针可以比较，但前提是这两个指针指向相同类型的数据。指针间的关系运算包括>、>=、<、<=、==、!=。例如，比较两个指向相同数据类型的指针，如果它们相等，就说明它们指向同一个地址（即同一个数据）。例如：

```
if(p1==p2) cout<<"two pointers are equal.\n";
```

对指向不同数据类型的指针做关系运算是没有意义的。但是，一个指针可以和 NULL(0)做相等或不等的关系运算，以判断该指针是否为空。

一般来讲，指针的算术运算是和数组的使用相联系的。因为只有在使用数组时，我们才会得到连续分布的可操作内存空间。对于一个独立变量的地址，如果进行算术运算，然后对其结果所指向的地址进行操作，有可能会意外破坏该地址中的数据或代码。因此，在对指针进行算术运算时，一定要确保运算结果所指向的地址是程序中分配使用的地址。

5.2 数组

数组是一种重要的构造数据类型。一个数组可以分解为多个数组元素，这些数组元素可以是基本数据类型或构造类型。按数组元素的类型不同，数组可分为数值数组、字符数组、指针数组、结构数组等各种类别；按维数划分，数组又可分为一维数组、二维数组和多维数组。

5.2.1 数组的概念

在用 C/C++进行程序设计的过程中，可以通过定义变量将数据存储在内存中。一个变量中可以存储一个数据，如果要存储多个数据，就需要定义多个变量。

例如，需要将 5 个数构成的数列存储到不同的变量中，并找出数列中的最大值，需要用到以下的程序段：

```
…
int s0,s1,s2,s3,s4,max;
cin>>s0>>s1>>s2>>s3>>s4;
max=s0;
if(max<s1)max=s1;
if(max<s2)max=s2;
if(max<s3)max=s3;
if(max<s4)max=s4;
…
```

如果想要把这个数列（或数据个数更多的数列）按从大到小的顺序排列，程序的烦琐程度可想而知。

造成程序烦琐的原因在于程序中定义的 5 个变量彼此不相关联，每个都是一个单独的个体，必须单独声明和处理，不适合存储和处理数据列表。在 C/C++中需要存储和处理一组同类型数据时，可以用数组。

数组是一组同类型存储单元的集合。数组中的存储单元称为数组元素，通常用数组名和下标来唯一地标识数组元素。数组元素的下标从 0 开始计数，表示数组元素在数组中的位置序号（索引号）。

将 5 个数构成的数列存储到数组中并找出最大数，可以用下面的程序段实现：

```
…
int s[5],max,i;            //定义数组 s，存储 5 个整数
for(i=0;i<5;i++ )          //将 5 个整数输入数组元素 s[0]~s[4]中
    cin>>s[i];
max=s[0];
for(i=1;i<5;i++)
     if(max<s[i])
          max=s[i];
…
```

程序段中定义了一个名为 s、有 5 个整型存储单元的数组。数组 s 中的 5 个整型存储单元用数组元素来标识，第 1 个到第 5 个单元分别是 s[0]、s[1]、s[2]、s[3]和 s[4]。由于数组元素的下标是连续变化的，因此可以在程序中将对数组元素的访问与循环结构结合，使程序变得更简洁、灵活、易读。

如果数组元素只有一个下标，这样的数组称为一维数组。上述 s 数组就是一维数组。如果数组元素有两个下标，这样的数组称为二维数组。数组元素具有两个以上下标的数组是多维数组。本书只涉及一维数组和二维数组的使用。

在 C/C++中，数组也要遵循“先定义后使用”的规则。

5.2.2　一维数组

1. 一维数组的定义

定义一维数组的格式为：

```
类型标识符　数组说明符 1[,数组说明符 2,数组说明符 3,…];
```

对于一维数组来说，其数组说明符的格式为：

```
数组名[常量表达式]
```

说明如下。

（1）数组名的命名规则和变量名相同，遵循标识符命名规则。

（2）数组说明符方括号中的常量表达式可以包括常量、常变量和符号常量，表示数组中的存储单元的个数，即数组的长度。存储单元的类型由类型标识符定义。

（3）数组中的存储单元称为数组元素。数组元素用数组名和下标来标识。数组元素下标也称索引号，即数组元素在数组中的位置。C/C++规定数组元素的下标从 0 开始计数，范围为 0～常量表达式-1。

例如：

```
double t[6];
```

上面语句定义了一个名为 t、有 6 个实型数据存储单元的数组，这 6 个存储单元用数组元素标识，分别是 t[0]、t[1]、t[2]、t[3]、t[4]、t[5]。

在上面的例子中，数组的长度为 6。数组长度还可以用符号常量和常变量来定义。下面的程序段中，首先定义符号常量，然后在定义数组时用符号常量的值定义数组的长度：

```
…
#define N 10           //定义符号常量 N
int main()
```

```
{int a[N];              //定义整型数组 a，长度为 10，数组元素下标范围是 0～9
 …}
```

下面的程序段中，首先定义常变量，然后在定义数组时用常变量定义数组的长度：

```
const int n=10;         //定义常变量 n
int a[n];               //定义整型数组 a，长度为 10
```

需要注意的是，定义数组长度的常量表达式中不能使用变量。例如，下面定义数组的方式是不合法的：

```
int m;                  //定义变量 m
cin>>m;                 //给变量 m 输入数据
double s[m];            //定义数组，试图用变量 m 的值决定数组长度，出错
```

2. 一维数组的存储结构

定义数组后，该数组在内存中就被分配了一段连续的存储单元，存储单元的个数就是数组的长度，每个存储单元的大小由定义数组时的类型标识符决定。例如：

```
int s[5];
```

表示为 s 数组在内存空间中分配 5 个连续的整型数据存储单元，每个存储单元占 4 个字节。这 5 个存储单元用数组元素标识，分别是 s[0]、s[1]、s[2]、s[3]和 s[4]，如图 5.8 所示。一维数组的名字是一个地址常量，其值是数组的首地址，即第一个数组元素的地址。例如，上文定义的数组 s，其数组名 s 的值就是 s[0]单元的地址。

数组s	
s[0]	
s[1]	
s[2]	
s[3]	
s[4]	

图 5.8 一维数组的存储结构

3. 一维数组的初始化

所谓数组初始化，就是在定义数组时，给每一个数组元素赋予一个初值，格式为：

```
类型标识符 数组名[常量表达式]={数据表};
```

其中，数据表中的数据可以是常量、常变量、符号常量和常量表达式，数据之间用逗号分开。常见以下几种情况。

（1）数据表中数据的个数和数组长度相等。例如：

```
int a[5]={1,2,3,4,5};
```

将数据表中的数据按顺序依次赋给数组元素，即 a[0]=1、a[1]=2、a[2]=3、a[3]=4、a[4]=5。

（2）数据表中数据的个数少于数组长度。例如：

```
int a[5]={1,2,3};
```

将数据表中的数据依次赋给数组元素，剩下没有赋值的数组元素直接设为 0，即 a[0]=1、a[1]=2、a[2]=3、a[3]=0、a[4]=0。例如：

```
int a[100]={0};
```

表示数组 a 中所有数组元素（a[0]～a[99]）的初值都为 0。

（3）若省略数组说明符中的常量表达式，则数组的长度由数据表中数据元素的个数确定。例如：

```
int a[ ]={1,2,3,4,5};
```

根据数据表中的数据个数确定数组的长度为 5，各数组元素的初值依次为 a[0]=1、a[1]=2、a[2]=3、a[3]=4、a[4]=5。

（4）数据表中的数据可以是常量表达式。例如：

```
int a[10]={1,2,3*7};
```

数据表中的第三个数据为常量表达式 3*7，表示该数据为 21，因此，数组 a 前三个元素的初值分别为 a[0]=1、a[1]=2、a[2]=21，a[3]～a[9]均为 0。

4. 引用一维数组元素

数组定义好后，对每个数组元素的访问就可以通过下标的方式进行，格式为：

```
数组名[下标]
```

其中下标可以是整型常量或整型表达式，范围为 0～常量表达式-1。例如：

```
a[0]=0;              //将数组元素 a[0]赋值为 0，下标 0 为整型常数
a[i]=i*2;            //将 i*2 的值赋给数组元素 a[i]，下标 i 为整型变量
```

【例 5.4】将数列 0，10，20，30，…，90 输入数组中，然后按逆序输出。

程序如下：

```
#include <iostream>
using namespace std;
int main()
{
    int i,a[10];             //定义数组，数组元素下标范围为 0～9
    for(i=0;i<10;i++)        //将数列存放到数组中，变量 i 用于指定存放数据的数组元素的下标范围
        a[i]=i*10;
    for(i=9;i>=0;i--)        //逆序输出数据
        cout<<a[i]<<" ";
    cout<<"\n" ;
    return 0;
}
```

运行结果为：

```
90 80 70 60 50 40 30 20 10 0
```

程序中首先定义数组 a 有 10 个元素，分别是 a[0]～a[9]。随后将每个数组元素当作一个变量来使用，并进行变量可以参加的运算。

在使用数组时，要注意避免数组下标越界。定义数组后，数组元素的下标范围为 0～常量表达式-1。超出这个范围，就称为下标越界。

在例 5.4 中，a 数组中元素的下标范围是 0～9，若输出数据部分的代码是这样的：

```
for(i=10;i>=0;i--)
    cout<<a[i]<<" ";
```

第一次循环时，i=10，循环体中输出的对象是 a[10]。用 10 作为下标，超出了数组下标允许的范围，这就是使用数组 a 时的下标越界。

多数编程平台在编译过程中不检查下标是否越界，从而不会给出下标越界的错误提示。但在程序运行过程中，下标越界有可能会产生一些错误的操作，严重时会导致灾难性的后果。

5. 一维数组应用举例

【例 5.5】输入 30 名学生某门功课的成绩，统计 100 分、90～99 分、80～89 分、70～79 分、60～69 分以及不及格的人数。

题目中要求统计 6 个分数段的人数，因此定义一个长度为 6 的整型数组 c，利用数组元素作为各分数段的计数器，即 100 分的人数存放在 c[5]中，90～99 分的人数存放在 c[4]中，80～89 分的人数存放在 c[3]中，70～79 分的人数存放在 c[2]中，60～69 分的人数存放在 c[1]中，不及格的人数存放在 c[0]中。程序如下：

```
#include <iostream>
using namespace std;
int main()
{ double cj[30];                    //定义数组 cj，存放 30 名学生的成绩
  int c[6]={0},i,k;                 //定义数组 c，并将所有数组元素的初值设为 0
  i=0;
  while(i<30)                       //输入学生成绩，存放在 cj[0]～cj[29]中
  {  cin>>cj[i];
     i++;
  }
  for(i=0;i<30;i++)
  {    k=cj[i]/10;                 //k 是成绩的前两位数
```

```
        switch(k)
        { case 10:c[5]++;break;
          case 9:c[4]++;break;
          case 8:c[3]++;break;
          case 7:c[2]++;break;
          case 6:c[1]++;break;
          default:c[0]++;
        }
    }
    cout<<"各分数段人数："<<"\n";
    cout<<"不及格"<<"\t"<<"60～69"<<"\t"<<"70～79"<<"\t"<<"80～89"<<"\t"<<" 90～99 "<<"\t"
<<"100"<<"\n";
    for(i=0;i<6;i++)
      cout<<c[i]<<""\t"";
      return 0;
    }
```

运行结果为：

```
82.5 76.2 96.0 81.0 69.5
90.5 63.0 77.4 89.0 72.0
66.5 84.0 65.0 91.0 66.0
62.5 79.0 73.5 81.0 57.0
65.7 79.0 83.5 65.5 23.0
61.0 100  23.5 98.5 89.5
各分数段人数：
不及格  60～69  70～79  80～89  90～99  100
3       9       6       7       4       1
```

【例 5.6】一个按升序排列的数列中有 *n* 个数，任意输入一个数，判断该数是否在数列中。如果该数在数列中，就输出该数在数列中的位置；否则，输出信息"数列中没有这个数"。

定义数组 a，将 *n* 个升序排列的数输入到 a[0]～a[n−1]中。在有序数列中查找某数，可以使用折半查找算法。折半查找算法概述如下。

（1）设在[low, high]范围内查找数据，其中 low 是查找范围内第一个数的位置，high 是查找范围内最后一个数的位置。初始时，low=0，high=n−1。

（2）设 middle 是查找范围中间部位的数的位置，middle=(low+high)/2。

（3）利用 middle 将查找范围分为两个区间，用 x 与 middle 位置上的数比较大小，确定 x 在哪个区间，然后将该区间作为新的查找范围进行新一轮查找，这个过程一直进行下去，直到找到 x 或确定数列中无 x 为止。

① 判断条件 x = = a[middle]是否为"真"，如果为"真"，则表示在数组中找到 x，查找过程结束；否则执行②。

② 判断 x 是否小于 a[middle]，如果小于，则 x 在数列中的位置应该在 low 和 middle−1 之间，下一步的查找只需在这个范围内进行，也就是说新的查找范围为[low, middle−1]，即 high=middle−1，而 low 保持不变。

③ 判断 x 是否大于 a[middle]，如果大于，则 x 在数列中的位置应该在 middle+1 和 high 之间，也就是说新的查找范围为[middle+1, high]，即 low=middle+1，而 high 保持不变。

在两种情况下查找过程结束：一是已经在数列中找到了待查找的数；二是数列中没有要找的数，由于在查找过程中 low 逐渐增大，high 逐渐减小，最终使 low>high。

假设数列中有 16 个数，分别是 2、3、5、6、8、11、13、15、23、30、32、45、49、57、78、100，查找 11 和 10 是否存在，表 5.1 和表 5.2 中列出了数列在数组中存储的情况以及查找过程中变量 low、middle、high 的变化情况。

表 5.1　折半查找成功（存在）

数组 a		查找过程		
下标	数组元素值	第一轮	第二轮	第三轮
0	2	low=0	low=0	
1	3			
2	5			
3	6		middle=3	
4	8			low=4
5	11			middle=5
6	13		high=6	high=6
7	15	middle=7		
8	23			
9	30			
10	32			
11	45			
12	49			
13	57			
14	78			
15	100	high=15		

表 5.2　折半查找失败（不存在）

数组 a		查找过程				
下标	数组元素值	第一轮	第二轮	第三轮	第四轮	第五轮
0	2	low=0	low=0			
1	3					
2	5					
3	6		middle=3			
4	8			low=4	low=4 high=4 middle=4	high=4
5	11			middle=5		low=5
6	13		high=6	high=6		
7	15	middle=7				
8	23					
9	30					
10	32					
11	45					
12	49					
13	57					
14	78					
15	100	high=15				

图 5.9 所示为折半查找算法的流程图。定义一个整型变量 f 来表示在数组中是否找到了 x，f 的初值设为 0。查找过程结束后，若 f 为 1，则表示在数组中找到了 x；若 f 为 0，表示数组中没有要找的数。

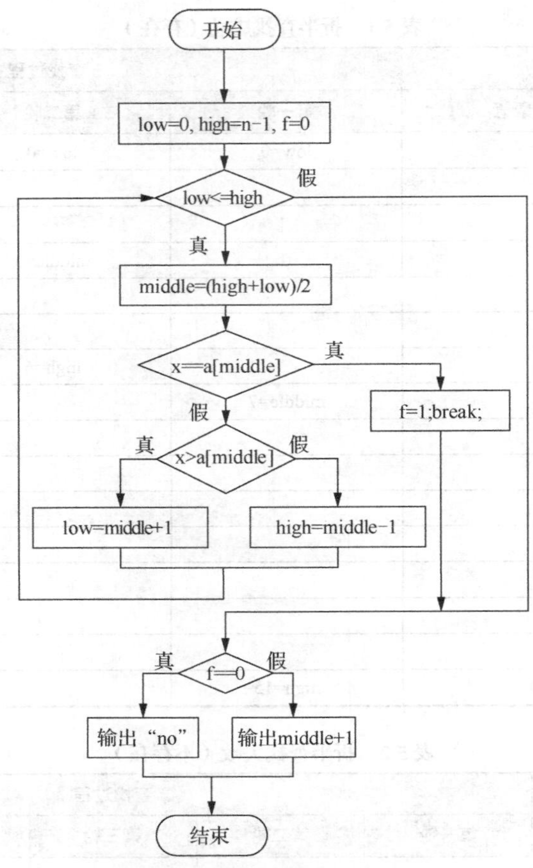

图 5.9　折半查找算法流程图

程序如下：

```
#include <iostream>
using namespace std;
int main()
{ int a[50],n,high,low,middle,i,x,f;
   cout<<"请输入数据个数：";
   cin>>n;
   cout<<"请按从小到大的顺序输入数据：\n";
   for(i=0;i<n;i++)
     cin>>a[i];
   cout<<"请输入待查找的数：";
   cin>>x;
low=0, high=n-1, f=0;
     while(low <= high)
     {  middle=( low + high )/2;
        if(x==a[middle])    { f=1; break; }
        else if(x>a[middle]) low=middle+1;
        else high=middle-1;  }
  if(f)                                 //等价于 if(f==1)
      cout<<"找到了"<<x<<"，它是数列中的第"<<middle+1<<"个数。";
  else
    cout<<"数列中没有这个数。";
  cout<<endl;
}
```

第一次运行结果为：

```
请输入数据个数：16
请按从小到大的顺序输入数据：
2 3 5 6 8 11 13 15 23 30 32 45 49 57 78 100
请输入待查找的数：13
找到了 13，它是数列中的第 7 个数。
```

第二次运行结果为：

```
请输入数据个数：10
请按从小到大的顺序输入数据：
5 14 16 19 20 27 36 46 54 63
请输入待查找的数：11
数列中没有这个数。
```

【例 5.7】 用选择法将任意 *n* 个数按降序（从大到小）排序。

将 *n* 个数组成的数列放在 a 数组的 a[0]～a[n−1]中。选择法排序的思想如下。

首先在 a[0]～a[n−1]中找出最大的数放在 a[0]中；然后在 a[1]～a[n−1]中找出最大的数放在 a[1]中；接着在 a[2]～a[n−1]中找出最大的数放在 a[2]中；以此类推；最后在 a[n−2]、a[n−1]中找出最大的数放在 a[n−2]中。在每轮找最大数的操作中，首先在查找范围内找到最大数所处的位置，然后将这个最大数和查找范围内的第一个数互换。

以 8 个数为例说明选择法排序的过程。将 8 个数依次存放在 a 数组的 a[0]至 a[7]中，如表 5.3 所示。

表 5.3　选择法排序的过程

操作结果								操作过程说明
a[0]	a[1]	a[2]	a[3]	a[4]	a[5]	a[6]	a[7]	
1	4	−3	7	5	0	9	2	未排序时的情况
9	4	−3	7	5	0	**1**	2	在 a[0]～a[7]中找最大的数，放在 a[0]中
9	**7**	−3	4	5	0	1	2	在 a[1]～a[7]中找最大的数，放在 a[1]中
9	7	**5**	4	−3	0	1	2	在 a[2]～a[7]中找最大的数，放在 a[2]中
9	7	5	**4**	−3	0	1	2	在 a[3]～a[7]中找最大的数，放在 a[3]中
9	7	5	4	**2**	0	1	−3	在 a[4]～a[7]中找最大的数，放在 a[4]中
9	7	5	4	2	**1**	0	−3	在 a[5]～a[7]中找最大的数，放在 a[5]中
9	7	5	4	2	1	**0**	−3	在 a[6]～a[7]中找最大的数，放在 a[6]中

分析表 5.3，可将选择法排序的过程描述为：在 a[i]～a[n−1]中找最大的数，放在 a[i]中，*i* 的范围为 0～*n*−2。在 a[i]～a[n−1]范围内找最大数的过程简述如下。

定义变量 w 为 a[i]～a[n−1]中最大数的存储位置，即 a[w]中存储的是最大数。先假设 a[i]中的数最大，令 w=i，然后用 a[w]与 a[i+1]～a[n−1]依次比较，在每次比较后，w 中存储的都是比较双方中大的数的存储位置。当 a[w]完成与所有数的比较后，a[w]中就是 a[i]～a[n−1]的最大数。图 5.10 所示为选择法排序的流程图。

程序如下：

```
#include <iostream>
using namespace std;
#define M 100
int main()
{ int a[M],i,j,t,n,w;
   cout<<"请输入数据个数（小于等于 100）：";
   cin>>n;
   cout<<"请任意输入"<<n<<"个数据："<<endl;
    for(i=0;i<n;i++)
      cin>>a[i];
    for(i=0;i<n-1;i++)
```

```
{     w=i;
      for(j=i+1;j<n;j++)
           if(a[w]<a[j])
                 w=j;
      if( w != i )
           { t=a[i];a[i]=a[w];a[w]=t; }
           }
   cout<<"排序结果："<<endl;
   for(i=0;i<n;i++)
    cout<<a[i]<<"  ";
    return 0;
}
```

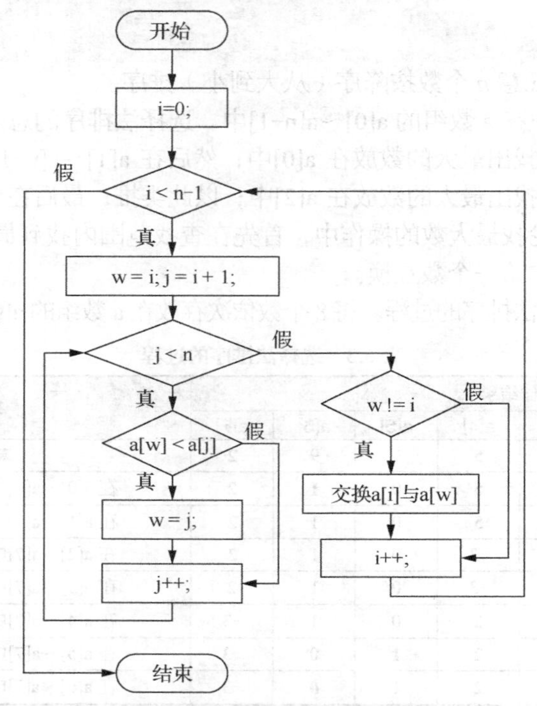

图 5.10 选择法排序的流程图

运行结果为：

```
请输入数据个数：10
请任意输入 10 个数据：
1 3 -7 9 0 4 33 8 2 -9
排序结果：
33  9  8  4  3  2  1  0  -7  -9
```

【例 5.8】用冒泡法将任意 *n* 个数按降序排序。

将 *n* 个数组成的数列放在 a 数组的 a[0]～a[n−1]中。冒泡排序的思想如下：

比较相邻的两个数组元素，如果存在逆序，即与所要求的排序顺序相反，则交换这两个数组元素，也就是依次比较 a[0]和 a[1]、a[1]和 a[2]、a[2]和 a[3]、…、a[n−2]和 a[n−1]，经过 *n*−1 次比较后，最小的数存放在 a[n−1]中，上述过程称之为“一趟”排序；接下来，对剩下的 *n*−1 个数重复上述过程……经过 *n*−1 趟排序后，所有元素都在正确的位置上。

以 8 个数为例说明冒泡法排序的过程。将 8 个数依次存放在 a 数组的 a[0]至 a[7]中，如表 5.4 所示。

表 5.4　冒泡排序的过程

操作结果								操作过程说明
a[0]	a[1]	a[2]	a[3]	a[4]	a[5]	a[6]	a[7]	
1	4	-3	7	5	0	9	2	原始输入数据
4	1	7	5	0	9	2	**-3**	a[0]～a[7]中找最小的数，放在 a[7]中
4	7	5	1	9	2	**0**	-3	a[0]～a[6]中找最小的数，放在 a[6]中
7	5	4	9	2	**1**	0	-3	a[0]～a[5]中找最小的数，放在 a[5]中
7	5	9	4	**2**	1	0	-3	a[0]～a[4]中找最小的数，放在 a[4]中
7	9	5	**4**	2	1	0	-3	a[0]～a[3]中找最小的数，放在 a[3]中
9	7	**5**	4	2	1	0	-3	a[0]～a[2]中找最小的数，放在 a[2]中
9	**7**	5	4	2	1	0	-3	a[0]～a[1]中找最小的数，放在 a[1]中

程序如下：

```
#include <iostream>
using namespace std;
#define M 100
int main()
{    int a[M],i,j,t,n,min;
     cout<<"请输入数据个数：";
     cin>>n;
     cout<<"请输入任意"<<n<<"个数据："<<endl;
     for(i=0;i<n;i++)
          cin>>a[i];
     for(i=0;i<n-1;i++)
          for(j=0;j<n-1-i;j++)
               if(a[j]<a[j+1])
               { t=a[j];a[j]=a[j+1];a[j+1]=t; }
     cout<<"排序结果："<<endl;
     for(i=0;i<n;i++)
          cout<<a[i]<<" ";
     return 0;  }
```

程序运行结果与例 5.7 一致。

5.2.3　二维数组

1. 二维数组的定义

定义二维数组的一般格式为：

```
类型标识符  数组说明符 1[,数组说明符 2,数组说明符 3,…];
```

二维数组的数组说明符格式为：

```
数组名[常量表达式 1][常量表达式 2]
```

说明如下。

（1）数组名的命名规则和变量名相同，遵循标识符命名规则。

（2）常量表达式 1 和常量表达式 2 可以是常量、常变量和符号常量，但不能是变量。

（3）数组元素有两个下标，第一个下标的范围是 0～常量表达式 1-1，第二个下标的范围是 0～常量表达式 2-1。

例如，下面的语句定义了一个整型的二维数组：

```
int a[4][5];
```

a 数组中的元素第一个下标的范围是 0～3，第二个下标的范围是 0～4，因此数组 a 中有 20 个元素，分别是：

```
a[0][0]  a[0][1]  a[0][2]  a[0][3]  a[0][4]
a[1][0]  a[1][1]  a[1][2]  a[1][3]  a[1][4]
```

```
    a[2][0]  a[2][1]  a[2][2]  a[2][3]  a[2][4]
    a[3][0]  a[3][1]  a[3][2]  a[3][3]  a[3][4]
```

从二维数组元素的排列来看，二维数组就像一张二维表格（或矩阵），数组元素的第一个下标是行标，第二个下标是列标。上述 a 数组可用来存储一个 4 行 5 列的矩阵。

在 C/C++中，可以将二维数组看作一种特殊的一维数组，这个一维数组的每个元素又是一个一维数组。

例如，上述二维数组 a 可看作由 4 个数组元素（a[0]，a[1]，a[2]，a[3]）组成的一维数组，而数组元素 a[0]本身又是一个一维数组，其数组元素是 a[0][0]、a[0][1]、a[0][2]、a[0][3]、a[0][4]，其余 3 个类似，如图 5.11 所示。

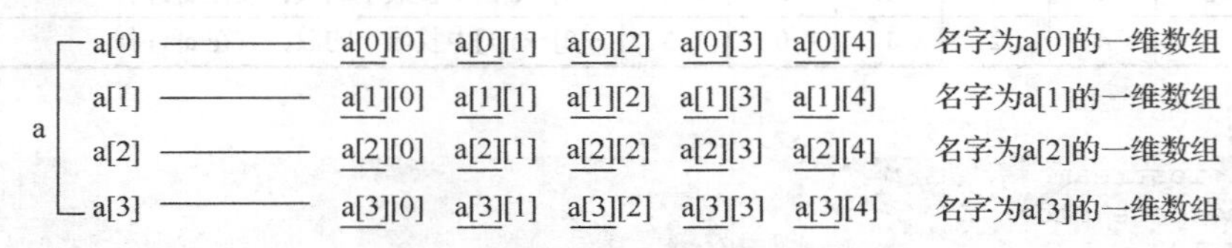

图 5.11　二维数组可看作特殊的一维数组

2. 二维数组的存储结构

与一维数组一样，系统也为二维数组在内存中分配了一片连续的存储单元，数组元素按行的顺序依次存放。例如定义二维数组：

```
    int s[3][4];
```

系统在内存中为数组 s 分配了 12 个连续的整型数据存储单元，其存储情况如图 5.12 所示。

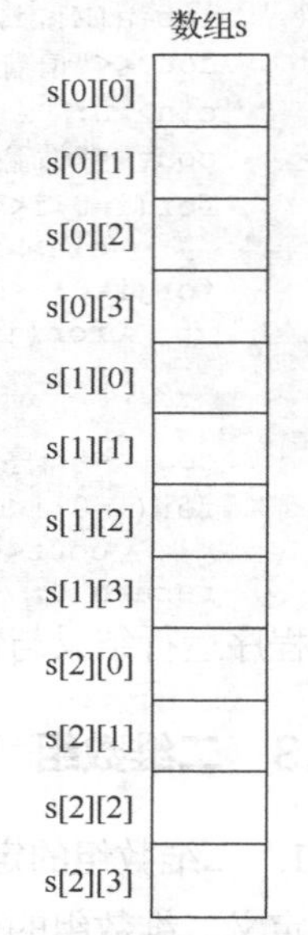

图 5.12　二维数组 s 的存储结构

3. 二维数组的初始化

与一维数组一样，在定义二维数组时也可以进行初始化操作，给每一个数组元素赋予一个初值，格式为：

```
    类型标识符 数组名[常量表达式 1][常量表达式 2]={数据表};
```

其中，数据表中的数据可以是常量、常变量、符号常量和常量表达式。数据之间用逗号分开。常见以下几种情况。

（1）数据表中的数据个数和数组元素个数相同。

① 数据表中的数据按行的顺序用花括号“{}”括起来。例如：

```
    int a[2][3]={{1,4,5},{6,7,8}};
```

数据表中的数据用花括号分成了两组，第一组数据是行标为 0 的元素的初值，即 a[0][0]=1、a[0][1]=4、a[0][2]=5；第二组数据是行标为 1 的元素的初值，即 a[1][0]=6、a[1][1]=7、a[1][2]=8。

② 数据表中的数据不分组，写在一个花括号内，按二维数组在内存中的存储顺序对数组元素进行初始化。例如：

```
    int a[2][3]={1,4,5,6,7,8};
```

表示从第一个数组元素 a[0][0]开始依次对各数组元素按存储顺序赋值，结果为 a[0][0]=1、a[0][1]=4、a[0][2]=5、a[1][0]=6、a[1][1]=7、a[1][2]=8。

（2）数据表中的数据个数少于数组元素个数。

① 数据表中的数据按行的顺序用花括号“{}”括起来，按行赋初值时，若该行数据不够，没有赋值的元素直接设为 0，例如：

```
    int a[2][3]={{1},{2,5}};
```

用数据表中的第一组数据对行标为 0 的 3 个元素进行初始化，将 1 赋给 a[0][0]，其余元素直接设为 0，即 a[0][0]=1、a[0][1]=0、a[0][2]=0。同理对行标为 1 的元素进行初始化，结果为 a[1][0]=2、 a[1][1]=5、a[1][2]=0。

再看一个例子：

```
int b[4][5]={{1},{2},{3}};
```

数据表中少了一组数据，系统默认缺少的是最后一组数据且该组数据均为 0。按行排列各数组元素，初始化结果为：

```
1  0  0  0  0
2  0  0  0  0
3  0  0  0  0
0  0  0  0  0
```

② 数据表中的数据不分组，按数组元素的存储顺序依次初始化，没有赋值的数组元素直接设为 0。例如：

```
int b[4][5]={1,2,3,4,5,6,7,8};
```

从 b[0][0]开始按存储顺序对数组元素进行初始化，8 个数据依次赋给行标为 0 的 5 个元素及行标为 1 的前 3 个元素，其余元素直接设为 0。按行排列各数组元素，初始化结果为：

```
1  2  3  4  5
6  7  8  0  0
0  0  0  0  0
0  0  0  0  0
```

在定义二维数组并对其进行初始化操作时，可以省略第一维（行）的长度。例如：

```
int a[ ][4]={1,2,3,4,5,6,7,8,9,10,11,12,13,14,15,16};
```

系统会根据数据个数和第二维（列）的长度确定第一维（行）的长度。数据表中有 16 个数据，数组每行有 4 列，16/4=4，因此定义 a 数组为 4 行。按行排列各数组元素，初始化结果为：

```
1   2   3   4
5   6   7   8
9   10  11  12
13  14  15  16
```

例如：

```
int a[ ][4]={{1,2,3,4},{5},{0},{0,7}};
```

按数据组数确定数组第一维的长度为 4。按行排列各数组元素，初始化结果为：

```
1   2   3   4
5   0   0   0
0   0   0   0
0   7   0   0
```

需要注意的是，无论在何种情况下，定义二维数组时，第二维（列）的长度都不能省略。

4. 引用二维数组元素

引用二维数组元素的格式为：

```
数组名[下标 1][下标 2]
```

其中下标 1 和下标 2 可以是整型常量或整型表达式。定义 i 和 j 是整型变量，下面的语句中使用数组元素是合法的。

```
b[2][j]=5;            //把 5 赋给 b 数组行下标为 2、列下标为 j 的元素（2 行 j 列元素）
a[1][2]=c[i][j];      //将 c 数组 i 行 j 列元素的值赋给 a 数组 1 行 2 列的元素
```

引用二维数组元素时，下标 1 的范围为 0～常量表达式 1-1，下标 2 的范围为 0～常量表达式 2-1。注意不要超出定义的范围。

【例 5.9】将任意一个 3×4 的矩阵输入一个二维数组中，然后再将其输出。

定义一个 3 行 4 列的数组存储 3×4 矩阵，数据按行的顺序输入。程序如下：

```
#include <iostream>
using namespace std;
int main()
{
 int a[3][4],i,j;
 cout<<"请按行的顺序输入数据："<<endl;
```

```
    for(i=0;i<3;i++)                          //i：行下标的范围为 0～2
        for(j=0;j<4;j++)                      //j：列下标的范围为 0～3
            cin>>a[i][j];
    cout<<"矩阵为："<<endl;
    for(i=0;i<3;i++)                          //i：行下标的范围为 0～2
    {
        cout<<"\n";                           //换行，准备输出新一行数据
        for(j=0;j<4;j++)                      //j：列下标的范围为 0～3
            cout<<a[i][j]<< "  ";
    }
    return 0;
}
```

运行结果为：

```
请按行的顺序输入数据：
1 5 8 7
3 7 0 4
2 3 8 1
矩阵为：
1  5  8  7
3  7  0  4
2  3  8  1
```

与一维数组类似，在处理二维数组时也要用循环结构。由于二维数组有两个下标，所以需要用嵌套的双层循环，其中一层循环控制行下标的变化，另一层循环控制列下标的变化。

5. 二维数组应用举例

【例 5.10】从一个 4×5 矩阵中找出最小值及其所在的行号和列号。

将矩阵存放在 4 行 5 列的数组 a 中，用变量 min 存储最小值，row 存储最小值所在的行号，col 存储最小值所在的列号。

首先将 a[0][0]的值赋给 min，row 和 col 均赋值为 0，然后让 min 与 a[0][0]、a[0][1]、…、a[3][4]依次进行比较，每次比较后，变量 min 中存储的都是比较双方中小的数，同时用 row 和 col 记录下该数所在的行号和列号。当 min 完成和所有数的比较后，min 就是矩阵中的最小数，其所在的行号和列号分别放在变量 row 和 col 中。算法流程图如图 5.13 所示。

程序如下：

```
#include <iostream>
using namespace std;
int main()
{
    int i,j,row,col,min,a[4][5];
    cout<<"请输入数据：\n ";
    for(i=0;i<4;i++)
        for(j=0;j<5;j++)
            cin>>a[i][j];
    min=a[0][0],row=0,col=0;   //设 a[0][0]为最小值
    for(i=0;i<4;i++)        // a[0][0]～a[3][4]和 min 依次比较
        for(j=0;j<5;j++)
            if(min>a[i][j]) //如果某元素的值小于 min
            {
                min=a[i][j];    //min 存储该元素的值
                row=i;          //记录该元素的行号
                col=j;          //记录该元素的列号
            }
    cout<<"最小值="<<min<<endl<<"位置：矩阵中第"<<row+1<<"行
```

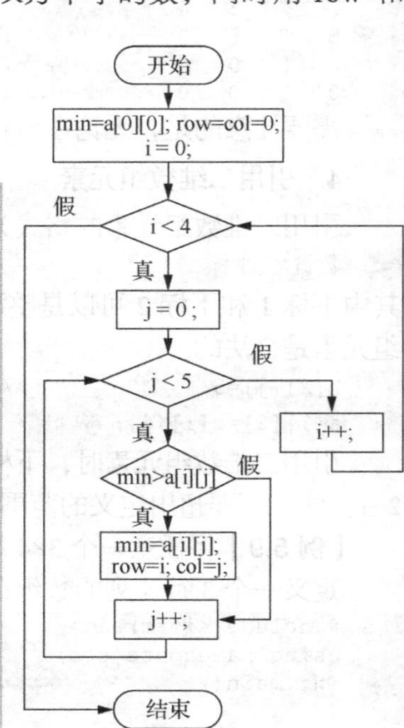

图 5.13　例 5.10 算法的流程图

```
第"<<col+1<<"列";
        return 0;
    }
```

运行结果为：

```
请输入数据:
1    5    9    0    7
3    4    -9   5    3
11   5    6    2    1
0    6    -7   8    4
最小值=-9
位置：矩阵中第 2 行第 3 列
```

【例 5.11】按下面形式输出杨辉三角形。

```
1
1   1
1   2   1
1   3   3   1
1   4   6   4   1
⋮   ⋮   ⋮   ⋮   ⋮
```

题目中的杨辉三角形是一个矩阵的下三角部分，可以用二维数组相应的下三角部分的元素来存放。假设用数组 a 存放杨辉三角形，存放数据的规则为：杨辉三角形第一行的元素存放在 a[0][0]中，第二行的元素分别存放在 a[1][0]和 a[1][1]中，……，第 n 行的元素分别存放在 a[n−1][0]～a[n−1][n−1]中。

杨辉三角形的数据有如下特点。

① 第一列元素全为 1，主对角线元素全为 1，即 a[i][0]=1、a[i][i]=1，i 为 0～n−1。

② 除第一列元素和主对角线元素外，其余元素均为上一行的同一列元素与上一行的前一列元素之和，即 a[i][j]=a[i−1][j−1]+a[i−1][j]，i 为 2～n−1，j 为 1～i−1。例如，矩阵中第五行第二列的元素（数值为 4，存放在 a[4][1]中）等于第四行第二列的元素（数值为 3，存放在 a[3][1]中）和第四行第一列的元素（数值为 1，存放在 a[3][0]中）之和，即 a[4][1]=a[3][1]+a[3][0]。

在编写程序时，首先根据特点①给数组相应元素赋值：第 0～n−1 行中的第 0 列和主对角线元素赋值为 1，然后根据特点②为其余元素赋值。输出时只输出矩阵的下三角，即每行输出到主对角线元素为止。程序如下：

```
#include <iostream>
using namespace std;
#define M 20
int main()
{
    int a[M][M],i,j,n;
    cout<<"请输入杨辉三角形的行数（行数<=20）：";
    cin>>n;
    //给第 0～n-1 行的第 0 列元素和对角线元素赋值
    for(i=0;i<n;i++)
      {       a[i][0]=1;       a[i][i]=1;    }
    //给其余元素赋值
    for(i=2;i<n;i++)
        for(j=1;j<i;j++)
            a[i][j]=a[i-1][j-1]+a[i-1][j];
    //输出
    for(i=0;i<n;i++)
    {
        cout<<"\n";                  //换行，准备输出新一行元素
```

```
        for(j=0;j<=i;j++)         //变量 j 表示要输出的数组元素列的范围：0～i
            cout<<a[i][j]<<"\t";
    }
    return 0;
}
```

运行结果为：

```
请输入杨辉三角形的行数（行数<=20）：7
1
1   1
1   2   1
1   3   3   1
1   4   6   4   1
1   5   10  10  5   1
1   6   15  20  15  6   1
```

5.2.4 字符数组

1. 字符常量和字符串常量

前面章节介绍过字符常量和字符串常量，在此简单总结一下。

普通字符常量就是用单引号标引起来的一个字符，如'a'和'1'就是合法的字符常量。字符数据在内存中占一个字节，以 ASCII 形式存储。

字符串常量是用双引号标引起来的多个字符，如"ncepu"和"teacher"就是合法的字符串常量。

为了方便处理，编译系统会在字符串最后自动加一个'\0'作为字符串的结束标志。因此存储在内存中的字符串常量"ncepu"占 6 个字节，如图 5.14 所示。字符串中的每个字符也是以 ASCII 形式存储的，但为了直观起见，图 5.14 中直接写成了字符。'\0'是一个转义字符，代表 ASCII 值为 0 的字符，它不是字符串的一部分，只作为字符串的结束标志。在编写处理字符串的程序时，这个结束标志非常有用。

2. 字符数组的定义

字符数组是指数组元素类型为字符型的数组。也就是说在定义一维和二维数组时，若类型标识符为 char，则定义的数组就是字符数组。例如：

```
char a[10],b[3][4];
```

a 是一维的字符数组，包含 a[0]～a[9]共 10 个元素；b 数组是二维的字符数组，包含 b[0][0]～b[2][3]共 12 个元素。

字符型数组在内存中也占一片连续的存储单元，每个存储单元是一个字节，可以存储一个字符。因此可以利用字符数组来存放和处理字符串。

3. 字符数组的初始化

（1）用字符常量初始化字符数组。下面通过对 3 个字符数组初始化来说明用这种方式对数组进行初始化的相关规则。

① 数组长度等于数据表中字符常量的个数。

```
char a[8]={ 't', 'e', 'a', 'c', 'h', 'e', 'r', '\0'};
```

数组 a 的长度和数据表中字符常量的个数相等，这些字符按顺序依次赋给 a[0]～a[7]，如图 5.15 所示。

'n'	'c'	'e'	'p'	'u'	'\0'

图 5.14 字符串存储示意图

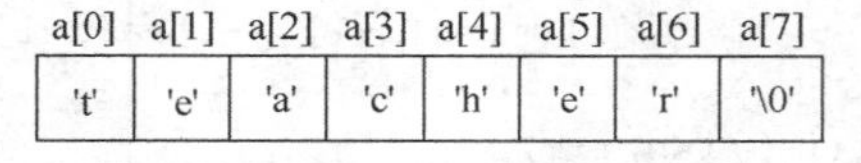

图 5.15 数组 a 存储状态示意图

这种初始化方式等价于：

```
char a[ ]={ 't', 'e', 'a', 'c', 'h', 'e', 'r', '\0'};
```

数组长度被省略，系统根据数据表中字符个数确定数组长度为 8。

② 数组长度大于数据表中字符常量的个数。

```
char b[10]={ 't', 'e', 'a', 'c', 'h', 'e', 'r'};
```

数组 b 的长度大于数据表中的字符个数，首先将数据表中的 7 个字符依次赋给 b[0]～b[6]，然后将 b[7]～b[9]设为'\0'。数组 b 中各元素的值如图 5.16 所示。

b[0]	b[1]	b[2]	b[3]	b[4]	b[5]	b[6]	b[7]	b[8]	b[9]
't'	'e'	'a'	'c'	'h'	'e'	'r'	'\0'	'\0'	'\0'

图 5.16　数组 b 中各元素的值

③ 数组长度小于数据表中字符常量的个数。

```
char c[5]={ 't','e','a','c','h','e','r'};
```

数组 c 的长度小于数据表中字符个数，编译系统按出错处理。

在定义二维字符数组时，也可以用字符常量对其进行初始化。例如：

```
char t[3][5]={{' ',' ','*',' ',' '},{' ','*','*','*',' '},{'*','*','*','*','*'}};
```

按行排列数组 t 中各元素的值，初始化结果如下：

```
  *
 ***
*****
```

（2）用字符串常量初始化字符数组。下面通过对几个字符数组初始化来说明用这种方式初始化字符数组的常用规则。

① 数组长度等于数据表中字符常量的个数。

```
char a[8]={"teacher"};
```

等价于：

```
char a[ ]="teacher";
```

由于字符串"teacher"在内存中占 8 个字节，所以定义数组长度为 8，各数组元素的值如图 5.17 所示。

用字符串初始化字符数组时，要注意字符串常量具有结束标志'\0'的特性。

② 数组长度小于数据表中字符常量的个数。

```
char b[7]="BeiJing";
```

由于字符串"BeiJing"在内存中占 8 个字节，超过了数组 b 定义的长度，编译系统按出错处理。

③ 数组长度大于数据表中字符常量的个数。

```
char t[10]="BeiJing";
```

把字符串"BeiJing"中的各字符依次赋给 t[0]～t[7]，t[8]、t[9]直接设为'\0'，如图 5.18 所示。

a[0]	a[1]	a[2]	a[3]	a[4]	a[5]	a[6]	a[7]
't'	'e'	'a'	'c'	'h'	'e'	'r'	'\0'

图 5.17　数组 a 中各元素的值

t[0]	t[1]	t[2]	t[3]	t[4]	t[5]	t[6]	t[7]	t[8]	t[9]
'B'	'e'	'i'	'J'	'i'	'n'	'g'	'\0'	'\0'	'\0'

图 5.18　数组 t 中各元素的值

4. 字符数组的输入/输出

（1）逐个字符输入/输出

【例 5.12】输出以下三角形图案。

```
  *
 ***
*****
```

程序如下：

```
#include <iostream>
using namespace std;
int main()
{
      char t[3][5]={{' ',' ','*',' ',' '},{' ','*','*','*',' '},{'*','*','*','*','*'}};
      int i,j;
      for(i=0;i<3;i++)
      {
            cout<<"\n";
            for(j=0;j<5;j++)
                  cout<<t[i][j];               //输出数组元素 t[i][j]的值
      }
      return 0;
}
```

（2）将整个字符串一次性输入/输出

用输入流对象 cin 可以将字符串输入字符数组中，用输出流对象 cout 可以将存储在字符数组中的字符串输出。

以一维字符数组为例，用 cin 将字符串输入字符数组的格式为：

```
cin>>数组名;
```

用 cout 输出一维字符数组中存储的字符串的格式为：

```
cout<<数组名;
```

例如有如下的程序段：

```
…
char a[6];
cin>>a;
cout<<a;
…
```

程序运行至 cin>>a;时，从键盘输入字符串：

```
NCEPU
```

系统读入该字符串，将字符串中的字符按顺序依次赋给 a[0]～a[4]，并将 a[5]设为'\0'。数组 a 中各元素的值如图 5.19 所示。

执行 cout<<a;时，从 a[0]开始逐个检测数组元素中的值是否为'\0'，如果不是，则将其输出；如果是就停止输出操作。因此输出结果为：

```
NCEPU
```

说明如下。

① 用 cin 输入字串时，一行可以输入多个字符串，字符串之间用空格分隔。例如：

```
…
char a[6],b[6];
cin>>a>>b;
…
```

执行 cin 操作时，从键盘输入：

```
Good Night
```

字符串“Good”和“Night”用空格分开，分别被读入字符数组 a 和 b 中。数组 a 和 b 中各元素的值如图 5.20 所示。需要注意的是，数组元素 a[5]为不定值。

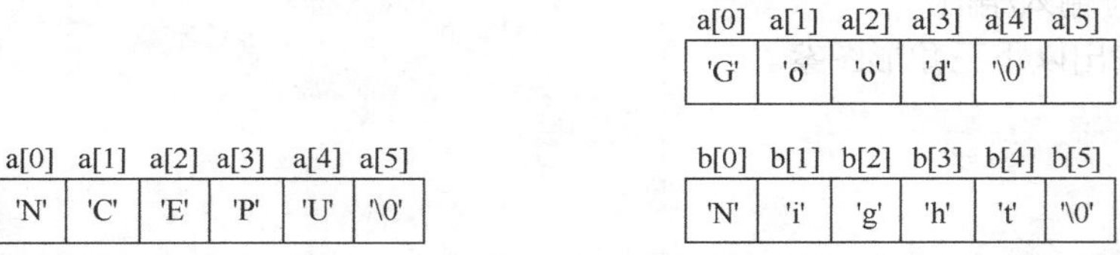

图 5.19 数组 a 中各元素的值　　图 5.20 数组 a、b 中各元素的值

② 用 cin 输入一个字符串时，这个字符串中不能有空格。例如下面的程序段：

```
…
char a[20];
cin>>a;
…
```

从键盘输入字符串：

```
I am a student
```

由于有空格分隔，系统将上述输入内容识别为 4 个字符串，第一个字符串“I”被读入并赋给 a 数组，即 a[0]为'I'，a[1]为'\0'，a 数组的其余元素为不定值。

从上述例子可以看到，利用 cin 从输入流中提取数据（字符串）时，遇到空格就中止，因此输入的字符串中不能包含空格字符。

③ 用 cout 输出字符串时遇到字符串结束标志'\0'就结束输出。如果一个字符数组中存储了多个'\0'，则遇到第一个'\0'时输出就结束。

5. 字符串处理函数

字符串用途广泛，C/C++在函数库中提供了一些常用的字符串处理函数。如果程序中需要使用这些函数，则需要用#include 命令导入头文件 cstring。

（1）字符串连接函数 strcat

strcat 函数的一般格式为：

```
strcat(参数 1,参数 2)
```

strcat 是 string catenate（字符串连接）的缩写。函数的两个参数均可以是字符数组元素的地址，参数 1 表示连接操作目的字符串的起始地址，参数 2 表示连接操作源字符串的起始地址。函数的作用是将源字符串连接到目的字符串后面，形成一个新的字符串。例如：

```
#include <iostream>
#include <cstring>
using namespace std;
int main()
{ char str1[20]="I am a ";
  char str2[]="student";
  strcat(str1,str2);
  cout<<str1;
  return 0;
}
```

运行结果为：

```
I am a student
```

例中 strcat 函数的两个参数均为数组名（数组的首地址）。表示连接操作的目的字符串存放在以&str1[0]为起始地址的一段单元中，源字符串存放在以&str2[0]为起始地址的一段单元中。因此操作结果是将 str2 中的字符串连接到 str1 中的字符串后面。

调用 strcat 函数前后（即连接前后）数组 str1、str2 中的字符串如图 5.21 所示，图中符号“␣”表示空格。

连接前的数组str1、str2如下。

str1:	'I'	'␣'	'a'	'm'	'␣'	'a'	'␣'	'\0'	'\0'	'\0'	'\0'	'\0'	'\0'	'\0'	'\0'	'\0'	'\0'	'\0'	'\0'	'\0'

str2:	's'	't'	'u'	'd'	'e'	'n'	't'	'\0'

连接后：连接结果在str1中，str2不变。

str1:	'I'	'␣'	'a'	'm'	'␣'	'a'	'␣'	's'	't'	'u'	'd'	'e'	'n'	't'	'\0'	'\0'	'\0'	'\0'	'\0'	'\0'

图 5.21　连接前后数组 str1 和 str2 中的字符串

在实际使用时，参数 2 也可以是字符串常量，此外字符数组 1 要足够长。

（2）字符串复制函数 strcpy

strcpy 函数的一般格式为：

```
strcpy(参数 1,参数 2)
```

strcpy 是 string copy（字符串复制）的缩写。函数的两个参数均可以是字符数组元素的地址。函数的作用是将以参数 2 为起始地址的字符串复制到以参数 1 为起始地址的一段存储单元中。例如：

```
#include <iostream>
#include <cstring>
using namespace std;
int main()
{ char a[]="student",b[]="asd";
   strcpy(a,b);
   cout<<a;
   return 0;
}
```

调用 strcpy 函数后，系统将 b 数组中的字符串复制到 a 数组中。运行结果为：

```
asd
```

在实际使用时，字符数组 2 可以是字符串常量。

（3）字符串比较函数 strcmp

strcmp 函数的一般格式为：

```
strcmp(参数 1,参数 2)
```

strcmp 是 string compare（字符串比较）的缩写。它的作用是将参数 1 和参数 2 中的字符串比较，比较的结果用函数值反映。

说明如下。

① strcmp 函数的两个参数可以是字符数组的地址，也可以是字符串常量，例如定义 a、b 为一维字符数组，下面的 strcmp 函数调用形式都是合法的：

```
strcmp(a,b);                    //两个参数都是数组首地址
strcmp("BeiJing","BeiFang");    //两个参数都是字符串常量
strcmp("BeiJing",b);            //第一个参数是字符串常量，第二个参数是数组首地址
```

② 字符串比较的结果由函数值来反映。

如果参数 1 中的字符串和参数 2 中的字符串相等，则函数值为 0。

如果参数 1 中的字符串大于参数 2 中的字符串，则函数值为 1。

如果参数 1 中的字符串小于参数 2 中的字符串，则函数值为-1。

③ 字符串比较的规则为：将两个字符串自左至右逐个字符按 ASCII 值大小比较，直到出现不同的字符或遇到'\0'为止。如果全部字符都相同，则认为两个字符串相等；如果二者中有不相同的字符，则以第一对不相同字符的大小作为比较的结果。例如：

```
strcmp("BeiJing","BeiFang");
```

两个字符串的前 3 个字符相同，第 4 个字符不同，这一对字符的比较结果为两个字符串的比较结果。由于'J'的 ASCII 值大于'F'的 ASCII 值，所以，比较的结果为“BeiJing”大于“BeiFang”，函数值为 1。

例如：

```
strcmp("Bei","Bei");
```

两个字符串的字符个数相同并且对应字符都相同，所以两个字符串相等，函数值为 0。

例如：

```
strcmp("Be","Bei");
```

两个字符串的前两个字符相同，之后遇到第一个字符串的结束标志'\0'，比较过程结束，结果为“Be”小于“Bei”，函数值为-1。

（4）字符串长度函数 strlen

strlen 函数的一般格式为：

```
strlen(参数)
```

strlen 是 string length（字符串长度）的缩写。这个函数的值是字符串的长度，即字符串中所包含的字符个数（不包括'\0'）。函数参数可以是字符数组元素的地址，也可以是字符串常量。例如 strlen("BeiJing")的函数值为 7。

（5）大写字符变小写字符函数 strlwr

strlwr 函数的一般格式为：

```
strlwr(参数)
```

函数参数可以是字符数组元素的地址。函数的作用是将以参数为起始地址的字符串中的所有大写字符转换成小写字符。

（6）小写字符变大写字符函数 strupr

strupr 函数的一般格式为：

```
strupr(参数)
```

函数参数可以是字符数组元素的地址。函数的作用是将以参数为起始地址的字符串中的所有小写字符转换成大写字符。

6. 字符数组应用举例

【例 5.13】 编写一个程序，把字符串中的小写字符转换成大写字符，其他字符不变。

相同字母大小写的 ASCII 值相差 32，并且小写字母的 ASCII 值大于大写字母的 ASCII 值。程序如下：

```
#include <iostream>
using namespace std;
int main()
{ char str[100];
   int i;
   cout<<"请输入字符串：";
   cin>>str;
   for(i=0;str[i]!='\0';i++)              //逐个检查字符串中的字符，直到检测到'\0'为止
     if(str[i]>='a'&& str[i]<='z')
              str[i]-=32;
   cout<<"转换后字符串：";
   cout<<str;
   return 0;
}
```

运行结果为：

```
请输入字符串：123aBcdEF#@%Xyz
转换后字符串：123ABCDEF#@%XYZ
```

5.3 结构体

C++继承了 C 语言的关键字 struct，并加以扩充。在 C 语言中，关键字 struct 只能定义数据成员，而不能定义成员函数。而在 C++中，关键字 struct 类似于 class，既可以定义数据成员，又可以定义成员函数。

5.3.1 概念及定义

结构体是一种根据实际需要自定义的数据类型，可以容纳不同类型的数据。在 C 语言中的结构体只能自定义数据类型，不允许有函数，而 C++中的结构体可以加入成员函数。C++中声明结构体的方式和声明类的方式大致相同，结构体中既可以包含成员函数，也可以定义成员变量；定义了结构体之后，可以用结构体名来创建对象。不同的是，结构体定义中默认情况下的成员是 public，而

类定义中默认情况下的成员是 private。

尽管结构体可以包含成员函数，但一般很少这样做。所以，通常情况下结构体声明只会声明成员变量。

在 C/C++中结构体的定义有如下 4 种格式。

（1）先定义结构体类型再单独进行变量定义。例如：

```
struct Student
{
    int Code;
    char Name[20];
    char Sex;
    int Age;
};
Student Stu;
Student Stu[10];
Student *pStru;
```

结构体类型是 struct Student，因此定义变量时，struct 和 Student 都不能省略。

（2）紧跟在结构体类型说明之后定义。例如：

```
struct Student
{
    int Code;
    char Name[20];
    char Sex;
    int Age;
}Stu,Stu[10],*pStu;
```

这种情况下，后面还可以再定义结构体变量。

（3）在说明一个无名结构体变量的同时直接定义。例如：

```
struct
{
    int Code;
    char Name[20];
    char Sex;
    int Age;
}Stu,Stu[10],*pStu;
```

这种情况下，之后不能再定义其他变量。

（4）使用 typedef 说明一个结构体变量之后再用新类名来定义变量。例如：

```
typedef struct
{
   int Code;
   char Name[20];
   char Sex;
   int Age;
}Student;
Student Stu,Stu[10],*pStu;
```

Student 是一个具体的结构体类型，是唯一标识，因此这里不用再加 struct。

5.3.2 成员访问

成员访问符有“.”和“->”两种，“.”被称为结构运算符，用于结构体变量成员的访问；而“->”被称为结构指针运算符，用于结构体指针变量成员访问。

结构体是一种用户自定义类型，在 C++中几乎被类所取代，但很多时候在访问结构体成员时也总会犯些错误。下面仅讨论几种访问结构体成员的方法。

设一个简单的结构体定义如下：

```
typedef  struct
{
```

```
        int x;
        int y;
        char name[20];
        char *type;
    }Point;
```

访问结构体成员的方法不外乎 3 种：结构体变量名直接访问、指针变量访问、指针结构体变量访问。例如：

```
    //定义两个结构体变量
    Point m_point;
    Point *my_p;
```

说明：也可以通过 malloc 函数为指针变量申请一个地址空间，my_p = (Point*) malloc (sizeof (Point));。

直接访问方式可以通过 m_point.x=12;的形式对结构体变量的成员变量 x 赋值，而对于结构体指针变量来说，则可以通过 my_p->y=24;的形式进行赋值，这种形式等价于(*my_p).y=24;。

最后值得注意的是，本例在进行赋值的时候并没有对字符数组赋值，其实此处比较容易犯的一个错误是 m_point.name="xxxx"。对于数组来说，name 是一个地址常量而不是一个成员变量，因此是不能作为左值的。如果实现赋值要用到字符串处理函数 strcpy 函数，但我们知道 strcpy 函数是一个问题函数，对边界检测的不完善很容易造成缓冲区溢出漏洞。或许另外一个函数 strncpy 可以解决问题，但会使程序过于复杂。

5.3.3 结构体嵌套

正如一个类的对象可以嵌套在另一个类中一样，一个结构体的实例也可以嵌套在另一个结构体中。例如：

```
    struct Costs
    {
         double wholesale;
         double retail;
    };
    struct Item
    {
         string partNum;
         string description;
         Costs pricing;
    };
```

Costs 结构体有两个双精度型成员：wholesale 和 retail。Item 结构体有 3 个成员：前两个是 partNum 和 description，它们都是 string 对象；第三个是 pricing，它是一个嵌套的 Costs 结构体。如果定义了一个名为 widget 的 Item 结构体，则其成员如图 5.22 所示。

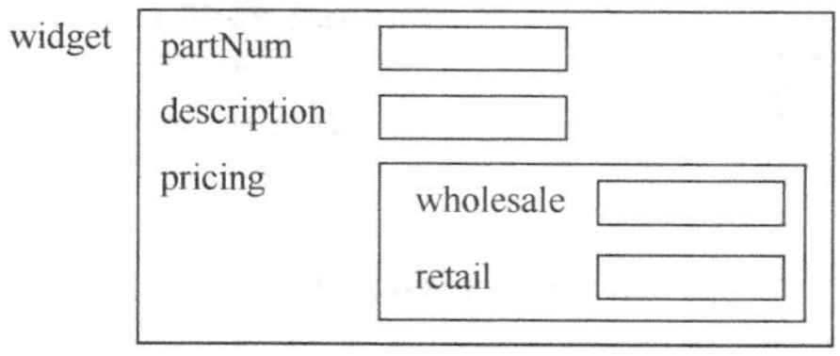

它们可以通过以下方式访问。

（1）widget.partNum = "123A";。

（2）widget.description = "iron widget";。

（3）widget.pricing.wholesale = 100.0;。

（4）widget.pricing.retail = 150.0;。

图 5.22 在 widget 的成员中包含一个嵌套结构体

注意，wholesale 和 retail 不是 widget 结构体的成员，pricing 才是。要访问 wholesale 和 retail，必须首先访问 widget 结构体的 pricing。由于它是一个 Costs 结构体，所以同样可以使用“.”运算符访问其 wholesale 和 retail 成员。

还要注意，对于所有结构体来说，访问成员时必须使用成员名称，而不是结构体名称。例如，以下语句不合法：

```
cout << widget.retail;
cout << widget.Costs.wholesale;
```

在决定是否使用嵌套结构体时，需考虑各种成员的相关性。一个结构体将逻辑上属于一体的项目绑定在一起。通常，结构体的成员是描述某个对象的属性。在上述示例中，对象是一个 **widget**（零部件），而 **partNum**（部件编号）、**description**（描述）、**wholesale**（批发）、**retail**（零售）和 **pricing**（价格）都是其属性。

当某些属性相关并形成对象属性的逻辑子组时，将它们绑定在一起并使用嵌套结构体是有意义的。注意下面程序内部结构体中属性的相关性，它使用了嵌套结构体：

```
#include <iostream>
#include <string>
using namespace std;
struct CostInfo
{
     double food, // Food costs
     medical, // Medical costs
     license, // License fee
     misc; // Miscellaneous costs
};
struct PetInfo
{
     string name; // Pet name
     string type; // Pet type
     int age; // Pet age
     CostInfo cost;
     PetInfo() // Default constructor
     {
          name = "unknown";
          type = "unknown";
          age = 0;
          cost.food = cost.medical = cost.license = cost.misc = 0.00;
     }
};
int main()
{
     PetInfo pet;
     pet.name = "Sassy";
     pet.type = "cat";
     pet.age = 5;
     pet.cost.food = 300.00;
     pet.cost.medical = 200.00;
     pet.cost.license = 7.00;
     cout << fixed << showpoint << setprecision(2);
     cout << "Annual costs for my " << pet.age << "-year-old "<< pet.type << " " << pet.name
<< " are $"<< (pet.cost.food + pet.cost.medical +pet.cost.license + pet.cost.misc) << endl;
     return 0;
}
```

运行结果为：

```
Annual costs for my 5-year-old cat Sassy are $507.00
```

5.4 文件

在前面的编程中，每次运行程序都需要从键盘输入数据，当需要输入的数据比较多时，这种方式会给操作者带来很多不便。这时我们可以事先将数据存入文件中，每次运行时，让程序从文件中读取数据，这样就消除了每次都要从键盘输入数据的烦恼。我们还可以将程序的运行结果输出到文件中，这样就可以实现结果的永久保存，而且还方便其他程序来读取该程序的运行结果，这些都属于文件操作。

5.4.1 文件的概念

所谓“文件”，一般指存储在外存（如硬盘、光盘和 U 盘等）上的数据的集合。数据以文件的形式存放在外存上，操作系统也以文件为单位对数据进行管理。如果想找存放在外存上的数据，必须先按文件名找到指定文件，然后再从该文件中读取数据；要向外存存储数据也必须先建立一个文件（以文件名标识），然后才能向它输出数据。

根据文件内容可将常用的文件分为两大类：程序文件和数据文件。源文件、目标文件和可执行文件都是程序文件；而用来存放程序所需的数据或程序的处理结果的文件就是数据文件。数据文件还有不同的形式，如文本文件、图像文件、声音文件等。

在 C/C++中，经常要对数据文件进行处理。根据文件中数据的组织形式，可将其分为文本文件和二进制文件两种。文本文件的每一个字节存放一个 ASCII 值，代表一个字符。二进制文件是把内存中的数据按其在内存中的存储形式原样输出到硬盘上存放。

字符信息在内存中以 ASCII 值形式存放，因此，无论是用文本文件输出还是用二进制文件输出，其数据形式是一样的。但是对于数值信息，二者是不同的，例如整型数 100000，在内存中占 4 个字节，如果按照内部格式直接输出，在硬盘文件中占 4 个字节；如果将它转换为文本形式输出，因为有 6 个字符，所以要占用 6 个字节，如图 5.23 所示。

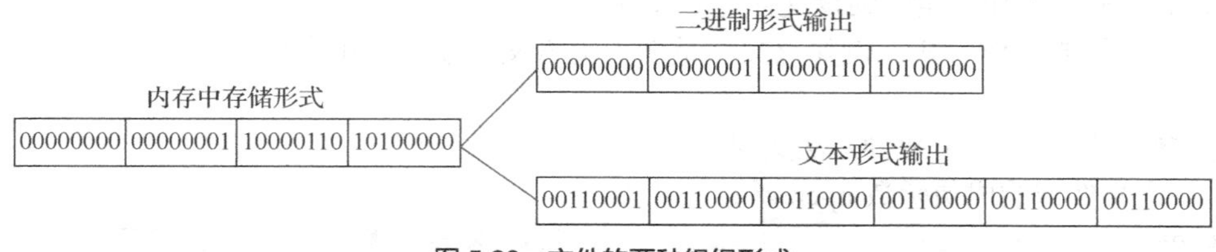

图 5.23 文件的两种组织形式

用文本形式保存数据，一个字节代表一个字符，可直接在屏幕显示或打印机打印出来，这种方式直观方便阅读，也便于逐个字符的输入或输出，但一般会占用较多存储空间，计算机处理文件中的数据时需要在 ASCII 值和二进制形式之间转换。用二进制形式输出数据，一般可以节省存储空间，而且不需要进行转换，但一个字节并不对应一个字符，不能直观化显示文件内容。由于二进制文件是内存的映像，在存储各种复杂的数据类型（如结构体变量或者对象）时，用二进制文件比较方便；如果只是为了能显示或打印以便阅读，则应按文本形式输出。

5.4.2 文件流对象

利用硬盘文件进行程序的输入或输出时，必须定义一个文件流类的对象，通过文件流对象从硬盘文件将数据输入到内存中（从文件读出数据），或者通过文件流对象将数据从内存输出到硬盘文件（向文件写入数据）。本节涉及的类和对象的概念，将在第 7 章详细介绍，这里读者只需要了解概念即可。

其实在之前的程序中也用到了流对象，如 cin 和 cout 就是标准输入流和标准输出流对象，C++通过流对象进行数据的输入和输出。cin 和 cout 事先已在 iostream 文件中声明，不需要用户定义，而在读写硬盘文件时，由于情况各异，无法事先统一定义流对象，因此必须由用户自己定义。

文件流对象用文件流类来定义，这样的类有以下 3 个。

（1）ifstream 是文件输入流类，由 istream 类派生而来，提供读文件的功能。

（2）ofstream 是文件输出流类，由 ostream 类派生而来，提供写文件的功能。

（3）fstream 是通用文件流类，由 iostream 类派生而来，提供读写同一个文件的功能。

这 3 个类的关系如图 5.24 所示。如果是从文件中读取数据，则定义 ifstream 类或 fsteam 类的对象；如果是向文件中写入数据，则定义 ofsteam 类或 fsteam 类的对象；如果既要从文件中读取数据，又要向文件中写入数据，则定义 fsteam 类的对象。

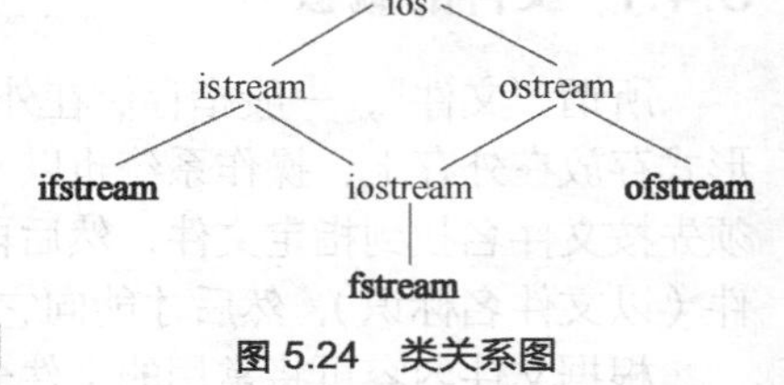

图 5.24　类关系图

可以用以下方法定义一个输出文件流对象：

```
ofstream outfile;
```

如同 iostream 文件中声明的流对象 cout 一样，上面定义的 outfile 也是一个流对象，它是文件输出流对象，这个流对象和哪一个文件关联呢？还需要进行下面的打开文件操作。

注意，在程序中使用上述三个类时，程序开头需包含文件 fstream。

5.4.3　文件的打开与关闭

1. 打开文件

打开文件是一种形象的说法，如同打开房门就可以进入房间活动一样，打开了文件就可以对文件进行读写操作。因此打开文件是在读写文件之前必要的准备工作，包括以下两个步骤。

① 为文件流对象和指定的硬盘文件建立关联。

② 指定文件的工作方式，例如该文件是作为输入文件还是输出文件，是文本文件还是二进制文件等。

打开文件可以通过以下两种方法实现。

（1）调用文件流的成员函数 open 函数。例如：

```
ofstream outfile;                          //定义输出文件流对象 outfile
outfile.open("f1.txt", ios::out);          //使 outfile 文件流与 f1.txt 文件建立关联
```

第 2 行是调用 open 函数打开硬盘文件 f1.txt，并指定它为输出文件，文件流对象将向硬盘文件输出数据。ios::out 是文件的一种打开方式。

调用成员函数 open 函数的一般格式为：

```
文件流对象.open(硬盘文件名, 文件打开方式);
```

硬盘文件名可以包含路径，如“D:\\new\\f1.txt”（字符串中用转义字符“\\”表示 Windows 的路径分割符“\”）。如果没有指定路径，则默认为当前目录下的文件。

（2）在定义文件流对象时指定参数。例如：

```
ofstream outfile("f1.txt", ios::out);
```

在定义文件流对象时指定参数，利用文件流对象的构造函数实现打开文件的功能。

常用的文件打开方式如表 5.5 所示。

表 5.5　常用的文件打开方式

打开方式	用途
ios::in	(input)以输入（读）方式打开文件，如果文件不存在，则打开失败。是所有 ifstream 对象的默认打开方式
ios::out	(output)以输出（写）方式打开文件，如果文件不存在，则创建文件。是所有 ofstream 对象的默认打开方式
ios::app	(append)以输出追加方式打开文件，如果文件不存在，则创建文件。每次输出都在文件末尾写入新内容
ios::ate	(at end)与 ios::in 配合，打开一个已有的文件，并将光标置于文件末尾；与 ios::out 配合，打开一个已有文件时会删除文件所有内容
ios::trunc	(truncate)只能与 ios::out 配合，打开一个已有文件时会删除文件所有内容。如已指定了 ios::out 方式，而未指定 ios::in 或 ios::app，则同时默认此方式
ios::binary	以二进制方式打开文件。未指定此方式时，文件默认以文本方式打开

说明如下。

① 每一个打开的文件都有一个光标，该光标的初始位置由打开方式决定（除 ios::app、ios::ate 外，大多在文件开头）。每次读写都从光标的当前位置开始，每读入一个字节，光标就向后移一个字节，当光标移到最后一个字节的后面（读完最后一个字节后再请求读一个字节），此时流对象的成员函数 eof 函数的返回值为非 0 值，表示文件结束。

② 可以用“位或”运算符“|”将多种文件打开方式组合起来使用。例如：

```
ios::in|ios::out         //以输入和输出方式打开文件，文件可读可写
ios::out|ios::binary  //以二进制方式打开一个输出文件
ios::in|ios::binary    //以二进制方式打开一个输入文件
ios::in|ios::out|ios::binary  //打开一个二进制文件，文件可读可写
```

③ 如果文件打开操作失败，无论是用 open 函数打开，还是通过构造函数打开，文件流对象的值都会被置为 0，可据此检查文件是否成功打开，例如：

```
ifstream infile("f1.txt", ios::in);
if(infile==0)
        cout<<"打开失败! "<<endl;
```

或

```
ifstream infile;
infile.open("f1.txt", ios::in);
if(!infile)
    cout << "打开失败! " << endl;
```

2. 关闭文件

对文件进行读写操作后，应及时关闭该文件。关闭文件使用文件流对象调用成员函数 close 函数，例如：

```
outfile.close();     //将输出文件流所关联的硬盘文件关闭
```

所谓关闭文件，其实就是解除文件流对象与硬盘文件的关联，原来设置的打开方式也失效了，这就意味着不能再通过文件流对该文件进行读写操作了。此时可以将文件流与其他硬盘文件建立关联，并通过文件流对新的文件进行读写操作。例如：

```
outfile.open("f2.txt", ios::app);
```

此时文件流 outfile 与文件 f2.txt 建立了关联，并指定了 f2.txt 的打开方式。

5.4.4 对文本文件的操作

如果文件的每一个字节均以 ASCII 形式存放数据，即一个字节存放一个字符，则这个文件就是文本文件。程序可以从文本文件中读出若干个字符，也可以向它写入一些字符。

对文本文件的读写操作可以用以下两种方法完成。

① 用流提取运算符“>>”和流插入运算符“<<”输入和输出数据。

② 用文件流的 get 和 put 等成员函数进行字符的输入或输出。

下面通过几个例子说明其应用。

【例 5.14】 有一个整型数组，含 10 个元素，从键盘输入 10 个整数存入数组，并将此数组输出到硬盘文件中存放。

程序如下：

```
#include <iostream>
#include <fstream>     //除 iostream 文件外，还应包含 fstream 文件
using namespace std;
int main()
{
    int a[10], i;
```

```
        ofstream outfile("f1.txt", ios::out);  //定义文件流对象，打开硬盘文件 f1.txt
        if(!outfile)       //如果打开文件失败，outfile 值为 0
        {
            cout<<"文件打开失败! "<<endl;
            return 1;
        }
        cout<<"请输入 10 个数: "<<endl;
        for(i=0; i<10; i++)
        {
            cin>>a[i];          //从键盘输入一个数放入 a[i]
            outfile<<a[i]<<" ";  //将 a[i]的值输出到硬盘文件 f1.txt 中，并在其后加一个空格
        }
        outfile.close();  //关闭硬盘文件 f1.txt
        return 0;
    }
```

程序运行情况如图 5.25 所示。

图 5.25　例 5.14 运行情况

说明如下。

（1）程序开头包含 fstream 文件，是因为在程序中要用到文件输出流类 ofstream。

（2）程序中用 ofstream 类定义文件流对象 outfile，调用构造函数打开硬盘文件 f1.txt，它是输出文件，只能向它写入数据，不能从中读取数据。参数 ios::out 可以不写，因为它是所有 ofstream 对象的默认打开方式。下面两种写法等价：

```
ofstream outfile("f1.txt", ios::out);
ofstream outfile("f1.txt");
```

（3）如果文件打开成功，则文件流对象 outfile 为非 0 值；如果打开失败，则 outfile 的值为 0。“!outfile”为真，说明文件打开失败，要进行出错处理，在显示器上输出错误提示，并执行 return 语句，结束程序运行，并返回一个非 0 值宣告程序运行失败。导致文件打开操作失败的原因有很多，例如用户输入的文件路径不合法、以读方式打开的文件不存在或是以写方式打开的文件在系统中是只读文件等。

（4）程序中用 cin>>a[i];从键盘逐个输入 10 个整数，每输入一个就将该数向硬盘文件输出，输出的语句为 outfile<<a[i]<<" ";，其用法与向显示器输出类似，只是把标准输出流对象 cout 换成文件输出流对象 outfile。由于是向硬盘文件输出，所以在显示器上看不到输出结果。在向硬盘文件输出一个数据后，要输出一个（或几个）空格或换行符，以分隔数据，否则以后从硬盘文件中读取数据时，10 个整数会连成一片导致无法区分。

【例 5.15】从例 5.14 建立的数据文件 f1.txt 中读取 10 个整数放在数组中，并输出这个数组。

程序如下：

```
#include <iostream>
#include <fstream>
using namespace std;
int main()
{
    int a[10],i;
    ifstream infile("f1.txt",ios::in);  //定义输入文件流对象 infile，并打开硬盘文件 f1.txt
    if(!infile)   //如果打开文件失败
    {
        cout<<"文件打开失败! "<<endl;
        return 1;
    }
    for(i=0;i<10;i++)
    {
```

```
        infile>>a[i];          //从文件中读取一个数，存入 a[i]元素
        cout<<a[i]<<" ";       //将 a[i]元素的值输出到显示器上
    }
    cout<<endl;
    infile.close();            //关闭文件
    return 0;
}
```

程序运行情况如图 5.26 所示。

图 5.26 例 5.15 运行情况

可以看到：f1.txt 文件在例 5.14 中作为输出文件，在例 5.15 中作为输入文件。一个硬盘文件可以在一个程序中作为输入文件，而在另一个程序中作为输出文件。文件在不同的程序中可以有不同的工作方式，甚至可以在同一个程序中先后以不同方式打开。例如先以输出方式打开，接收从程序输出的数据，然后关闭它，再以输入方式打开，程序可以从中读取数据。

【例 5.16】从键盘输入一行字符，把其中的字母字符一次性存放在硬盘文件 f2.txt 中。再把它们从硬盘文件读入程序，将其中的小写字母转换为大写字母，再存入硬盘文件 f3.txt。

程序如下：

```
#include <iostream>
#include <fstream>
using namespace std;
int main()
{
    ofstream outfile("f2.txt",ios::out);  //以写方式打开文件 f2.txt
    if(!outfile)
    {
        cout<<"写文件 f2.txt 失败! "<<endl;
        return 1;
    }
    char c[100];
    int i;
    cin.getline(c,100);  //从键盘输入一行字符，回车结束，将输入的字符串存入数组 c
    for(i=0;c[i]!='\0';i++)  //逐个处理数组 c 中的每个字符，直到遇到'\0'为止
        if(c[i]>='a'&&c[i]<='z'||c[i]>='A'&&c[i]<='Z')  //如果是字母字符
        {
            outfile.put(c[i]);  //将字母字符存入硬盘文件 f2.txt
            cout<<c[i];         //同时在显示器上显示
        }
    cout<<endl;
    outfile.close();  //关闭文件 f2.txt

    ifstream infile("f2.txt",ios::in);  //以读方式打开文件 f2.txt
    if(!infile)
    {
        cout<<"读文件 f2.txt 失败! "<<endl;
        return 1;
    }
    outfile.open("f3.txt",ios::out);   //以写方式打开文件 f3.txt
    if(!outfile)
    {
        cout<<"写文件 f3.txt 失败! "<<endl;
        return 1;
    }
    char ch;
```

```
        while(infile.get(ch))   //从文件中逐个读取字符，直到文件结束
        {
            if(ch>='a'&&ch<='z') //判断 ch 是否为小写字母
                ch=ch-32;         //将小写字母转换为大写字母
            outfile.put(ch);     //将此时 ch 的值写到硬盘文件 f3.txt 中
            cout<<ch;            //同时在显示器中显示
        }
        cout<<endl;
        infile.close();  //关闭硬盘文件 f2.txt
        outfile.close();  //关闭硬盘文件 f3.txt
        return 0;
    }
```

程序运行情况如图 5.27 所示。

图 5.27　例 5.16 运行情况

本程序用“cin.getline(字符数组名,字符数组长度);”从键盘读取一行字符存入数组；用“输入文件流对象.get(字符变量名);”从流中读取一个字符，当读取字符失败时，返回 0；用“输出文件流对象.put(该字符);”向硬盘文件中写入一个字符。一个字符的输入与输出也可以使用流提取运算符“>>”和流插入运算符“<<”实现。

5.4.5　对二进制文件的操作

对二进制文件的读写主要用成员函数 read 和 write 来实现，这两个成员函数的原型分别为：

```
istream& read(char *buffer, int len);
ostream& write(const char *buffer, int len);
```

字符指针 buffer 指向内存中的一段存储空间，len 为读或写的字节数。下面通过几个例子说明它们的使用方法。

【例 5.17】将一批数据以二进制形式存放在硬盘文件中。

程序如下：

```
#include <iostream>
#include <fstream>
using namespace std;
struct student  //定义结构体类型
{
    char name[20];
    int num;
    int age;
    char sex;
};
int main()
{
    //定义结构体数组并初始化
    student stud[3]={"Li",1001,18,'f',"Fun",1002,19,'m',"Wang",1004,17,'f'};
    ofstream outfile("stud.dat",ios::out|ios::binary); //以二进制写方式打开 stud.dat 文件
    if(!outfile)
    {
        cout<<"文件打开失败! "<<endl;
        return 1;
    }
    int i;
    for(i=0;i<3;i++)
        outfile.write((char*)&stud[i],sizeof(stud[i])); //将一名学生的信息写入文件中
    outfile.close();  //关闭文件
    return 0;
}
```

调用成员函数 write 向 stud.dat 文件中写数据时，第一个参数要求是字符指针或字符串的首地址，而&stud[i]是结构体数组中第 i 个元素的首地址，它是 student *类型的指针，与要求的类型不匹配，因此用(char *)把它强制转换为字符指针；第二个参数是指定一次输出的字节数，通过 sizeof(stud[i])可以得到结构体数组中一个元素在内存中占用的字节数。执行 write 函数，就是将从&stud[i]位置开始的一个结构体数组元素中的数据不加转换地写到硬盘文件中。这个函数调用了 3 次，将 3 个元素全都输出到文件中。其实也可以一次性地输出整个数组，将 for 循环的两行改为以下一行：

```
outfile.write((char *)&stud[0],sizeof(stud));
```

将从&stud[0]位置开始的整个 stud 数组中的数据不加转换地写到硬盘文件中。执行一次 write 函数即可输出数组中的全部元素。

可以看到，用二进制方式可以一次输出一批数据，效率极高。在输出的数据之间不必加空格，在一次输出之后也不必加换行符。之后从该文件读入数据时不是靠空格作为数据的间隔，而是用字节数来控制。

【例 5.18】将例 5.17 中以二进制形式存放在硬盘文件中的数据写入内存并在显示器上显示出来。

程序如下：

```
#include <iostream>
#include <fstream>
using namespace std;
struct student
{
    char name[20];
    int num;
    int age;
    char sex;
};
int main()
{
    student stud[3];  //定义结构体数组 stud，它有 3 个元素
    ifstream infile("stud.dat",ios::in|ios::binary);  //以二进制读方式打开 stud.dat 文件
    if(!infile)
    {
        cout<<"文件打开失败！"<<endl;
        return 1;
    }
    int i;
    for(i=0;i<3;i++)
        //从文件中读出一名学生的信息，存到 stud[i]元素中
        infile.read((char*)&stud[i],sizeof(stud[i]));
    infile.close();  //关闭文件
    for(i=0;i<3;i++)  //输出数组中保存的学生信息
        cout<<stud[i].name<<" "<<stud[i].num<<" "<<stud[i].age<<" "<<stud[i].
sex<<endl;
    return 0;
}
```

程序的运行情况如图 5.28 所示。

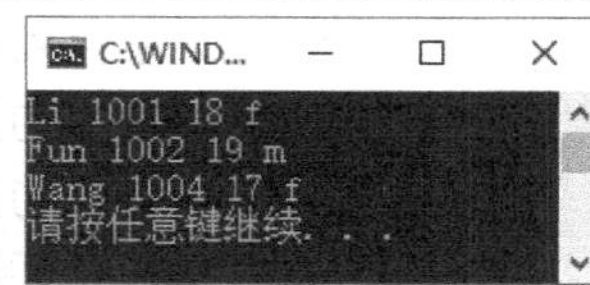

图 5.28　例 5.18 运行情况

同样地，从文件中读取学生信息也可以一次性地读取文件中的全部数据。例如：infile.read((char*)&stud[0],sizeof(stud));。

从硬盘文件中将指定数目的字节读入内存，依次存放在以地址&stud[0]开始的内存空间中。注意读入的数据的格式要与存放它的内存空间的格式匹配。由于硬盘文件中的数据是从内存中的结构体数组元素得来的，因此它仍然保留结构体元素的数据格式。再将数据读入内存，存放在同样的结构体数组中，必然是匹配的。如果把它读入一个整型数组中，就不匹配了，这时就会出错。

5.4.6 与文件指针有关的成员函数

在硬盘文件中有一个文件指针，用来指明当前应进行读写的位置。在输入时每从文件读出一个字节，指针就会向后移动一个字节；在输出时每向文件写入一个字节，指针也会向后移动一个字节，随着输出文件中字节不断增加，指针不断后移。在C++中，允许用户对指针进行控制，按用户的意图移动到所需的位置，以便在该位置上进行读写。表5.6列出了一些与文件指针有关的成员函数。

表 5.6　与文件指针有关的成员函数

成员函数	作用
tellg()	返回输入文件指针的当前位置
seekg(文件中的绝对位置)	将输入文件中的指针移动到指定位置
seekg(相对位置,参照位置)	以参照位置为基准移动若干字节
tellp()	返回输出文件指针的当前位置
seekp(文件中的绝对位置)	将输出文件中的指针移动到指定位置
seekp(相对位置,参照位置)	以参照位置为基准移动若干字节

说明如下。

（1）这些函数名的最后一个字母不是g就是p。带g的是用于输入的函数（g代表get），带p的是用于输出的函数（p代表put）。例如，tellg函数用于输入文件，tellp函数用于输出文件；seekg函数用于输入文件，seekp函数用于输出文件。如果是既可输入又可输出的文件，seekg函数和seekp函数都行。

（2）seekg和seekp函数在指定指针位置时有两种方式，一种方式是直接给出文件中的位置，例如：

```
infile.seekg(0);  //将指针定位到文件头
```

另一种方式是指定相对位置，再给出参照位置。参照位置有3种，即ios::cur、ios::beg和ios::end，分别代表文件指针的当前位置、文件起始位置和文件结束位置。例如：

```
infile.seekg(3,ios::cur);   //将文件指针从当前位置向后移动3字节
outfile.seekp(-75,ios::end); //将文件指针从结束位置向前移动75字节
```

在访问文本文件时也可以使用这类成员函数，但由于操作系统对某些特殊字符的解释不同，使得计算得到的位置值与预想的不一样（例如换行符在程序中是一个字符，但在Windows系统中存储时要用两个字符存储）。鉴于此，文本文件中使用此类函数相对较少，而二进制文件则可以任意使用这些函数。

5.4.7 随机访问二进制数据文件

一般情况下读写操作是按顺序进行的，即逐个字节进行读写。但对于二进制数据文件来说，可以利用上面的成员函数移动指针，随机地访问文件中任一位置上的数据，还可以修改文件中的内容。

【例 5.19】有5个学生的数据，要求：

（1）把学生数据存到硬盘文件中；

（2）将硬盘文件中的第1、3、5名学生数据读取程序，并显示出来；

（3）将第3名学生的数据修改后存回硬盘文件的原位置；

（4）从硬盘文件中读取修改后的5个学生的数据并显示出来。

程序如下：

```
#include <iostream>
#include <fstream>
using namespace std;
struct student
```

```
{
    int num;
    char name[20];
    double score;
};
int main()
{
    student stud[5]={1001,"Li",85,1002,"Fun",97.5,1003,"Wang",54,1006,"Tan",76.5,
                    1010,"Zhao",96};
    //以二进制读写方式打开 stud.dat 文件
    fstream iofile("stud.dat",ios::in|ios::out|ios::binary);
    if(!iofile)
    {
        cout<<"文件打开失败! "<<endl;
        return 1;
    }
    int i;
    for(i=0;i<5;i++)  //向文件中写入 5 名学生的数据
        iofile.write((char *)&stud[i],sizeof(stud[i]));
    student s;
    for(i=0;i<5;i+=2) //从文件中读出数据
    {
        iofile.seekg(i*sizeof(stud[i]));  //定位于第 0、2、4 名学生数据的开头
        iofile.read((char *)&s,sizeof(s));  //将一名学生的数据读取到结构体变量 s 中
        cout<<s.num<<" "<<s.name<<" "<<s.score<<endl;  //输出学生数据
    }
    cout<<endl;
    stud[2].num=1012;  //修改第 3 名学生（序号为 2）的数据
    strcpy(stud[2].name,"Wu");
    stud[2].score=60;
    iofile.seekp(2*sizeof(stud[0]));                //定位于第 3 名学生数据的开头
    iofile.write((char *)&stud[2],sizeof(stud[2]));  //更新第 3 名学生的数据
    iofile.seekg(0,ios::beg);  //重新定位于文件开头
    for(i=0;i<5;i++)  //从文件中读取 5 名学生的数据，并输出到显示器上
    {
        iofile.read((char *)&stud[i],sizeof(stud[i]));
        cout<<stud[i].num<<" "<<stud[i].name<<" "<<stud[i].score<<endl;
    }
    iofile.close();  //关闭文件
    return 0;
}
```

程序运行情况如图 5.29 所示。

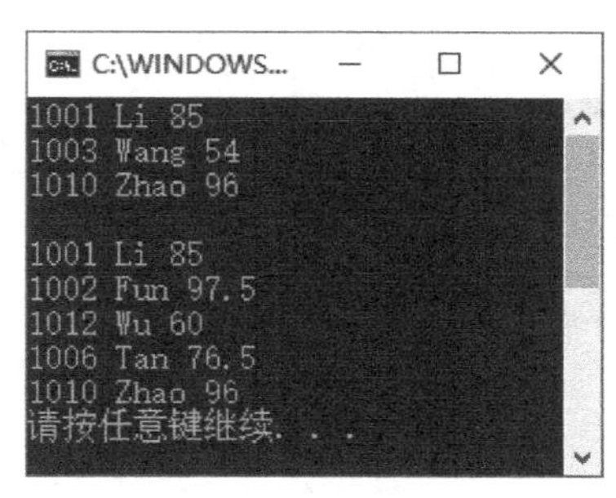

图 5.29　例 5.19 运行情况

本程序也可以将硬盘文件 stud.dat 先后定义为输出文件和输入文件，在结束第一次的输出之后关闭该文件，然后以输入方式打开它，输入以后关闭，再以输出方式打开，再关闭，再以输入方式

打开它，输入完后再关闭。显然这是很烦琐和不方便的，可以在程序中把 stud.dat 文件指定为既能输入又能输出的二进制文件。这样不仅可以向文件添加新的数据或读取数据，还可以修改数据。通过移动文件指针，实现复杂的输入/输出任务。注意，不能用 ifstream 或 ofstream 类定义既能输入又能输出的文件流对象，而应当用 fstream 类。

习题

1. 找出下面程序或程序段中的错误，并改正。

（1）程序：

```
#include <iostream>
using namespace std;
int main()
{ int m,a[m];
   a[0]=1;
   cout<<a[0];
   return 0;
}
```

（2）程序：

```
#include <iostream>
using namespace std;
int main()
{ int a[5];
   cin>>a;
   cout<<a[5];
   return 0;
}
```

（3）程序：

```
#include <iostream>
using namespace std;
int main()
{ char c[10]="I am a student";
   cout<<c;
   return 0;
}
```

2. 写出程序的运行结果。

（1）程序：

```
#include <iostream>
using namespace std;
int main()
{
     int i,k,a[10],p[3];
     k=5;
     for(i=0;i<10;i++)
          a[i]=i;
     for(i=0;i<3;i++)
          p[i]=a[i*(i+1)];
     for(i=0;i<3;i++)
          k+=p[i]*2;
     cout<<k;
     return 0;
}
```

（2）程序：

```
#include <iostream>
using namespace std;
int main()
```

```
{
    int y=25,i=0,j,a[8];
    do
    {
        a[i]=y%2;i++;
        y=y/2;
    }
    while(y>=1);
    for(j=i-1;j>=0;j--)
        cout<<a[j];
    return 0;
}
```

（3）程序：

```
#include <iostream>
using namespace std;
int main()
{
    int t[3][4]={{1,2,3,4},{5,6,7,8},{9}},i,j;
    for(i=0;i<3;i++)
    for(j=0;j<4;j++)
        cout<<t[i][j]<<" ";
    cout<<"\n";
    for(i=0;i<3;i++)
    {
        cout<<"\n";
        for(j=0;j<4;j++)
            cout<<t[i][j]<<" ";
    }
    for(i=0;i<4;i++)
    {
        cout<<"\n";
        for(j=0;j<3;j++)
            cout<<t[j][i]<<" ";
    }
    return 0;
}
```

（4）程序：

```
#include <iostream>
using namespace std;
int main()
{
    char t[3][20]={"Watermelon","Strawberry","Grape"};
    int i;
    for(i=0;i<3;i++)
        cout<<t[i]<<endl;
    return 0;
}
```

3. 编写程序。

（1）从任意 ***n*** 个数中找出最大的数和最小的数，并将它们相互交换。

（2）将任意 ***n*** 个数按从大到小的顺序排序。

（3）利用折半查找法从一个升序排列的数列中查找某数是否存在。

（4）将一个数组中的数循环左移，例如，数组中原来的数为：1 2 3 4 5。移动后变成：2 3 4 5 1。

（5）在由 ***n*** 个数组成的数列中查找是否有某个数，若有，就将其全部删除；若没有，就输出 NO。例如，数列为 3 1 3 2 7，查找 3，处理结果为 1 2 7。

（6）从任意 ***n*** 个数中找出素数，求素数的和，并将这些素数按从小到大的顺序排序。

（7）找出二维数组所有元素中最大的值。

（8）输出一个 *n* 行的杨辉三角形。

（9）从矩阵中找鞍点。如果某个元素是鞍点，那么该元素在所处的行中最大，在所处的列上最小，也可能没有鞍点。要求：如果有鞍点，输出鞍点的值，以及其所处的行和列；如果矩阵中没有鞍点，就输出提示信息。

（10）计算二维数组各列之和。

（11）比较两个字符串的大小，不要用 strcmp 函数。

（12）将一个字符串倒序输出。例如，字符串原始值为“I am happy!”，处理后变成：“!yppah ma I”。

（13）将字符串中的大写字母变成相应的小写字母，小写字母变成相应的大写字母，其他字符不变。

（14）统计一个英文文本文件中，有多少个大写字母、小写字母、数字、空格以及其他字符。

（15）建立两个二进制文件 f1.dat 和 f2.dat，编写程序实现以下工作：

① 从键盘输入 20 个整数，分别存放在两个硬盘文件中（每个文件放 10 个整数）；

② 从 f1.dat 读出 10 个数，存放到 f2.dat 文件原有数据的后面（此时 f2.dat 文件中共 20 个数）；

③ 从 f2.dat 读出 20 个数，将它们按从小到大的顺序排列后仍然存入 f2.dat 中，覆盖原有内容（此时 f2.dat 文件中仍然是 20 个数）；

④ 删除 f2.dat 文件中的前 5 个数（此时 f2.dat 文件中有 15 个数）。

（16）编写程序实现以下功能：

① 从键盘输入 3 名同学的信息（包括学号、姓名、年龄）并存入硬盘文件中；

② 再从键盘输入 2 名同学的信息，追加到文件的末尾；

③ 输出文件中全部同学的信息；

④ 从键盘输入一个学号，从文件中查找有无此学号，如果有，显示该同学是文件中的第几条信息，以及该同学的全部信息；如果没有，则输出“查无此人”。可以进行多次查询，直到输入的学号为 0 时，结束查询。

06 第 6 章 结构化程序

随着程序功能的增强，可能会面临很多新的问题。首先，程序的代码会越来越长，如果编码中发生错误，必须将错误找出来，任务非常繁重。其次，程序中的一些功能也可能会多次使用，若每次都重新编写，编写程序的效率不高。最后，大部分情况下，不是程序的所有功能都同时使用，如果都调入内存，就加大了内存资源的负担。

由于以上原因，在编写程序时，把程序分割为一个个具有独立功能的模块，对功能相对简单的模块进行单独设计和调试，又能通过某种机制将这些模块连接成完整的程序，将大大提高程序设计的效率，这样的模块就是函数。

6.1 函数

一个 C/C++程序有且必须只有一个主函数（main 函数），以及若干个自定义函数（可以没有）。

有种函数是别人已经编好的，叫库函数，例如数学函数、字符串函数。这些函数具有通用性，为了提高效率，可以一次编写，多次使用，效率自然高。

可是每个人的需求又是千变万化的，通用的库函数不可能满足所有人的需求，那就需要根据自己项目的要求自己定义函数，这就是自定义函数，也叫子函数。

一个程序可能包含若干函数，那么从哪里开始执行呢？答案是总是从 main 函数开始执行。

先举一个简单的函数调用的例子。

【例 6.1】函数调用的简单例子。

程序如下：

```
#include <iostream>
using namespace std;
void ps()
{
        cout<<"\n**************";
}
void pm()
{
        cout<<"\n  Welcome";
}
int main()
```

```
    {
        ps();
        pm();
        ps();
        return 0;
    }
```

运行结果为：

```
***************
   Welcome
***************
```

ps 和 pm 都是用户定义的函数名，分别用来输出一行“*”和一行信息，它们的函数类型为 void，意思是无类型，即无函数值，也就是执行这两个函数不会把任何值带回到 main 函数。

说明如下。

（1）程序的执行是从 main 函数开始的，如果在 main 函数中调用其他函数，执行完自定义函数后，返回点是调用点的下一点。例如例 6.1，其执行过程如图 6.1 所示。

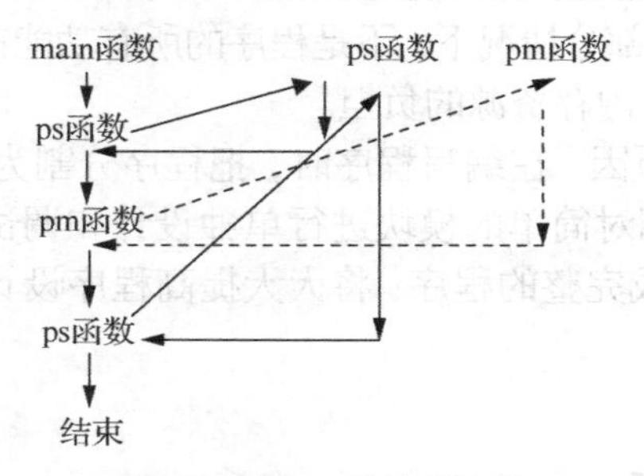

图 6.1　例 6.1 的执行过程

（2）本例只是简单地输出 3 行数据，读者可能会觉得直接用 3 个 cout 解决问题不是更简单吗？但是，我们想一下，ps 函数被调用了两次，若 ps 函数的代码比较长，是不是减少了重复代码的编写，使编程效率提高了很多。

（3）从用户使用的角度看，函数有以下两种。

① 标准函数，即库函数。它们是由系统提供的，用户不必自己定义并且可以直接使用它们。

② 用户自定义函数，它是用户根据要解决的问题自己定义的函数。

6.1.1　函数的定义

一个函数包含函数头和函数体两部分。函数头定义函数功能和接口的全部要素，包括函数名、函数参数、函数返回值等内容；函数体则定义函数的算法实现。函数必须先定义后使用。

```
<数据类型> 函数名(形式参数表)
{
函数体
}
```

其中，第一行是函数头，由三部分构成。数据类型指函数返回值的类型，也就是给主调函数返回的结果的类型，可以是任一种标准的或已经定义的数据类型，若省略则返回整型值（但新标准要求必须写明，不能用省略形式）。有些函数只是完成某个操作而不是求一个值，则应将返回值类型定义为 void，表示没有返回值。函数名则必须是合法的标识符。形式参数表列出函数中参数的名字和类型，用逗号分开。

函数体由一系列语句组成。函数体可以为空，称为空函数。空函数一般不具有实际意义，但在某种特殊场合可留待扩充时使用。

例如：

```
int max1(int a,int b)
{
    int z;
    if(a>=b)
        z=a;
    else
        z=b;
    return z;
}
```

第一行的 int 表示函数值是整型的，max1 是函数名，括号中两个形式参数 a 和 b 是整型的。

函数的英文是 function，也就说明函数是完成一定功能的一段程序。所以定义函数，首先将函数看作“黑匣子”，只关心做什么，即函数的加工对象（原始数据）是什么，函数结果是什么。那就要确定函数首部，确定需要哪些形参，类型是哪一种（结果类型），加工对象（原始数据）列在形参表中，函数结果如果只有一个值，则体现为返回值类型，其次再考虑函数的算法实现。算法实现如果涉及更多变量，则这些变量应定义在函数体内。

【例 6.2】定义一个函数，判断一个数是否为素数。

定义函数首部。

函数名：prime。

形式参数（原始数据）：一个整数 m。

函数值的类型（函数结果）：整型。

写出函数首部：

```
int prime(int m)
```

剩下的函数体就与在 main 函数里实现判断一个数是否为素数一样了，只不过在自定义函数里一般不需要输入，因为原始数据从主调函数中拿来，而计算结果也要返回到主调函数中。

判断一个数是否为素数的函数如下：

```
int prime(int m)
{int i,yes=1;
 for(i=2;i<=m/2;i++)
     if(m%i==0){yes=0;break;}
 if(yes==1 && m>=2)
    return 1;
 else
    return 0;
}
```

【例 6.3】定义一个函数，求两个实数之和。

定义函数首部。

函数名：sum。

形式参数：两个实型变量 a、b。

函数值的类型（结果）：实型。

函数首部及函数体：

```
double sum(double a, double b)
{
    return(a+b);
}
```

【例 6.4】定义一个函数，输出 Hello!。

函数名：dy。

形式参数：无。

函数值的类型：void。

函数首部及函数体：

```
void dy()
{
    cout<<"Hello!";
}
```

另外需要注意，C/C++中不允许函数的嵌套定义，即不允许在一个函数中定义另一个函数。例如下面的定义是非法的：

```
void func1()
{    func2(){…}
     …
}
```

在函数定义中，可以为参数设定默认值，当调用函数时，如果未赋给实参，则函数以参数的默认值进行计算。例如：

```
int fun(int a,int b=1)
{
…
}
```

若用语句 k=fun(a);进行函数调用，则函数 fun 会自动用参数 b 的默认值 1 进行计算。

需要注意的是，具有多个默认参数的函数在定义时，默认的参数只能是从右往左定义。例如下列都是错误的定义：

```
int fun(int a=1,int b)
{
…
}

int fun(int a,int b=1,int c)
{
…
}
```

6.1.2 函数的调用

除 main 函数外，其他任何函数都不能单独执行，函数的功能是通过被 main 函数直接或间接调用而实现的。调用函数就是使函数转去执行函数体。

若函数类型为某一类型数据，函数的调用格式为：

```
函数名(实际参数表)
```

其中，实际参数简称实参，用来将实际的值传递给形参，因此可以是常量、有值的变量或表达式。

调用无返回值的函数，即若函数类型为 void，实际上是完成某个功能操作，因此可以单独成为函数调用语句，即调用格式加分号；

```
函数名();
```

而调用有返回值的函数时将产生一个数据值，因此这种函数调用通常出现在表达式中，让返回值参与表达式运算，如赋值输出等。

【例 6.5】输入两个实数，输出其中的较大数。其中，求两个实数中的较大数用函数完成。

定义函数首部。

函数名：max1。

形式参数：两个实型 x 和 y。

函数值的类型：实型。

函数首部：

```
double max1(double x,double y)
```

而 main 函数的功能相对就简单了：

① 输入原始数据；

② 调用 max1 函数；

③ 输出结果。

本例还可将②和③结合起来，一边调用，一边输出结果。程序如下：

```
#include<iostream>
using namespace std;
double max1(double x, double y)
{    if(x>y)return x;
     else return y;
}
int main()
{    double x,y;
     cout<<"输入两个实数："<<endl;
     cin>>x>>y;
     cout<<x<<"和"<<y<<"中的较大数为"<<max1(x,y)<<endl;
     return 0;
}
```

运行结果为：

```
输入两个实数：
2.5 4.7
2.5 和 4.7 中的较大数为 4.7
```

该程序的执行过程如图 6.2 所示。程序由 main 函数开始执行，当执行到函数调用语句时，转去执行函数体语句。当执行到函数中的 return 语句或标志函数结束的“}”时，返回到调用处，继续执行调用语句之后的语句。

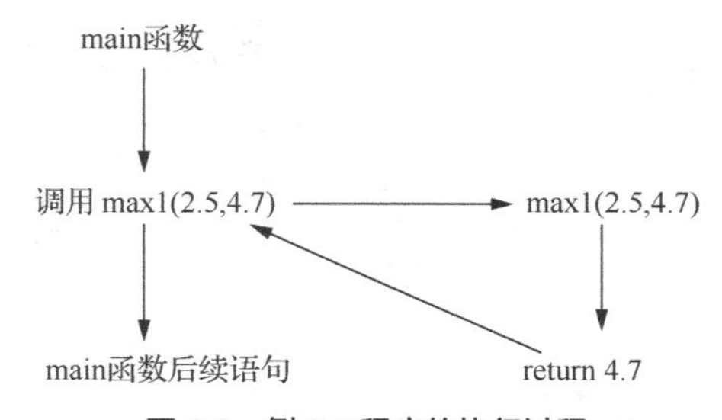

图 6.2　例 6.5 程序的执行过程

例 6.4 的完整程序如下：

```
#include <iostream>
using namespace std;
void dy()
{
     cout<<"Hello!";
}
int main()
{
     dy();
     return 0;
}
```

因为 dy 函数没有函数值，所以把 dy 函数当语句调用。

读者可自己补充例 6.2 和例 6.3 的 main 函数及完整程序。

6.1.3 函数的参数传递、返回值及函数声明

既然有了函数，主调函数和被调函数之间就存在着数据传递，首先是调用时主调函数应该将原始数据传递给被调函数，其次是当被调函数执行完毕之后，将计算结果传递给主调函数。

函数的调用过程如下。

（1）给形参和局部变量分配存储单元。

（2）进行参数传递，若形参是简单变量，就将实参的值传给形参。

（3）执行被调函数。

（4）执行完被调函数之后，返回主调函数，分配一个临时变量存储返回值，同时释放被调函数的形参和局部变量所占用的内存单元。

1. 函数的参数传递及传值调用

大部分情况下，调用函数时，主调函数与被调函数之间有数据传递关系。在定义函数时，函数名后面括号里的参数是形参；在主调函数中调用一个函数时，函数名后面括号中的参数（可以是表达式），称为实参。

函数调用发生时首先将实参的值按位置传递给对应的形参变量。一般情况下，实参和形参的个数及排列顺序应该一一对应，并且对应参数的类型应该匹配，即实参的类型应该转化为形参类型。对应参数名则不要求相同。

按照参数形式的不同，C/C++有两种调用方式：传值调用和传地址调用。顾名思义，传值调用传递的是实参的值，传地址调用将在后边介绍。

【例 6.6】说明实参和形参对应关系的示例。

程序如下：

```
#include <iostream>
#include <cmath>
using namespace std;
doublet power(double x,int n)                        //求 x 的 n 次幂
{    double pow=1;
     while(n--)
          pow*=x;
     return pow;
}
int main()
{    int n=3;
     float x=4.6;
     char c='a';
     cout<<"power("<<x<<','<<n<<")="<<power(x,n)<<endl;
     cout<<"power("<<c<<','<<n<<")="<<power(c,n)<<endl;   //A
     cout<<"power("<<n<<','<<x<<")="<<power(n,x)<<endl;   //B
     return 0;
}
```

运行结果为：

```
power(4.6,3)=97.336
power(a,3)=912673
power(3, 4.6)=81
```

从结果可以看出，当实参和形参的类型不匹配时，编译器会将实参转化为与形参一致的类型后再赋给形参。例如，程序中的 A 行取字符“a”的 ASCII 值 97 赋给形参 x，B 行则将实参 x 截尾取整后赋给形参 n。如果形参和实参之间不能进行类型转换，或参数个数不一致，则编译时会提示错误（提供默认值的除外）。本例还说明了，参数传递时实参和形参是按位置对应的，而不是按参数名对应的。

所谓传值调用，就是为形参重新分配一个存储单元，将实参的值复制一份给形参，在被调函数中参加运算的是形参，而实参不会发生任何改变。传值调用起到一种隔离作用，在调用函数时不会无意中修改实参的值，有效地避免了函数的副作用。例如，我有一本珍贵的书，有人想借，我不想借原书，但又不好拒绝，于是复印一份给他，那么他如何处理那个复制品，和我的原书没有关系。

【例 6.7】以下程序试图通过调用 swap1 函数交换 main 函数中变量 x 和 y 中的数据。观察一下程序的运行结果。

程序如下：

```
#include <iostream>
using namespace std;
void swap1(int,int);
int main()
{    int x=10,y=20;
     cout<<x<<','<<y<<endl;
     swap1(x,y);
     cout<<x<<','<<y<<endl;
     return 0;
}
void swap1(int x,int y)
{    int t;
     t=x;
     x=y;
     y=t;
}
```

运行结果为：

```
10, 20
10, 20
```

程序首先从 main 函数开始执行，输出两个变量 x 和 y 的值，然后调用 swap1 函数。详细过程如下。

（1）给形参的 x 和 y 分配存储单元。

（2）将主调函数中实参变量 x 和 y 的值传递给被调函数的形参变量 x 和 y，形参变量 x 得到 10，形参变量 y 得到 20。

（3）执行 swap1 函数。将 x 的值存放到 t 变量中，x 取得 y 的值，y 再从 t 中得到 x 的值。

（4）返回到 main 函数中，同时释放掉 swap1 函数中的形参和内部变量。

程序运行过程中形参和实参值的传递如图 6.3 所示。

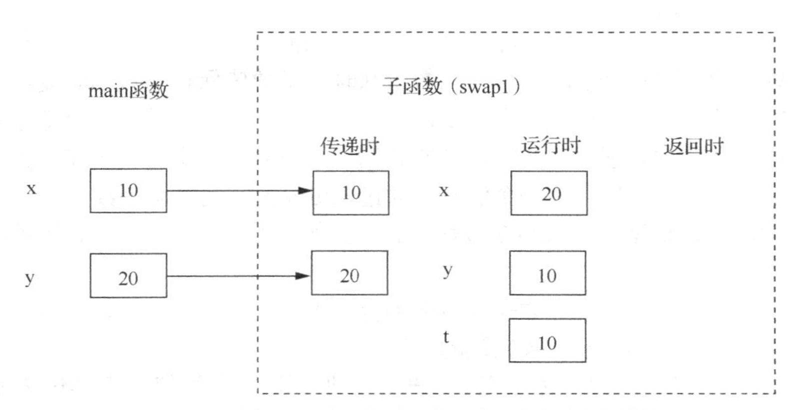

图 6.3 例 6.7 程序运行过程中形参和实参值的传递

由程序运行结果可以看到，main 函数 x 和 y 的值已传递给 swap1 函数，在 swap1 函数中的值也确实进行了交换。但在返回到 main 函数的同时，swap1 函数中使用过的形参变量 x、y 和局部变量 t 被释放掉了，也就是说它们在返回到主调函数时就不存在了。所以在 main 函数中，x 和 y 还是原来的值，通过调用 swap1 函数交换 x 和 y 的值的目的没达到。

由此可以看出，在 C/C++中，数据只能从实参单向传递给形参，形参数据的变化并不影响实参，最根本的原因是形参和实参是不同的变量、不同的个体，因此形参的改变对实参没有影响。

传值调用的要求与结果如表 6.1 所示。

表 6.1　传值调用的要求与结果

要求	结果
形参类型	简单变量
要求实参的类型	简单变量、表达式、常量、数组元素
传递的信息	实参的值
通过调用能否改变实参的值	不能

2. 函数返回值

通常，希望通过函数调用使主调函数得到一个确定的值，这就是函数的返回值。

对于有返回值的函数，在函数的出口处必须用 return 语句将要返回的值返回给调用者。return 语句的一般格式为：

```
return 表达式;
```

其中，表达式的值即函数的返回值。执行该语句时，首先计算表达式的值，然后将其转化为返回值类型所规定的类型返回，同时结束函数的执行，返回到调用处继续执行。例如：

```
int  max1(double x,double y)
{double z;
if(x>y)
     z=x;
else
     z=y; ;
return z;
}
```

执行 return 语句时，计算实数 x、y 中的较大数并转化为整型返回。

对于不需要返回值的函数，即函数的类型定义为 void 的函数，此时函数体中不需要 return 语句，也可以使用如下形式：

```
return;
```

函数一旦执行到 return 语句便会终止执行，返回调用单元。因此这种形式虽不返回值，但在需要提前终止函数时是必要的。

关于函数返回值需要做一点说明，即这个返回值是如何返回到调用处的。实际上，在函数执行期间，系统会在内存中建立一个临时变量，函数返回时将函数值保存在该临时变量中，然后由主调函数中包含调用的表达式语句从该临时变量中取值，表达式语句执行后撤销该变量。

因为函数就像一个数据处理机，要接收原始数据，送出处理结果。接收原始数据是将接收原始数据的形参列到形参表，当结果只有一个值时，通过 return 返回到主调函数。

【例 6.8】编写函数，根据三角形的 3 边长求面积。如果不能构成三角形，则给出提示信息（提高稳健性）。

软件的稳健性是指在意外情况（如输入数据不合理）下，软件系统仍能正确地工作，并可以对意外情况进行适当处理，而不至于导致错误的结果。

分析：函数功能是计算三角形面积，若是一般三角形则返回面积值，若构不成三角形则返回-1。设计一个 main 函数完成函数测试，根据返回值的情况输出相应结果。

函数名：TriangleArea。

形式参数：3 个实数 a、b、c。

函数值的类型：实型。

程序如下：

```
#include <iostream>
#include <cmath>
using namespace std;
double TriangleArea(double a, double b, double c)
      {if((a+b<=c)||(b+c<=a)||(a+c<=b)) return -1;
      double s;
      s=(a+b+c)/2;
      return sqrt(s*(s-a)*(s-b)*(s-c));
}
int main()
{    double a,b,c,area;
     cout<<"输入三角形三边长 a、b、c: "<<endl;
     cin>>a>>b>>c;
     area= TriangleArea(a,b,c);
     if(area==-1)
          cout<<'('<<a<<','<< b<<','<<c<<")不构成三角形"<<endl;
     else
          cout<<"三角形("<<a<<','<< b<<','<<c<<:)的面积为:"<<area<<endl;
     return 0;
}
```

运行结果为：

```
输入三角形三边长 a、b、c:
3 4 5
三角形(3,4,5)的面积为 6
```

3. 函数声明

C/C++程序中，对函数之间的排列顺序没有固定要求，但要满足先定义后使用的原则。对于库函数，在程序开头用#include 指令将所需的头文件包含进来即可；而对于自定义函数，只要在调用之前进行了函数声明（function declaration），则无论函数放在什么位置，程序都能正确编译、运行。函数声明也称为函数原型（function prototype）。函数声明就是函数头加上分号构成的一条语句，即：

```
<数据类型> 函数名 (<形参表>);
```

函数声明和所定义的函数在返回值类型、函数名及形参个数、次序和类型等方面完全一致，否则会导致编译错误。唯一不同的是在函数声明的形参表中可以只列出每个形参的类型，而将参数名省略。如例 6.8 的函数可声明为：

```
double TriangleArea(double , double, double );
```

或：

```
double TriangleArea(double a, double b, double c);
```

但下面的函数声明是错误的：

```
int TriangleArea(double a, double b, double c); //错误，返回值类型不同
double  TriangleArea(int,int,int);              //错误，参数类型不同
double TriangleArea(double, double);            //错误，参数个数不同
```

函数声明的意义体现在：程序设计一般从 main 函数入手，其中某些功能用函数调用语句完成，描述出程序的总体功能框架，然后再逐层深入完成每个函数的具体实现。按此思路设计出的程序必然将 main 函数排在前面，将函数定义安排在后，但这样不符合先定义后使用的原则，编译无法通过，用函数声明则可解决这一问题。若将被调函数写在主调函数前面，则可以省略被调函数的声明。

注意：对函数的“声明”和“定义”不是一回事。函数定义是指对函数功能的确立，包括指定函数名、函数值的类型、形参及其类型、函数体等，它是一个完整、独立的函数单位。而函数声明则是把函数名字、函数值的类型以及形参的类型、个数和顺序通知编译系统，以便在调用该函数时，

系统按此进行对照检查（例如函数名是否正确，实参与形参的类型、个数是否一致等）。

【例 6.9】输出所有满足下列条件的正整数 m，$10<m<1000$ 且 m、m^2、m^3 均为回文数。

若某一自然数的各位数字反向排列所得的结果恰好是这个自然数自身，则称该数为“回文数”，例如 1221、12321 都是“回文数”。题目要求在 10 至 1000 之内查找符合要求的数，而且这样的数的平方、立方包括它自己都要求是回文数。可以用自定义函数实现判断一个数是否为回文数；而 main 函数用枚举的方式，从 10 至 1000 逐个判断，在判断过程中调用自定义函数。

程序结构如图 6.4 所示。

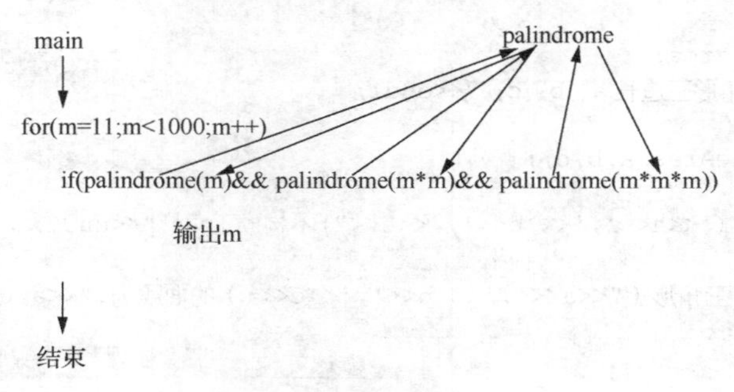

图 6.4　例 6.9 的程序结构

在编写自定义函数时，因为其功能是判断一个数是否为回文数，那就可以确定函数首部。

子函数名：palindrome。

形式参数：一个整数 n。

函数值的类型：整型，若它的值为 1，则是回文数；若值为 0，则不是回文数。

判断一个数是否为回文数，可采用除以 10 取余的方法来判断，从最低位开始，依次取出该数的各位数字，然后用最低位充当最高位，按倒序构成新的数，比较与原数是否相等，若相等则为回文数。

在编写函数体时，因为在求原始数据各位数字时，形参 n 不断缩小，最后变为 0，因此采用变量 m 保存原始数据；变量 k 用来存放倒序生成的数据，每得到一位数字，便在原来的基础上左移一位（即乘以 10），再加上刚得到的那一位数字。

程序如下：

```
#include <iostream>
#include <iomanip>
using namespace std;
int palindrome(int);
int main()
{   int m;
    cout<<setw(10)<<'m'<<setw(20)<<"m*m"<<setw(20)<<"m*m*m"<<endl;
    for(m=11;m<1000;m++)
        if(palindrome(m)&& palindrome(m*m)&& palindrome(m*m*m))
            cout<<setw(10)<<m<<setw(20)<<m*m<<setw(20)<<m*m*m<<endl;
}
int palindrome(int n)
{    int  m=n,k=0;
     do{
         k=k*10+n%10;
         n/=10;
     }while(n>0);
     return(k==m);
}
```

运行结果为：

```
    m           m*m          m*m*m
   11           121           1331
```

```
    101         10201        1030301
    111         12321        1367631
```

其中，程序的第 4 行为函数声明。当函数的返回值是整型时可以省略函数声明，但一般不建议省略函数声明。

【例 6.10】求 100～200 的所有素数，其中判断一个数是否为素数由函数实现。

程序结构如图 6.5 所示。

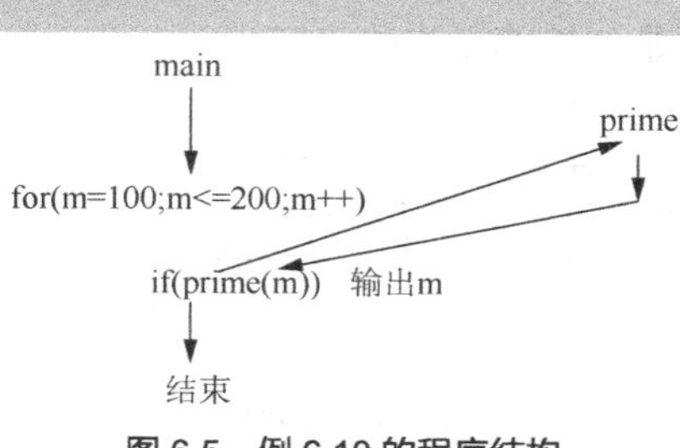

图 6.5 例 6.10 的程序结构

在例 6.2 中，我们已经编写了判断一个数是否为素数的函数 prime，现在可以拿来直接使用。main 函数只负责调用函数 prime。

程序如下：

```
#include <iostream>
using namespace std;
int prime(int);      //函数声明
int main()
{   int m;
    for(m=100;m<=200;m++)
        if(prime(m))cout<<"   "<<m;
    cout<<endl;
    return 0;
}
int prime(int m)
{     int i,yes=1;
      for(i=2;i<=m/2;i++)
          if(m%i==0){yes=0;break;}
      if(yes==1 && m>=2)
          return 1;
      else
          return 0;
}
```

其中程序的第 3 行就是函数声明，如果 prime 函数写在 main 函数之前，这条语句就可以省略。

【例 6.11】编写函数，统计整数 *n* 的各位上出现数字 1、2、3 的次数。要求输入和输出均在 main 函数中完成。

算法是先定义 3 个变量计数，然后分离 *n* 的各位数字。分离的过程中，如果当时的数字是 1，则统计 1 的个数的变量加 1；若是 2，则统计 2 的个数的变量加 1；3 也同理。

但是结果是 3 个值，目前我们学习的函数，只能通过 return 返回一个值，那只好通过编写一个函数调用 3 次来实现。

所以函数功能是求整数 *m* 中出现数字 *n* 的次数。程序的结构如图 6.6 所示。

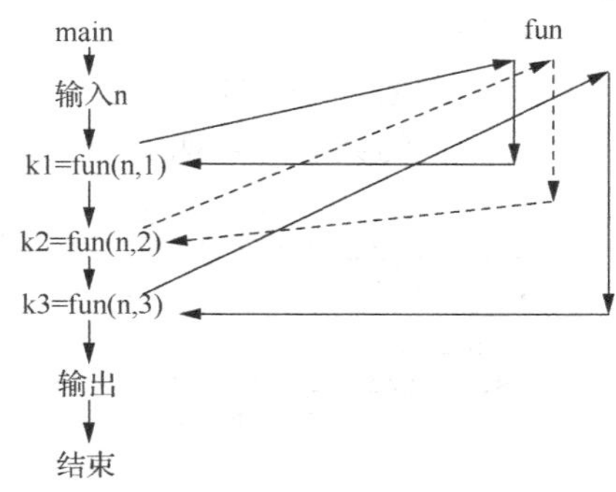

图 6.6 例 6.11 的程序结构

引入自定义函数后，main 函数的地位变了，过去都是 main 函数“单打独斗”，现在组成了一个团队，main 函数就成了“项目经理”，main 函数的主要作用是做计划、安排。因此首先站在 main 函数的位置上，考虑程序的结构。

其次设计自定义函数。函数功能是求整数 *m* 中出现数字 *n* 的次数。

函数名：fun。

形式参数：两个整型 m 和 n。

函数值的类型：因为结果是计数值，所以是整型。

函数首部：

```
int fun(int m,int n)
```

函数首部的设计最重要，因为它决定了函数要处理的原始数据有哪些，以及最终的结果是什么，是与外部交流的接口。

程序如下：

```
#include <iostream>
using namespace std;
int fun(int m,int n)
{
     int k;
     k=0;
     while (m>0)
     {
         if(m%10==n)k++;
         m=m/10;
     }
     return k;
}
int main()
{
      int k1,k2,k3,m;
      cin>>m;
      k1=fun(m,1);
      k2=fun(m,2);
      k3=fun(m,3);
      cout<<k1<<"  "<<k2<<" "<<k3;
    return 0;
}
```

注意：因为函数的结果是一个数，所以调用时，函数调用作为表达式的一部分，需要赋给某个变量，例如 **k1=fun(m,1);**，若不保存，函数就白调用了。

【**例 6.12**】计算以下公式的值。

$$y=1+\frac{1}{1+3}+\frac{1}{1+3+5}+\cdots+\frac{1}{1+3+5+\ldots+n}$$

要求在 main 函数中输入 n，并输出 y 的值，用自定义函数计算公式的值，其中每一项为 1 到 n 中的奇数之和的倒数。

本例要求自定义函数计算整个公式的值，所以 main 函数只完成输入 n、调用函数、输出结果的功能即可，程序结构如图 6.7 所示。

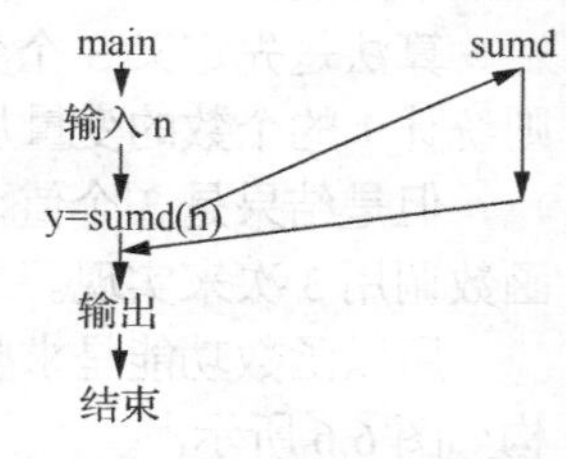

图 6.7　例 6.12 的程序结构

关于自定义函数，因为它是根据输入的 n 得到公式的值，原始数据是 n，整个公式的值是实型，所以有如下定义。

函数名：sumd。

形式参数：一个整型 n。

函数值的类型：实型。

函数首部：

```
double sumd(int n)
```

程序如下：

```
#include <iostream>
using namespace std;
double sumd( int n)
{   int i,k;
    double s=0;
    for(k=1;k<=n;k+=2)
    {
          t=0;
          for(i=1;i<=k;i=i+2)
               t=t+i;
          s=s+1.0/t;
```

```
    }
    return s;
}
int main()
{
     int n;
     double y;
     cin>>n;
     y=sumd(n);
     cout << y<<endl ;
     return 0;
}
```

【例 6.13】计算以下公式的值。

$$y=1+\frac{1}{1+3}+\frac{1}{1+3+5}+\cdots+\frac{1}{1+3+5+\ldots+n}$$

要求在 main 函数中输入 n，并输出 y 的值，用自定义函数计算公式每一项的值，其中每一项为 1 到 n 中的奇数之和的倒数。

本例公式与例 6.12 一样，但是对自定义函数的要求不同，此处自定义函数只计算每一项的值，累加部分由 main 函数实现，所以程序结构如图 6.8 所示。

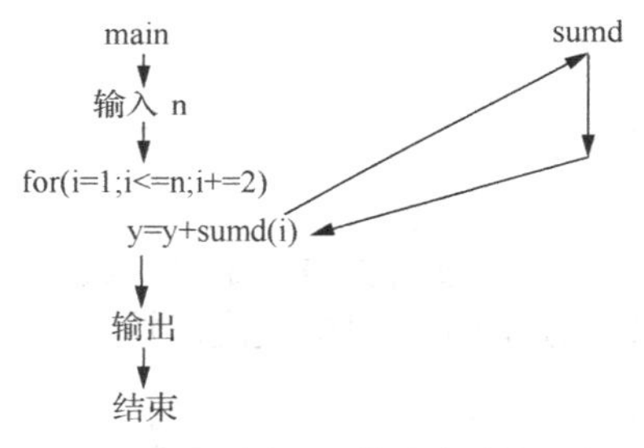

图 6.8　例 6.13 的程序结构

关于自定义函数，因为它是根据输入的数得到某项的值，原始数据是 n，某项的值是实型，所以有如下定义。

函数名：sumd。

形式参数：一个整型 n。

函数值的类型：实型。

函数首部：

```
double sumd(int n)
```

程序如下：

```
#include <iostream>
using namespace std;
double sumd( int n)
{    int i;
     double t;
     t=0;
     for(i=1;i<=n;i=i+2)
               t=t+i;
     return 1/t;
}
int main()
{
     int i,n;
     double y=0;
     cin>>n;
     for(i=1;i<=n;i+=2)
```

```
    {
        y=y+sumd(i);
    }
    cout << y<<endl ;
    return 0;
}
```

6.1.4 数组名作为函数参数

当形参是数组名时，采用的是地址传递，就是将实参数组的首地址给了形参，它们共用存储单元。

【例 6.14】写出以下程序的运行结果。

程序如下。

```
#include <iostream>
using namespace std;
void swap2(int x[])
{   int z;
    z=x[0];     x[0]=x[1];     x[1]=z;
}
int main()
{   int a[2]={1,2};
    swap2(a);
    cout<<a[0]<<" "<<a[1];
    return 0;
}
```

运行结果为：

```
2 1
```

遇到写程序的运行结果的情况时，应该首先看自定义函数，因为了解自定义函数的功能有利于理解整个程序。本例自定义函数显然是两个变量交换值，并且是 x[0]和 x[1]交换值，如图 6.9 所示。

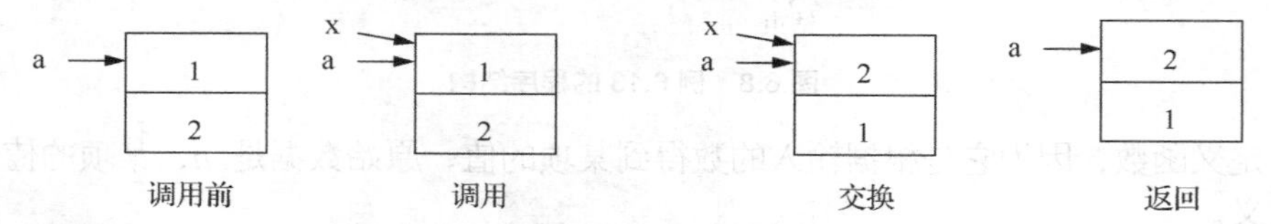

图 6.9 例 6.14 的数据交换示意图

从 main 函数开始执行，数组分配空间，如图 6.9“调用前”部分所示。执行语句 swap2(a);，开始调用自定义函数 swap2(a)，因为形参是数组 x，所以采用地址传递，x 与 main 函数的 a 共用存储单元，也就是同样的存储单元，在 main 函数中的名字是 a，在自定义函数中名字是 x，如图 6.9“调用”部分所示。然后执行自定义函数，如图 6.9“交换”部分所示。执行完自定义函数，返回到主调函数，自定义函数的 x 释放，如图 6.9“返回”部分所示。

我们发现，a[0]和 a[1]的值交换了，前面的例子采用值传递，虽然在自定义函数中的形参值可以交换，但与形参对应的实参是不变的，是单向传递。

地址传递为什么形参、实参可以互相影响呢？关键在于共用存储单元，即同一存储单元形参和实参都在用。调用自定义函数时形参发生了变化，虽然返回到主调函数的形参被释放，但那个存储单元还在，可以被对应的实参使用，所以形参的影响被保留了下来，交换成功。就如同学想借我的书，我借给了他，他不小心撕了一个角，还给我的那本书一定是撕了一个角的书，因为我借给他的是原件，不是复制品。

关于数组名用作形参，还有以下注意事项。

（1）用数组名作为形参时，应该在主调函数和被调函数中分别定义数组。在例 6.14 中，x 是形参数组，在被调函数中定义，a 是实参数组，在主调函数中定义。

（2）实参数组与形参数组的类型应该一致，否则会出错。

（3）形参数组可以不指定大小，在定义数组时，可以在数组名后跟一组方括号。有时为了满足在被调函数中处理数组元素个数的需要，可以另设一个参数，传递需要处理数组元素的个数。

（4）在被调函数中，也可以指定形参数组的大小，但不起作用。因为地址传递将实参数组首地址给了形参数组作为形参数组的首地址，使用的是同样的存储单元，有相同的值，同时发生变化。

（5）调用函数时，实参只能写数组名（或指针）。例如本例的 swap2(a);。

函数的本质是一段能将原始数据处理为所需结果的一段程序，所以设计函数时必须考虑将原始数据接收过来，并且能将结果送回到主调函数。

将原始数据接收过来的渠道是将接收原始数据的参数列在形参表，原始数据有几个，形参就有几个，类型也与实参对应。

将结果送回主调函数的方法之一是 return 语句，但是只能送回去一个值。

而地址传递给我们提供了第二条将结果送回主调函数的途径：当结果是数组时，也列在形参表里，因为地址传递的实参、形参同时变化，所以可以将其送回到主调函数。

【例 6.15】编写函数将任意十进制正整数转换为二进制数。

分析：将一个十进制整数转换为二进制数的方法是除基取余，转换成几进制，基就是几，所以用除 2 取余法。例如，将十进制正整数 10 转换为二进制数，如图 6.10 所示。

由图 6.10 可以看出，转换结果是若干个 1 和 0，所以需要使用数组来保存，这里把它们放到数组 a 里，另外数字大小不同，转换为二进制数时位数也不同，所以结果还需要返回二进制数的位数。

原始数据用形参表中的 x 接收，结果 1（各位二进制数）存放到数组 a 中，也列到形参表中，函数执行完毕，返回到主调函数时，地址传递这种数据传递机制会自动把结果送回到主调函数。结果 2（二进制数的位数）因为是一个数，所以可以通过 return 送回到主调函数。函数首部设计示意图如图 6.11 所示。

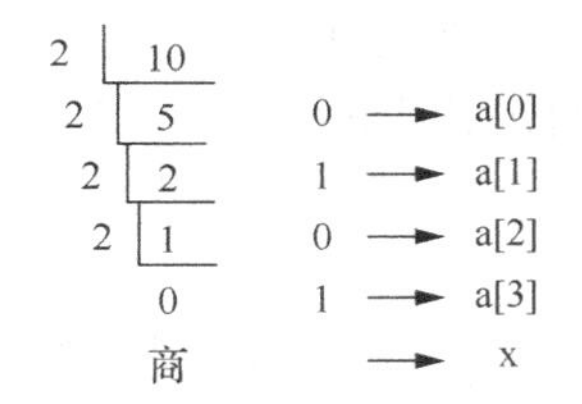

图 6.10 十进制数转换为二进制数示意图

图 6.11 函数首部设计示意图

函数名：zh。

形式参数：x、a[]（结果 1）。

函数值的类型：整型（结果 2）。

函数首部：

```
int(int x,int a[])
```

程序结构如图 6.12 所示。

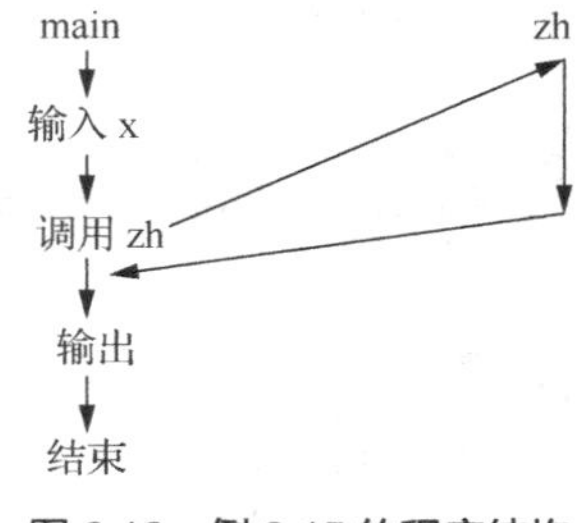

图 6.12 例 6.15 的程序结构

程序如下：

```
#include <iostream>
using namespace std;
int main()
{
    int x,i,k,a1[32];
    int zh(int,int []); //函数声明，第二个参数是一个一维的整型数组
    cin>>x;
    k=zh(x,a1);
    for(;k>=0;k--)
    {
```

```
            cout<<a1[k];
        }
        return 0;
    }
    int zh(int x,int a[])
    {
        int i=-1;
        while(x>0)
        {
            i++;
            a[i]=x%2;
            x=x/2;
        }
        return i;
    }
```

main 函数说明如下。

① 第二行是函数 zh 的函数声明。

② 第四行是调用 zh 函数，注意，因为形参是数组，要求实参是一个地址类的值，a1 就是数组的首地址，则实参只能写数组名 a1。

③ zh 函数要返回二进制的位数，所以用变量 k 保存，这里 k 其实是 a1 数组最后一个数的下标。

zh 函数说明如下。

① 保存 a 数组最后一个元素的下标，初值是-1，因为循环体里会先加一，所以最低位可以保存在 a[0]里。

② 数组 a 采用地址传递，与实参数组是同一存储单元，结果会自动送回去，不需要另外再处理，写 return a 是错的。

【例 6.16】例 6.11 的数组版。编写函数，统计整数 ***n*** 的各位上出现数字 1、2、3 的次数。要求输入和输出均在 main 函数中完成。

例 6.11 的解决办法太烦琐，函数要调用 3 次，数要分解 3 次，但如果在自定义函数中把 1、2、3 的出现次数放到数组元素 a[0]、a[1]和 a[2]里，那么调用一次函数就可以解决问题。

程序结构如图 6.13 所示。

图 6.13 例 6.16 的程序结构

函数名：fun。

形式参数：n、a[]（结果）。

函数值的类型：void（无须返回）。

函数首部：

```
void fun(int n,int x[])
```

程序如下：

```
#include<iostream>
using namespace std;
int main()
{
    int n,x[3]={0,0,0};
    void fun(int,int []);
    cin>>n;
    fun(n,x);
    cout<<x[0]<<' '<<x[1]<<' '<<x[2];
    return 0;
}

void fun(int n,int a[])
{
    int i;
```

```
    while(n>0)
    {
        if(n%10==1)
            a[0]++;
        else if(n%10==2)
            a[1]++;
        else if(n%10==3)
            a[2]++;
        n=n/10;
    }
}
```

在 main 函数中，因为函数 fun 的类型为 void，所以把它当语句调用：

```
fun(n,x);
```

【例 6.17】编写两个函数，将 *n* 个正整数中的素数按升序排序。两个函数的功能分别是判断一个数是否为素数，以及对数组进行排序。输入分两行：第一行为 *n* 的值，第二行为 *n* 个整数。要求输入和输出均在 main 函数中完成。

程序结构如图 6.14 所示。

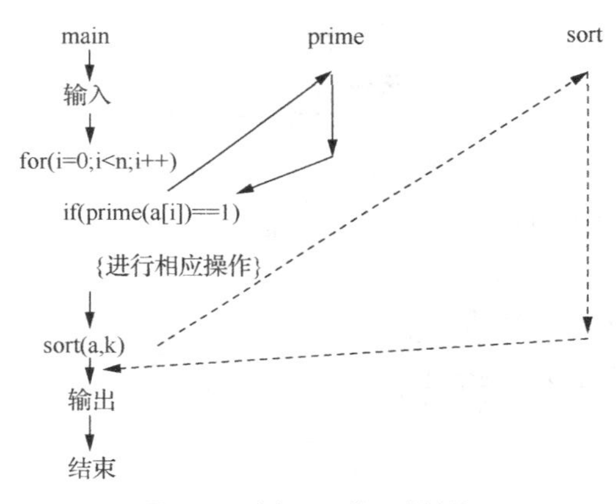

图 6.14　例 6.17 的程序结构

其中，prime 是判断一个数是否为素数的函数。

函数名：prime。

形式参数：一个整型 m。

函数值的类型：整型（结果）。

函数首部：

```
int prime(int m)
```

sort 为排序函数。

函数名：sort。

形式参数：因为本函数的功能是对有 *n* 个数的一维数组排序，所以参数有两个，一个是需要排序的整型数组 a，另一个是数组的长度整数 n。此外，a 数组既是已知数据，又是结果，身兼二职。

函数值的类型：因为形参表里已经将原始数据、计算结果安排妥当，所以不需要返回值，故而类型是 void。

函数首部：

```
void sort(int a[],int n)
```

程序如下：

```
#include<iostream>
using namespace std;
#include<cmath>
int main()
```

```
{
    int a[80],n,i,k;
    void sort(int a[],int);
    int prime(int);
    cin>>n;
    for(i=0;i<n;i++)
        cin>>a[i];
    k=0;
    for(i=0;i<n;i++)
    {
        if(prime(a[i])==1)
        {
            a[k]=a[i];
            k++;
        }
    }
    sort(a,k);
    for(i=0;i<k;i++)
         cout<<a[i]<<"  ";
    return 0;
}

void sort(int a[],int n)
{    int i,j,t;
     for(i=0;i<=n-2;i++)
    {
         for(j=0;j<=n-2-i;j++)
         if(a[j]>a[j+1])
         {
             t=a[j];
             a[j]=a[j+1];
             a[j+1]=t;
         }
    }
}
 int prime(int m)
{
    int i,gs=0;
    for(i=2;i<=sqrt(1.0*m);i++)
    {
        if(m%i==0)
           break;
    }
    if(i>sqrt(1.0*m)&& m>=2)
        return 1;
    else
        return 0;
}
```

6.1.5 指针变量作为形参

如果将形参定义为指针，那么在函数调用时传递的就是实参的地址，函数体就可以根据该地址对实参的本身进行操作，从而改变实参的值。

【例 6.18】分析下面程序的运行结果。

程序如下：

```
#include<iostream>
using namespace std;
void swap1(int *,int *);
int main()
{
```

```
    int a=5,b=10;
    cout<<"函数调用前, a="<<a<<", b="<<b<<endl;
    swap1(&a,&b);
    cout<<"函数调用后, a="<<a<<", b="<<b<<endl;
    return 0;
}

void swap1(int *i,int *j)
{
    int temp;
    temp=*i;
    *i=*j;
    *j=temp;
}
```

运行结果为：

```
函数调用前, a=5, b=10
函数调用后, a=10, b=5
```

函数 swap1 的形参为指向整型数据的指针，在被调用时，系统将实参 a 和 b 的地址&a 和&b 传递给函数，函数体根据这个地址间接访问到了实参，也就可以对它们进行操作，主调函数中 a 和 b 的值也就被交换了。

我们可以利用这个原理，进行参数传递。主调函数和被调函数之间又增加了一种传递数据的途径。

【例 6.19】 例 6.11 的指针版。编写函数，统计整数 *n* 的各位上出现数字 1、2、3 的次数。要求输入和输出均在 main 函数中完成。

函数名：fun。

形式参数：4 个。整型变量 n（原始数据），3 个计算结果，用指针作为形参进行参数传递。

函数值的类型：因为原始数据、计算结果在形参表里已经安排妥当，所以类型为 void。

函数首部：

```
void fun(int n,int *k1,int *k2,int *k3)
```

程序如下：

```
#include<iostream>
using namespace std;
void fun(int,int *,int *,int *);
int main()
{    int x,a,b,c;
     cin>>x;
     a=b=c=0;
     fun(x,&a,&b,&c);
     cout<<a<<' '<<b<<' '<<c<<endl;
     return 0;
}

void fun(int n,int *k1,int *k2,int *k3)
{    int k;
     while(n>0)
     {
         k=n%10;
         if(k==1)
              *k1=*k1+1;
         else if(k==2)
              *k2=*k2+1;
         else if(k==3)
              *k3=*k3+1;
         n=n/10;
     }
}
```

6.1.6 变量的作用域

变量的作用域是指变量的作用范围。在这个范围内，变量是有效存在的，如果在范围之外引用该变量，则会发生错误。

按作用域的不同，变量可分为全局变量和局部变量。

1. **局部变量**

在函数内部定义的变量称为局部变量，它只在它定义的作用域内有效，当退出作用域时，其存储空间被释放。我们前面所定义的变量都是局部变量。

不同函数中的局部变量之间没有联系，即使是同名，这些同名变量也不会相互冲突。

【例 6.20】使用局部变量的例子。

程序如下：

```
#include<iostream>
using namespace std;
void fun()
{    int t=5;
     cout<<"fun()中的 t="<<t<<endl;
}
int main()
{   double t=3.5;
    cout<<"main()中的 t="<<t<<endl;
    fun();
    cout<<"main()中的 t="<<t<<endl;
    return 0;
}
```

运行结果为：

```
main()中的 t=3.5
fun()中的 t=5
main()中的 t=3.5
```

本例中都只在函数内定义了变量，所以只有局部变量。main 函数中定义了实型局部变量 t，自定义函数 fun 中定义了整型局部变量 t，但它们是完全不同的变量。程序照样从 main 函数开始执行，因为 t 初始化为 3.5，所以第一条输出语句输出：

```
main()中的 t=3.5
```

然后调用 fun 函数，因为 fun 函数局部变量中的 t 的值为 5，所以执行 fun 函数里的输出语句，结果为：

```
fun()中的 t=5
```

之后，程序返回到 main 函数继续执行，执行 main 函数里的第二条输出语句，虽然自定义函数中也有 t，但这个 t 是局部变量，所以在自定义函数中对它的操作与 main 函数里的 t 没有关系，t 仍然是原来的值 3.5，输出运行结果中的第三行：

```
main()中的 t=3.5
```

甚至，在语句内也可以定义变量，变量在该语句内有效。

【例 6.21】写出下面程序的运行结果。

程序如下：

```
#include<iostream>
using namespace std;
int main()
{
    int a,s;
    s=100;                          //此处定义的是函数级的局部变量 s
```

```
    cout<<s<<endl;
    for(a=1;a<5;a++)
    {
        int s=10;              //此处定义的是一个语句块级的局部变量 s
        s++;
        cout<<s<<endl;
    }
    cout<<s<<endl;
    return 0;
}
```

运行结果为：

```
100
11
11
11
11
100
```

从执行结果来看，函数级的局部变量 s 和语句块级别的局部变量 s 是不同的变量。

程序执行时，先对函数级的局部变量 s 赋初值 100。在循环中，又定义了一个语句块级别的局部变量 s，并对其赋初值 10，经过 s++自增之后，变为 11。

在进入下一轮循环后，对语句块级别的局部变量 s 重新定义、初始化并赋值，此时的 s 与上一轮循环中的 s 不是同一变量。因此，上一轮循环的值并没有被保留下来，而是开始了一个新变量，故 s 在循环中的值一直是 11。

退出循环后，语句块级别的局部变量 s 不再保存（超出其作用范围），此处输出的 s 的值为函数级变量 s 的值 100。

2. 静态变量

静态变量是存储在固定存储空间的变量，定义如下：

```
static 类型 变量名;
```

静态变量是一种比较特殊的变量，从定义开始，一直保留其存储空间，供其在被调用时使用，直到程序结束。

同静态变量相比，局部变量在离开作用域时会释放其存储空间，再次进入同一作用域会重新定义，重新分配存储空间。

静态变量在退出其作用域后，仍然保留其存储空间，并在下一次进入时继续使用。若没有显式初始化，静态变量的初值为 0。

【例 6.22】分析下面程序的运行结果。

程序如下：

```
#include<iostream>
using namespace std;
int main()
{
    int a,s;
    s=100;
    cout<<s<<endl;
    for(a=1;a<5;a++)
    {
        static int s=10;        //此处定义的是一个语句块级的静态变量
        s++;
        cout<<s<<endl;
    }
    cout<<s;
    return 0;
}
```

运行结果为：

```
100
11
12
13
14
100
```

从结果可以看出，静态变量 s 从定义后一直保持其存储空间，并在下一次进入时继续使用，不再重新定义和赋初值，继续使用上次保留下的值。

【例 6.23】计算 $s=1!+2!+\cdots+n!$，要求使用函数计算阶乘的值。

程序如下：

```
#include<iostream>
using namespace std;
int main()
{
      double jc(int);
      double s=0;
      int i,n;
      cin>>n;
      for(i=1;i<=n;i++)
      {
           s=s+jc(i);
      }
      cout<<s;
      return 0;
}
double jc(int n)
{
     static double t=1;
     t=t*n;
     return t;
}
```

因为在函数 jc 内定义了静态局部变量 t，所以函数在求阶乘时，上一次调用的结果被保留下来了，n-1 的阶乘已经在 t 里，只需要在原来的基础上乘以 n 即可。

3. 全局变量

定义在所有函数之外的变量称为全局变量(global variable),可以为本文件中的所有函数所共享，如果其中任何一个函数修改全局变量，其他函数都可“见到”修改结果。全局变量可定义在函数体外的任何位置，从变量定义开始，到源文件结束，变量一直有效。

【例 6.24】多个函数使用全局变量的例子。

程序如下：

```
#include<iostream>
using namespace std;
int n=100;
void fun()
{    n*=2;
}
int main()
{   n*=2;
    cout<<n<<endl;
    fun();
    cout<<n<<endl;
    return 0;
}
```

运行结果为：

```
200
```

```
400
```

本题的变量 n 定义在函数外部，所以为全局变量。执行从 main 函数开始，首先执行 main 函数里的 n*=2，那么 n 变成 200，输出 n 的值，就是结果中第一行的值；然后调用 fun 函数，n 再乘以 2 变为 400，之后返回到 main 函数，输出结果中第二行的值 400。从这里也可以看到，在程序中的任何一个位置对全局变量的改变都有效，全局变量总是保持最新一次赋的值。

所以我们可以利用全局变量传递数据。对于带有自定义函数的程序，必须考虑主调函数和被调函数之间数据的传递，但引入全局变量之后，开辟了一种新的传递数据的途径。

引入全局变量的目的是使函数间相互通信，但也极易造成程序的混乱。如果某个函数引用时发生错误，则在全局范围内变量都会受到影响，且不易找出错误，因此要慎用。例 6.25 只是给大家提供一种解题思路，仅供参考。

【例 6.25】 例 6.11 的全局变量版。编写函数，统计整数 *n* 的各位上出现数字 1、2、3 的次数。要求输入和输出均在 main 函数中完成。

程序结构如图 6.15 所示。

将统计 1、2、3 出现次数的变量分别定义为全局变量 a、b、c。

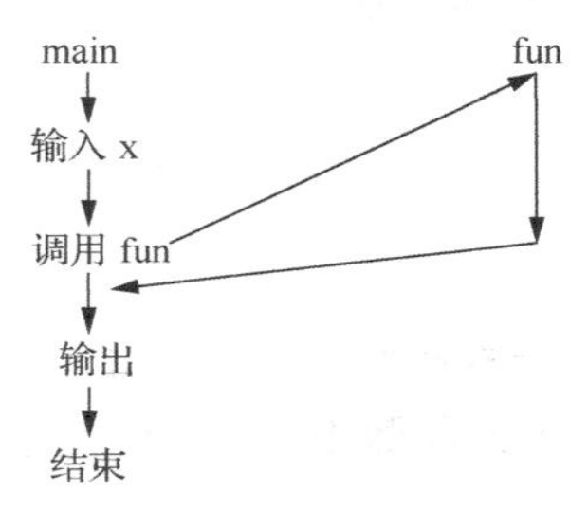

图 6.15 例 6.25 的程序结构

函数名：fun。

形式参数：一个整型 n。

函数值的类型：因为计算结果放到全局变量 a、b、c 中，函数不需要返回值，所以类型是 void。

函数首部：

```
void fun(int n)
```

程序如下：

```
#include <iostream>
using namespace std;
int a=0,b=0,c=0;
void fun(int n)
{
     int i;
     while(n>0)
     {
          if(n%10==1)
               a++;
          else if(n%10==2)
               b++;
          else if(n%10==3)
               c++;
          n=n/10;
     }
}
int main()
{
     int x;
     cin>>x;
```

```
    fun(x);
    cout<<a<<' '<<b<<' '<<c<<endl;
    return 0;
}
```

如果一个程序中定义了一个全局变量，而又在自定义函数中定义了一个同名的局部变量，该如何处理呢？C/C++的处理方式是：在局部变量的作用域内，全局变量不起作用。

【**例 6.26**】写出下面程序的运行结果。

程序如下：

```
#include<iostream >
using namespace std;
int d=1;
fun(int p)
{
    int d=5;
    d+=p++;
    cout<<d;
}
int main()
{
    int a=3;
    fun(a);
    d+=a++;
    cout<<d<<endl;
    return 0;
}
```

本程序定义了一个全局变量 d，而在函数 fun 中又定义了一个同名的局部变量 d，那么在函数 fun 中全局变量 d 不起作用，但在 main 函数中，是全局变量 d 在起作用。程序运行过程如图 6.16 所示。

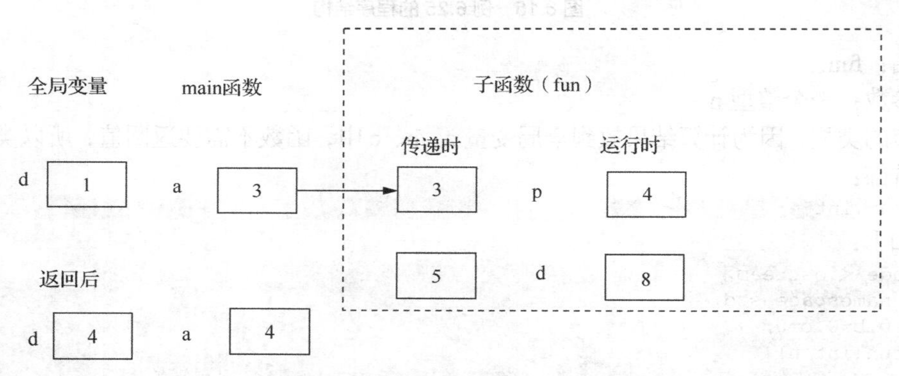

图 6.16　例 6.26 的程序运行过程

首先执行 main 函数，第一条语句就是调用 fun 函数，根据值传递的特点实参 a 将值传递给形参 p，p 得到 3，由于在 fun 函数中是局部变量 d 在起作用，所以 d 的初值是 5，执行 fun 函数结果是输出 8。回到 main 函数后，继续执行，此刻是全局变量 d 在起作用，计算结果是 d=4，输出时，因为前一个 cout 后没有换行，所以紧跟在上一个输出后输出全局变量 d 的值，整个程序的运行结果为：

```
84
```

6.1.7　函数的嵌套调用和递归调用

1. 函数的嵌套调用

在 C/C++中，所有函数的级别都是一样的，不允许在一个函数内定义另一个函数，即不允许嵌套定义。但函数可以嵌套调用，也就是说，可以在一个函数内调用另一个函数。

【例 6.27】写出下面程序的运行结果。

程序如下：

```
#include<iostream>
using namespace std;
void pm()
{
      void ps();
      ps();
      cout<<"\n How are you?";
      ps();
}
void ps()
{
      cout<<"\n**************";
}
int main()
{
      pm();
      return 0;
}
```

程序的运行过程如图 6.17 所示。

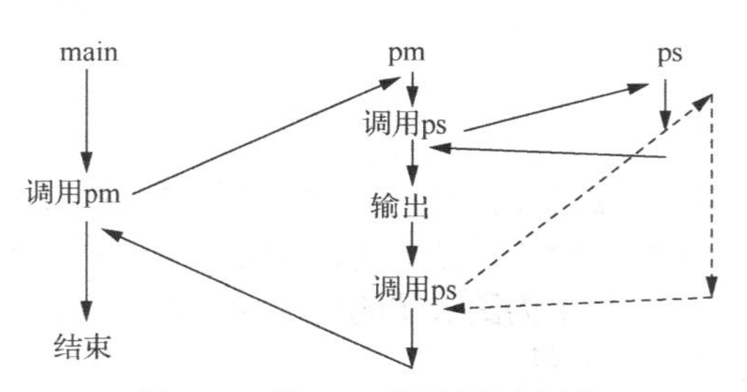

图 6.17　例 6.27 的程序运行过程

运行结果为：

```
**************
 How are you?
**************
```

本题的关键是，执行完被调函数之后，返回点是调用点的下一点。本程序从 main 函数开始执行，调用 pm 函数，转去执行 pm，pm 的第一条可执行语句是调用 ps 函数，输出一行星号；执行完 ps 函数，返回到 pm 函数继续执行，输出“How are you?”，然后再一次调用 ps 函数输出一行星号；执行完 ps 函数，返回到 pm 函数继续执行，pm 函数结束，返回到 main 函数，main 函数也结束了。

2. 函数的递归调用

递归（recursion）是一种描述问题的方法，或称为算法。有以下定义阶乘的方法：

$$n=\begin{cases}1 & n=0\\ 1 & n=1\\ n\times(n-1)! & n>1\end{cases}$$

这是用阶乘定义阶乘，即“自己定义自己”，这种定义方法称为递归定义（recursion definition）。

在函数调用中，有这样两种情况：一种是在函数 A 的定义中有调用函数 A 的语句，即自己调用自己；另一种是在函数 A 中出现调用函数 B 语句，而在函数 B 的定义中也出现调用函数 A 的语句，即相互调用。前者称为直接递归，后者称为间接递归。这里只介绍直接递归。

递归定义的阶乘算法描述为：

```
int fac(int n)
```

```
{
        if(n==0||n==1)
            return 1;
        else
            return n*fac(n-1);
}
```

只要在 main 函数中调用阶乘函数，即可计算阶乘。

【例 6.28】计算 4!。

程序如下：

```
#include <iostream>
using namespace std;
int fac(int n)
{     int y;
      cout<<n<<'\t';            //A
      if(n==0||n==1)y=1;
      else  y=n*fac(n-1);
      cout<<y<<'\t';            //B
      return y;
}
int  main()
{   cout<<"\n4!="<<fac(4)<<endl;
    return 0;
}
```

运行结果为：

```
4  3  2  1   1  2  6  24
4! =24
```

程序中的 A 行和 B 行是为显示递归调用过程而特意增加的输出语句。

下面分析递归函数的执行过程。为了更加直观，借助图 6.18 所示的执行框图进行说明。每个框图的上方为本次调用的实参值，方框中为函数体的主要执行语句及结果。任一方框中的参数取值都必须是本次调用时的实参值，箭头表示执行的顺序。

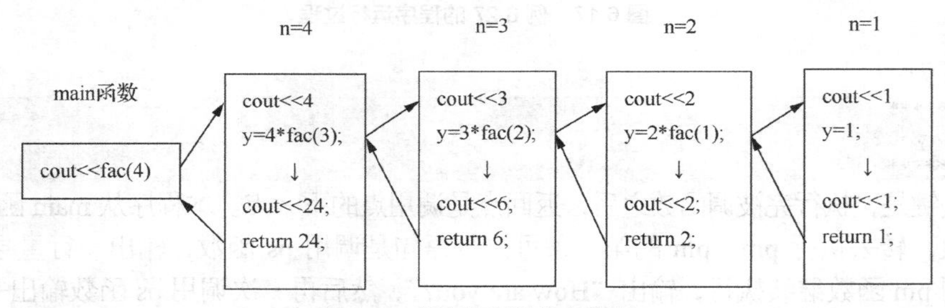

图 6.18　递归调用的执行框图

① 左边第一个方框内为 main 函数的调用语句，执行到该调用语句时，产生调用。

② 以参数 n=4 执行函数（第二个方框），当顺序执行到语句 y=4*fac(3);时又产生调用。

③ 以参数 n=3 执行函数（第三个方框），当顺序执行到语句 y=3*fac(2);时再次产生调用。

④ 重复以上调用过程，直到参数 n=1 执行函数（第五个方框）为止，函数体被顺利执行完毕，将按函数值 1 返回到上层，本次调用结束。

⑤ 返回到上层调用处（第四个方框），由返回值计算出该层的 y 值后按顺序执行后面的语句，直到返回语句，本次函数调用结束。

⑥ 再返回到上层调用处（第三个方框），由返回值计算出该层的 y 值后按顺序执行后面的语句，直到返回语句，本次函数调用结束。

⑦ 重复以上返回过程，直到返回到 main 函数中，程序结束。

程序的运行过程说明，递归函数的执行分为“递推”和“回归”两个过程，这正是此算法命名的由来。在递归的执行过程中，递归终止条件（stopping condition）非常重要，它控制“递推”过程的终止。因此在任何一个递归函数中，递归终止条件都是必不可少的，否则会一直递推下去，导致无穷递归（infinite recursion）。例 6.28 递归过程中栈的分配和释放情况如图 6.19 所示。

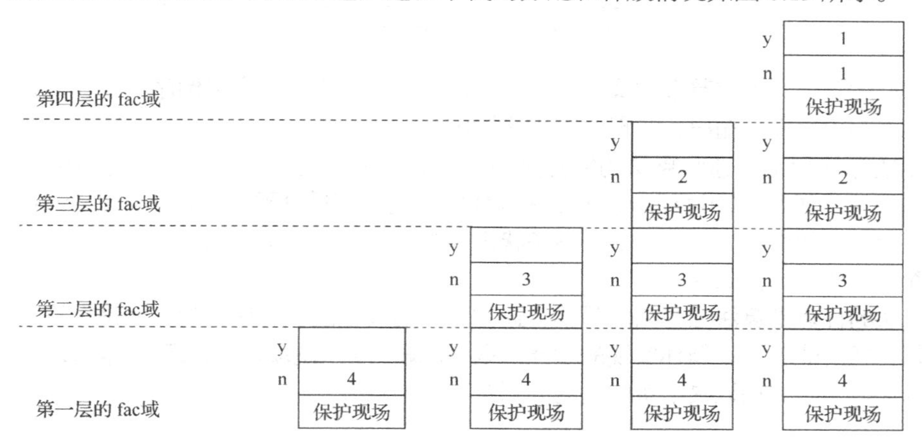

图 6.19　例 6.28 递归过程中栈的分配和释放情况

每次调用发生时，系统都会在栈中分配单元并保存返回地址以及参数和局部变量。因此在递推的过程中，栈空间一直处于增长状态，直到递归终止条件为止。在“回归”过程中，栈空间按图 6.19 从右至左的方向依次释放。

递归的思想非常优秀，“递推—终止—回归”这一解决问题的过程可以比喻为“大事化小—小事化了—推出结果”。有些问题用其他算法很难描述，使用递归却可以很容易理解和解决，例如汉诺塔问题。

【例 6.29】 输入一个整数，用递归算法实现将整数倒序输出。

分析： 在递归过程中用求余运算将整数的各位分离，并输出结果。

程序如下：

```
#include <iostream>
using namespace std;
void backward(int);
int main(){
    int n;
    cout<<"输入整数: ";
    cin>>n;
    cout<<"反向数: ";
    backward(n);
    cout<<endl;
    return 0;
}
void backward(int n){
    cout<<n%10;
    if(n<10)return ;
    else backward(n/10);
}
```

运行结果为：

```
输入整数: 247
反向数: 742
```

图 6.20 所示为程序的执行框图。

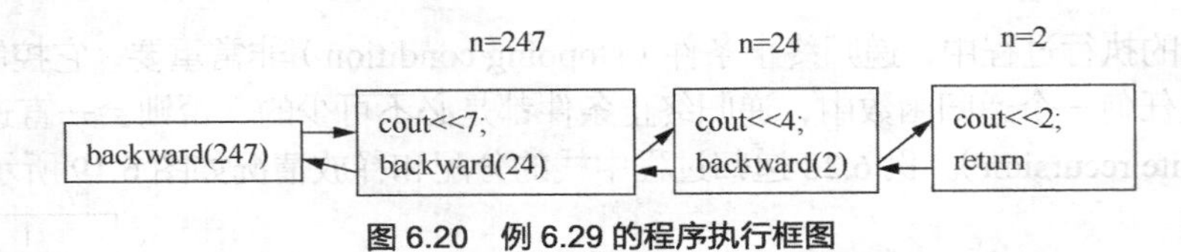

图 6.20　例 6.29 的程序执行框图

因为求余时总是取当前整数的最右一位，所以先输出后递归可实现倒序输出。如果先递归后输出，则是在回归的过程中输出，实现的是正序输出。

与大多数算法相比，递归算法的缺点是内存消耗巨大，而且连续地调用返回操作会占用较多 CPU 时间。因为在函数调用过程中系统要在堆栈中为局部变量分配空间，递归处于递推过程中时，由于逐层调用，因此堆栈空间一直处于增长状态，直到遇到终止条件为止，只有在回归过程中堆栈空间才会逐层释放，如图 6.19 所示。

递归算法的优点是算法描述简洁易读，通常递归函数中没有循环语句，而是在执行过程中通过递推和回归实现其他算法用循环实现的功能。很多问题可以用递归算法实现，也可以用非递归算法实现，是否选择递归算法取决于所解决的问题及应用的场合。

6.2　编译预处理

编译预处理是指在编译源程序之前，由预处理器对源程序进行的一些加工处理工作。预处理器是包含在编译器中的预处理程序。编译预处理指令一律以“#”开头，以回车符结束，每条指令占一行，并且放到源程序文件的开始部分。

编译预处理的作用是对源程序文件进行处理，生成一个中间文件，编译器对此中间文件进行编译并生成目标代码。编译预处理不影响原文件的内容。本节介绍 3 种预处理指令：宏定义指令、文件包含（嵌入）指令和条件编译指令。

6.2.1　宏定义指令

宏定义指令#define 分为带参数和不带参数两种。

1. 不带参数的宏定义

不带参数的宏定义用来产生与一个字符串对应的常量（字符）串，格式为：

```
#define 宏名  常量串
```

预处理后的文件中只要出现该宏名的地方均用其对应的常量串代替。替换过程称为宏替换或宏展开。例如，使用指令：

```
#define  PI  3.1415926
```

则程序中可以使用标识符 PI，编译预处理后产生一个中间文件，文件中所有的 PI 都被替换为 3.1415926。

宏替换只是常量串和标识符之间的简单替换。预处理本身并不做任何数据类型和合法性检查，也不分配内存单元。

【例 6.30】以下程序中 for 循环执行的次数是多少？程序的运行结果是什么？

程序如下：

```
#include <iostream>
using namespace std;
#define  N    2
#define  M         N+1
#define  NUM  (M+1)*M/2
int main()
```

```
{int i;
for(i=1;i<=NUM;i++);
cout<<i<<endl;
return 0;
}
```

首先看一下程序结构，其中有一条 for 语句，一条输出语句，但是要注意 for 语句的循环体是空语句“;”，输出语句不是 for 语句的循环体。

开始执行程序，对 NUM 进行以下宏展开。

① 将 NUM 换为(M+1)*M/2。

② 将上式中的 M 换为 N+1，即(N+1+1)*N+1/2。

③ 将 N 换为 2，即(2+1+1)*2+1/2。

大家有疑问的可能是②，N+1 不是一个整体吗？这样换了不就分开了吗？但是宏展开确实只进行这样简单的替换。所以，for 循环执行的次数是 8 次，程序的运行结果为：

```
9
```

2. 带参数的宏定义

带参数的宏定义的形式很像函数定义，格式为：

```
#define 宏名(形参表)  参数表达式
```

例如，进行如下宏定义：

```
#define S(a,b)  (a)*(b)/2
```

程序中可以使用 S(a,b)，预处理后产生一个中间文件，其中所有的 S(a,b)都被替换成(a)*(b)/2。

宏展开过程同样是宏名和常量串之间的简单替换，不做参数名匹配检查，也不为参数分配单元。因此宏定义时形参通常要用括号括起来，否则容易导致逻辑错误，例如对于宏定义：

```
#define S(a,b)  a*b/2
```

程序中的 S(3+5,4+2)会被宏展开为 3+5*4+2/2。而对于：

```
#define S(a,b)  (a)*(b)/2
```

则同样的式子将被展开为(3+5)*(4+2)/2。

显然前一个宏定义不符合程序员的意图。

不带参数宏定义与 const 说明符定义常量从效果上看是一样的，但他们的机制不同。首先，宏定义是在预处理阶段完成的，而 const 定义则在编译阶段实现。其次，宏定义只是一种简单的常量串替代，不会为常量串分配内存单元，替代过程也不进行语法检查，即使指令中的常量串不符合要求，预处理的替代过程也一样按指令给出的格式进行；而 const 定义则是像定义一个变量一样定义一个常量标识符，系统要按照类型要求为该标识符分配内存单元，同时在将常量放入单元时进行类型检查，如果类型不匹配，则类型相容的会进行系统的类型转换，不相容的就会提示错误。

同样，带参数的宏定义像定义函数，但它与函数有本质的不同，宏定义仍然是只产生常量串替代，不存在分配内存和参数传递。

为便于与其他标识符区分，宏名通常用大写字母表示。另外，为了尽量发挥编译器的作用，不提倡使用宏定义，而是建议用 const 说明符和内联函数。

【例 6.31】 写出下面程序的运行结果。

```
#include <iostream>
using namespace std;
#define  P  4
#define F(x)  P*x*x
int main()
{
 int m=2,n=4;
 cout<<F(m+n)<<endl;
 return 0;
}
```

这是一个带参数的宏定义，遇到 F(m+n)时要进行宏展开，注意仍然是简单替换，用 m+n 替换 x，得到 P*m+n*m+n，再用 4 替换 P，得到 4*m+n*m+n。

运行结果为：

```
20
```

6.2.2 文件包含指令

文件包含用#include 指令，预处理后将指令中指明的源程序文件嵌入源程序文件的指令位置处。格式为：

```
#include <文件名>
```

或：

```
#include  "文件名"
```

第一种格式称为标准方式，预处理器将在 include 子目录下搜索由文件名所指明的文件。这种格式适用于嵌入 C/C++提供的头文件，因为这些头文件一般都存在于 C/C++系统目录的 include 子目录下。而对于第二种格式，编译器首先在当前文件所在的目录下搜索，如果找不到，再按标准方式搜索，这种方式适用于嵌入用户自己建立的头文件。

一个被包含的头文件还可以有#include 指令，即#include 指令可以嵌套。但是，如果同一个头文件在同一个源程序文件中被重复包含，就会出现标识符重复定义的错误。例如，头文件 f2.h 中包含了 f1.h，若文件 f3.cpp 中包含了 f1.h，又包含了 f2.h，那么编译时将提示错误，原因是 f1.h 被包含了两次，其中定义的标识符在 f3.cpp 中被重复定义。为了避免重复包含，可以使用条件编译指令。

6.2.3 条件编译指令

通常情况下，源程序中的所有语句都将被编译，但有时希望源程序中的某部分语句只在某种条件时才能被编译，而没有被编译的部分就像不存在一样。这时就要使用条件编译指令。条件编译指令包括#if、#else、#ifdef、#ifndef、#endif、#undef 等。

条件编译指令有两类：一类是根据宏名是否定义来确定是否编译某些程序段；另一类是根据表达式的值来确定被编译的程序段。

1. 宏名作为编译条件

格式为：

```
#ifdef 宏名
程序段 1
(#else
程序段 2)
#endif
```

其中，程序段可以是程序，也可以是编译预处理指令。可以通过在该指令前面安排宏定义来控制编译不同的程序段。

例如，在调试程序时经常要输出调试信息，而调试完成后却不需要输出这些信息，这时可以把输出调试信息的语句用条件预编译指令括起来。形式如下：

```
#ifdef DEBUG
     cout<<"a="<<a<<'\t'<<"x="<<x<<endl;
#endif
```

在程序调试期间，在该条件编译指令前增加宏定义：

```
#define DEBUG
```

调试完成后，删除 DEBUG 宏定义，将源程序重新编译一次即可。当条件编译的程序段较大时，用这种方法比直接从程序中删除相应的程序段要简单得多。

#ifndef 与#ifdef 的作用一样，只是选择的条件取反。用条件编译指令还可以处理文件重复包含问题。例如传统的头文件<iostream.h>本身包含了<mem.h>，如果源程序中使用如下命令：

```
#include <mem.h>
#include <iostream>
```

就会造成重复包含 mem.h。为了避免这种情况，在<mem.h>中有如下宏定义：

```
#define MEM._H
```

相应地，<iostream.h>中也有如下条件包含指令：

```
#ifndef  MEM._H
#include <mem.h>
#endif
```

如果该指令前没有宏定义名，则编译该程序段；否则不编译该程序段。

2. 用表达式的值作为编译条件

格式为：

```
#if 表达式
程序段 1
(#else
程序段 2)
#endif
```

根据表达式的值选择编译不同的程序段。表达式通常只包含一些常量的运算。

条件包含指令中的#if 指令与程序中的 if 指令是不同的。前者对源程序进行处理，使编译器只对源程序的一部分进行编译，产生目标代码；而后者则会被编译器全部翻译为目标代码，在程序执行过程中控制程序中的流程。所以前者生成的目标代码一般比后者少。

#undef 指令用来取消#define 所定义的符号，这样就可以根据需要打开和关闭符号。

习题

1. 写出下列程序的运行结果

（1）程序：

```
#include <iostream>
using namespace std;
int a,b;
void f(int j){
      static int i=a;
      int m,n;
      m=i+j;j++;i++;n=i*j;a++;
      cout<<"i="<<i<<'\t'<<"j="<<j<<'\t';
      cout<<"m="<<m<<'\t'<<"n="<<n<<endl;
}
int main(){
      a=1;b=2;
      f(b);f(a);
      cout<<"a="<<a<<'\t'<<"b="<<b<<endl;
      return 0;
}
```

（2）程序：

```
#include <iostream>
using namespace std;
float sqr(float a){ return a*a;}
float p(float x,int n){
       cout<<"in-process:"<<"x="<<x<<'\t'<<"n="<<n<<endl;
```

```
        if(n==0)return 1;
        else if(i%2!=0)return x*sqr(p(x,n/2));
}
int main(){
      cout<<p(2.0,13)<<endl;
      return 0;
}
```

（3）程序：

```
#include <iostream>
using namespace std;
 int x1=30,x2=40;
 sub(int x,int y)
 {
     x1=x;
     x=y;
     y=x1;
}
int main()
 {
   int x3=10,x4=20;
   sub(x3,x4);
   sub(x2,x1);
   cout<<x3<<x4<<x1<<x2<<endl;
  }
```

（4）程序：

```
#include <iostream>
using namespace std;
int k=0;
void fun(int m)
{
   m+=k;
   k+=m;
   cout<<m<<k<<endl;
}

int main()
{
   int i=4;
   fun(i);
   cout<<i<<k<<endl;
 }
```

（5）程序：

```
#include <iostream>
using namespace std;
f( int a)
{
       int b=0;
       static int c = 3;
       b++; c++;
       return(a+b+c);
}
int main()
{
      int a =3, i,s=0;
      for(i=0;i<4;i++)
            s=s+f(a);
      cout<<s<<endl;
}
```

（6）程序：

```
#include<iostream>
```

```
using namespace std;
int a,b;
void fun()
{
     a=100;b=200;
}
int main()
{
     int a=5,b=7;
     fun();
     cout<<a<<b<<endl;
}
```

（7）程序：

```
#include <iostream>
using namespace std;
void fun()
{
    static int a=0;
    a+=2; cout<<a;
}
int main()
{
    int cc;
    for(cc=1;cc<4;cc++) fun();
    cout<<endl;
}
```

2. 编写程序

（1）设计函数，将英文小写字母转换为对应的大写字母。

（2）设计两个函数，分别求两个整数的最大公约数和最小公倍数。

（3）设计函数 digit(num, k)，返回整数 num 从右边往左的第 k 位数字的值。例如，digit(4647,3)=6，digit(23523,7)=0。

（4）设计函数 factors(num, k)，返回整数 num 中包含因子 k 的个数。如果没有该因子，则返回 0。

（5）哥德巴赫猜想指出：任何一个大于 2 的偶数都可以表示为两个素数之和。例如 4=2+2，6=3+3，8=3+5，…，50=3+47。将 4 ~ 50 的所有偶数用两个素数之和表示。用函数判断一个整数是否为素数。

（6）编写函数，函数功能是：将两个两位数的正整数 a、b 合并成一个整数 c，合并规则是将 a 的十位和个位分别放在 c 的千位和个位，将 b 的十位和个位分别放在 c 的百位和十位。a、b 由键盘输入，输入输出均在 main 函数中完成。

（7）n 以内的素数倒数之和。编写程序求给定整数 n 的“亲密对数”。“亲密对数”是指：若整数 a 的因子（包括 1 但不包括自身，下同）之和为 b，而整数 b 的因子之和为 a，则称 a 和 b 为一对“亲密对数”。要求使用函数，函数功能是：计算某一个数的因子（包括 1 但不包括自身）之和。n 由键盘输入，如果存在“亲密对数”则输出该数，否则输出 no。要求输入输出均在 main 函数中完成。

（8）编写函数，功能是交换数组中的最大数和最小数的位置，并计算所有数之和。例如数组 a 有 5 个元素 3、4、1、5、2，将最大数 5 和最小数 1 的位置交换后得到 3、4、5、1、2，总和为 15。

（9）编写程序完成进制转换，要求使用函数，函数功能是：十进制数转换为八进制数，输入输出均在 main 函数中完成。

第三部分

实用编程

07 第 7 章 面向对象程序设计

程序设计方法主要包括面向过程与面向对象两类，前面几章讲的是面向过程程序设计。C++以 C 语言为基础发展而成，与 C 语言兼容，对 C 语言做了一些改进，增加了面向对象的内容。本章主要介绍面向对象程序设计。

面向对象程序设计是指尽可能地模拟人类的思维方式，使得软件的开发方法与过程尽可能接近人类认识世界、解决现实问题的方法和过程。面向对象程序设计的核心概念是类和对象，三大基本特征是封装、继承与多态。

7.1 类与对象

类是对现实世界的抽象，包括数据和对数据操作的函数；对象是类的实例化。类中的数据称为数据成员，类中的函数称为成员函数。

7.1.1 类的定义

从 C/C++的角度来看，类是一种数据类型，是一种复杂的由用户自定义的类型。定义类的一般格式为：

```
//说明部分
class 类名
{
     public:
       公有成员
     protected:
       保护成员
     private:
       私有成员
};
//成员函数的实现部分
函数类型 类名:: 成员函数名(参数表)
{
     函数体
}
```

关于定义类的注意事项如下。

（1）定义类的关键字为 class。

（2）类的定义由两大部分构成：说明部分和实现部分。

（3）类的成员分为数据成员和成员函数两种。

（4）类体内不允许对数据成员初始化。

（5）数据成员的声明方式同普通变量的声明，可以是任意类型，也可以是对象。

（6）成员函数的说明在类体内，而成员函数的定义可以在类体内，也可以在类体外。

（7）类成员具有以下 3 种访问权限，以定义成员函数和数据成员的可访问性。

① public（公有的）。公有成员不仅在类体内是可见的，而且在类体外也是可见的。

② private（私有的）。私有成员仅在类体内是可见的，在类体外是被隐藏的。

③ protected（保护的）。保护成员对于定义它的类来讲，相当于私有成员；对于该类的派生类来讲，相当于公有成员。

在对类做任何操作之前，要在程序中首先定义类。下面是定义类的例子，CCircle 是类的名字。

```
class  CCircle
{
     public:
        CCircle(int r );
        void SetRadius(int r);
        int GetRadius(void);
         ~CCircle();
    private:
        float CalculateArea(void);
        int radius;
        int color;
};
```

其中，该类中包含 2 个数据成员：

```
int radius;
int color;
```

5 个成员函数：

```
CCircle(int r);
void SetRadius(int r);
int GetRadius(void);
~CCircle();
float CalculateArea(void);
```

GetRadius 函数在 public 中定义，表明在程序的任何部分均可调用 GetRadius 函数。而 CalculateArea 函数在 private 中定义，故只有 CCircle 类的成员函数可调用 CalculateArea 函数。同样，数据成员 radius 在 private 中定义，所以只有 CCircle 类的成员函数可以直接更新或读取该数据成员。如果在 public 中定义 radius 数据成员，则程序中的任何函数均可访问（读取或更新）radius 数据成员。

在上面定义类中的成员函数中，第一个和第四个函数原型看上去有些特别。第一个原型是 CCircle 函数，它是构造函数；第四个是~CCircle 函数，它是析构函数。

构造函数是类的特殊的成员函数，用于完成对类的数据成员进行初始化操作和分配内存空间。在编写构造函数原型时应遵守以下原则。

（1）每个类的定义中均要包括构造函数的原型。

（2）构造函数名必须和类名相同。

（3）构造函数必须在 public 关键字之下。

（4）不要给构造函数指定任何返回类型（构造函数必须是 void 类型）。

（5）构造函数可以有一个或多个参数。

析构函数也是类的特殊的成员函数，用于执行与构造函数相反的操作，即释放分配给对象的内存空间。在编写析构函数时，应遵守以下原则。

（1）析构函数的函数名和类名相同，但前面要加波浪号“~”。

（2）不要给析构函数指定任何返回类型。

（3）析构函数没有参数。

7.1.2　对象的定义

定义类只是相当于定义了一种数据类型，若要使用它，则必须定义该类型的变量，也就是该类的对象。定义类时，系统是不会给类分配内存空间的。只有在定义类的对象时才会引起内存空间的分配。C/C++中有以下两种方法定义类的对象。

第一种是在定义类的同时直接定义类的对象，即在定义类的右花括号“}”后直接写出属于该类的对象名表列。其一般格式如下：

```
class 类名
{
 数据成员量;
 成员函数;
} 对象名表列;
```

第二种是在定义好类之后，再定义对象。其一般格式如下：

```
类名 对象名1[,对象名2,…];
```

例如：

```
class  CCircle
{
     public:
        void SetRadius(int r);
        int GetRadius(void);
        int color;
     private:
        double CalculateArea(void);
        int radius;
 }MyCircle1;
CCircle MyCircle2;
```

MyCircle1 与 MyCircle2 就是定义的两个 CCircle 类的对象。定义了类的对象以后，可以通过对象访问类的公有数据成员，基本格式如下：

```
对象名.数据成员名
对象名.成员函数名(参数表)
```

例如：

```
MyCircle1. color =1;
MyCircle2. GetRadius ();
MyCircle1. radius; //错误
MyCircle2. CalculateArea(); //错误
```

7.1.3　数据封装

C/C++通过 3 种访问权限符来实现数据封装，隐藏对象的属性和实现细节，仅对外公开接口和对象进行交互，将数据和操作数据的函数进行有机结合。

【例 7.1】 编写程序 Circle1.cpp，程序的功能是已知圆的半径，求其面积。

程序如下：

```
#include <iostream>
using namespace std;

class CCircle
{
public:
   CCircle(int r);                  //构造函数
   void SetRadius(int r);
   int GetRadius(void);
```

```
    void DisplayArea(void);
    ~CCircle();                    //析构函数
private:
    double CalculateArea(void);
    int m_Radius;
    int m_Color;
};
//构造函数
CCircle::CCircle(int r)
{
m_Radius=r;
}
//析构函数
CCircle::~CCircle()
{
}
// DisplayArea 函数
void CCircle::DisplayArea(void)
{
     double fArea;
     fArea=CalculateArea();
     cout<<"The area of the circle is:"<<fArea<<endl;
}
//CalculateArea 函数
double CCircle::CalculateArea(void)
{
    double f;
    f=3.14*m_Radius*m_Radius;
    return f;
}
//main 函数
int main()
{
    CCircle MyCircle(10);
    MyCircle.DisplayArea();
    return 0;
}
```

注意，类名通常以字母 C 开头（如 CCircle），数据成员名通常以字母 m 开头（如 m_Radius、m_Color 等）。这种命名方式并非强制规定，但这样命名有助于区分类名和数据成员名。

程序中 public 部分包括 5 个函数原型。第一个是构造函数 CCircle(int r)。构造函数的原型中并未指明函数的返回值为 void 类型，可以看到构造函数只有一个整型参数 r。

接下来是另外 3 个函数原型：

```
void SetRadius(int r);
int GetRadius(void);
void DisplayArea(void);
```

注意：这些函数是公有成员函数，可以在程序中的任何函数内调用这几个函数。

第 5 个函数是析构函数～CCircle。析构函数的原型中也未指明函数的返回值为 void 类型，析构函数前有一个“～”字符。

CCircle 类的私有部分定义包含了一个成员函数和两个数据成员：

```
double CalculateArea(void);
int m_Radius;
int m_Color;
```

因为在 CCirlce 类的定义中，CalculateArea 函数是在私有部分定义的，故只能在 CCircle 类的成员函数中调用 CalculateArea 函数。

下面来看 main 函数：

```
int main()
{
    CCircle MyCircle(10);
    MyCircle.DisplayArea();
    return 0;
}
```

main 函数中的第一条语句定义了 CCircle 类的一个对象：

```
CCircle MyCircle(10);
```

这条语句引起构造函数的执行，看上去执行构造函数的操作有点奇怪。为什么是这样的？本章后面将讲解这个问题，目前先默认这是执行构造函数的正确方法。

先看一下构造函数：

```
CCircle::CCircle(int r)
{
    m_Radius=r;
}
```

与原型中说明一致，构造函数只有一个整型参数 r。注意函数的第一行：

```
CCircle::CCircle(int r)
```

函数名前的说明部分 CCircle::的含义为 CCircle 函数是 CCircle 类的成员函数。

注意：类成员函数的定义既可以在类定义的内部完成，即在定义类的同时给出成员函数的定义，也可以在类之外定义，本例是在类之外定义的。

构造函数中只有一条语句：

```
m_Radius=r;
```

r 是传递给构造函数的参数，因此建立了一个 CCircle MyCircle 对象：

```
CCircle MyCircle(10);
```

参数 10 被传给构造函数。构造函数内部把 m_Radius 的值赋为 r：

```
m_Radius=r;
```

main 函数中的 MyCircle 对象定义后，构造函数马上执行，其中的代码将把 m_Radius 的值赋为 10。m_Radius 已被说明为 CCircle 类的数据成员，因此 CCircle 类中的任何成员函数（包括公有和私有的成员函数）都可对 m_Radius 进行读取或更新操作。

至此，CCircle 类的一个对象 MyCircle 建立成功，其数据成员 m_Radius 由构造函数设为 10。

main 函数中的下一条语句是执行成员函数 DisplayArea:MyCircle.DisplayArea();。

在前面定义 CCircle 类时，DisplayArea 函数位于公有部分，因此，main 函数可以调用它。注意用点操作符“.”把对象名 MyCircle 与 DisplayArea 函数隔开，向编译器表明执行 MyCircle 对象中的 DisplayArea 函数。

DisplayArea 函数的功能是显示 MyCircle 对象的面积。DisplayArea 函数的代码如下：

```
void CCircle::DisplayArea(void)
{
    double fArea;
    fArea=CalculateArea();
    cout<<"The area of the circle is:"<<fArea<<endl;
}
```

由于 DisplayArea 函数前有 CCircle::说明符，编译器知道该函数是 CCircle 类的一个成员函数。函数定义了一个局部变量，变量名为 fArea:double fArea。

下面的语句表示执行 CalculateArea 函数：

```
fArea=Calculate();
```

CalculateArea 函数也是 CCircle 类的一个成员函数，因此，DisplayArea 函数可以调用该函数。CalculateArea 函数返回一个浮点数，该数为圆的面积。

最后一条语句表示输出 fArea 的值：

```
cout<<"The area of the circle is:"<<fArea;
```

上述语句把 fArea 的值和字符"The area of the circle is:"输出到显示器。

接下来分析 CalculateArea 函数。同样，CalculateArea 函数的第一行也使用了 CCircle::说明符，说明该函数是 CCircle 类的成员函数：

```
double CCircle::CalculateArea(void)
{
        double f;
        f=3.14*m_R*m_R;
        return f;
}
```

该函数的功能是计算并返回半径为 m_Radius 的圆的面积。

注意：CalculateArea 函数没有形参。那么，这个函数是否知道用 10 代替 m_Radius？我们看一下程序的执行过程。首先，main 函数创建 MyCircle 对象：

```
CCircle  MyCircle(10);
```

该代码导致构造函数执行，使数据成员 m_Radius 的值被赋为 10。然后 main 函数执行 DisplayArea 函数：

```
MyCircle.DispayArea();
```

DisplayArea 函数执行 CalculateArea 函数：

```
fArea=CalculateArea();
```

CalculateArea 函数知道用 10 代替 m_Radius，这是因为执行 MyCircle 对象中的 DisplayArea 函数引起了对 CalculateArea 函数的调用。而 CalculateArea 函数是 CCircle 类的成员函数，m_Radius 是 CCircle 类的数据成员，所以，CalculateArea 函数可以访问 m_Radius。

最后看一下析构函数：

```
CCircle::~CCircle()
{
}
```

同样，析构函数的第一行以说明符 CCircle::开始，表明后面的函数是 CCircle 类的一个成员函数。析构函数中没有代码，其作用如前所述。析构函数被自动调用，在程序中，MyCircle 对象在程序结束处被释放。

注意：SetRadius 和 GetRadius 函数在程序中未被调用，本章后面部分将用到这两个函数。

编译 Circle1.cpp，执行 Circle1.exe，程序的运行结果如图 7.1 所示。

```
The area of the circle is:314
```

图 7.1　程序的运行结果

至此我们已经定义了一个名为 CCircle 的类，生成一个 CCircle 类的对象（MyCircle），计算并输出圆的面积。

注意：虽然 main 函数看上去设计得很完整、精练，但该函数并没有体现出面向对象程序设计中对象的特点。

【例 7.2】在例 7.1 的基础上，编写程序 Circle2.cpp，程序功能是创建多个 CCircle 对象。

Circle2.cpp 与 Circle1.cpp 之间唯一不同的是 main 函数。下面是 main 函数的代码：

```
//main 函数
int main()
{   CCircle  MyCircle(10);
    CCircle  HerCircle(20);
    CCircle  HisCircle(30);
    MyCircle.DisplayArea();
    HerCircle.DisplayArea();
    HisCircle.DisplayArea();
}
```

第一条语句生成 CCircle 类的一个对象，名为 MyCircle。注意：MyCircle 对象生成时，其数据成员 m_Radius 的值等于 10。接下来的两条语句生成另外两个对象：

```
CCircle  HerCircle(20);
CCircle  HisCircle(30);
```

HerCircle 对象生成时，其数据成员 m_Radius 被赋值为 20；HisCircle 对象的 m_Radius 是 30。3 个对象生成后，main 函数用相应对象中的成员函数 DisplayArea 函数显示各个圆的面积：

```
MyCircle.DisplayArea();
HerCircle.DisplayArea();
HisCircle.DisplayArea();
```

看一下第一个 DisplayArea 函数的执行：

```
MyCircle.DisplayArea();
```

DisplayArea 函数执行时调用 CalculateArea 函数。根据前面的内容可知，CalculateArea 函数将操作 m_Radius 数据成员。那么使用哪个 m_Radius 呢？由于 DisplayArea 函数用于 MyCircle 对象，因此使用 MyCircle 对象的 m_Radius。

与此相似，下面这条语句作用于 HerCircle 对象：

```
HerCircle.DisplayArea();
```

语句表明当 DisplayArea 函数调用 CalculateArea 函数时使用 HerCircle 对象的 m_Radius。同理，计算并显示 HisCircle 对象中圆的面积时将使用 HisCircle 对象的数据成员 m_Radius。

通过使用对象，可以显示不同半径的圆的面积。用户不必知道计算和输出圆面积这两个成员函数的内部结构，只需定义对象，通过对象去执行这些成员函数。这一点已经体现了面向对象的程序设计的一个特点——封装性。该程序的运行结果如图 7.2 所示。

```
The area of the circle is:314
The area of the circle is:1256
The area of the circle is:2826
```

图 7.2 Circle2.cpp 的运行结果

【例 7.3】在例 7.1 和例 7.2 基础上，编写程序 Circle3.cpp，功能是通过修改 m_Radius 的值来计算不同半径的圆面积。

在 Circle1.cpp 和 Circle2.cpp 中，数据成员 m_Radius 由构造函数赋值，在 main 函数内不能改变 m_Radius 的值。原因是在类定义中，m_Radius 被放在私有部分。如果要在 main 函数内改变 m_Radius 的值，必须把 m_Radius 的定义从私有部分移到公有部分：

```
class CCircle
{
public:
   CCircle(int r);                    //构造函数
   void SetRadius(int r);
   int GetRadius(void);
   void DisplayArea(void);
   ~CCircle();                        //析构函数
   int m_Radius;
private:
   double CalculateArea(void);
   //移到公有部分
   int m_Color;
};
```

这样，在 main 函数中就可以读和写 m_Radius 的值：

```
int main()
{
    CCircle MyCircle(10);
    MyCircle.DisplayArea();
```

```
    MyCircle.m_Radius=20;
    MyCircle.DisplayArea();
    return 0;
}
```

在 main 函数内部直接读取并更新 m_Radius 的值并没有错误，但建议还是将类中的重要数据成员放在私有部分，这样可以起到保护作用，即数据的隐藏。这就需要使用存取函数来读写类中的数据成员。使用存取函数的优点是可以在函数代码中加入其他功能，例如，可加入一段代码检查赋给 m_Radius 的值是否为正数等。

下面用例子 Circle3.cpp 来说明如何用存取函数读取并设置 m_Radius 的值。

程序如下：

```
#include <iostream>
using namespace std;
class CCircle
{
public:
  CCircle(int r);                //构造函数
  void SetRadius(int r);
  int GetRadius(void);
  void DisplayArea(void);
  ~CCircle();                   //析构函数
private:
  double CalculateArea(void);
  int m_Radius;
  int m_Color;
};
//CalculateArea 函数
double CCircle::CalculateArea(void)
{
    double f;
    f=3.14 * m_Radius * m_Radius;
    return f;
}
//构造函数
CCircle::CCircle(int r)
{
    m_Radius=r;
}
//析构函数
CCircle::~CCircle()
{

}
// DisplayArea 函数
void CCircle::DisplayArea(void)
{
     double fArea;
     fArea=CalculateArea();
     cout<<"The area of the circle is:"<<fArea<<endl;
}
//SetRadius 函数设置 m_Radius 值
void CCircle::SetRadius(int r)
{
     m_Radius=r;
}
//GetRadius 函数返回 m_Radius 值
CCircle:: GetRadius(void)
{
```

```
        return m_Radius;
    }
    int main()
    {
        CCircle MyCircle(10);
        MyCircle.DisplayArea();
        MyCircle.SetRadius(20);
        cout<<"The m_Radius is:";
        cout<<MyCircle.GetRadius()<<endl;
        MyCircle.DisplayArea();
        return 0;
    }
```

Circle3.cpp 的代码与 Circle1.cpp 和 Circle2.cpp 很相似。Circle3.cpp 中数据成员 m_Radius 是在私有部分定义的，因此 main 函数不能直接访问该数据成员。例如下面的语句是错误的：

```
MyCircle.m_Radius=20;
```

为实现数据访问功能，可使用存取函数。SetRadius 成员函数用于设置数据成员 m_Radius，可称为存函数；GetRadius 成员函数用于读取 m_Radius 的值，可称为取函数。在前面部分已经看到 SetRadius 函数和 GetRadius 函数在公有部分说明。因此在 main 函数中可以使用这两个函数：

SetRadius 函数设置 m_Radius 值：

```
void CCircle::SetRadius(int r)
{
    m_Radius=r;
}
```

GetRadius 函数返回 m_Radius 值：

```
CCircle:: GetRadius(void)
{
    return m_Radius;
}
```

前面已经说明，SetRadius 和 GetRadius 函数称为存取函数。使用存取函数可以很方便地对数据成员进行读取和更新，在存取函数中还可包括一些其他代码，例如在 SetRadius 函数中可以加入检验 m_Radius 是否在一定的范围内的代码。该程序的运行结果如图 7.3 所示。

```
The area of the circle is:314
The m_Radius is:20
The area of the circle is:1256
```

图 7.3　Circle3.cpp 的运行结果

7.1.4　函数重载

函数重载是指同一个函数名可以对应多个函数的实现，即多个函数可共用一个函数名。例如，在 CCircle 类的定义中可声明两个 SetRadius 函数。下面的 Circle4.cpp 说明了如何使两个函数共用同一函数名。

【例 7.4】编写程序 Circle4.cpp 实现函数重载。

程序如下：

```
//定义一个类
#include <iostream>
using namespace std;
class CCircle
{
public:
     CCircle(int r);            //构造函数
     void SetRadius(int r);
     void SetRadius(int r,int c);
```

```
        int GetRadius(void);
        void DisplayArea(void);
        ~CCircle();                //析构函数
        int m_Color;
private:
double CalculateArea(void);
int m_Radius;
};
//CalculateArea 函数
double CCircle::CalculateArea(void)
{
double f;
f=3.14 * m_Radius * m_Radius;
return f;
}
//构造函数
CCircle::CCircle(int r)
{
    m_Radius =r;
    m_Color=0;
}
//析构函数
CCircle::~CCircle()
{

}
// DisplayArea 函数
void CCircle::DisplayArea(void)
{
double fArea;
fArea=CalculateArea();
cout<<"The area of the circle is:"<<fArea<<endl;
}
//函数名：SetRadius()
void CCircle::SetRadius(int r,int c)
{
m_Radius =r;
m_Color=c;
}
//函数名：SetRadius()
void CCircle::SetRadius(int r)
{
m_Radius =r;
m_Color=255;
}
//GetRadius 函数返回 m_Radius 值
CCircle:: GetRadius(void)
{
return m_Radius;
}
//main 函数
int main()
{
     CCircle MyCircle(10);
     cout<<"The m_Radius is:"<<MyCircle.GetRadius()<<"\n";
     cout<<"The m_Color is:"<<MyCircle.m_Color;
     cout<<"\n";
     MyCircle.SetRadius(20);
     cout<<"The m_Radius is:"<<MyCircle.GetRadius()<<"\n";
     cout<<"The m_Color is:"<<MyCircle.m_Color;
```

```
        cout<<"\n";
        MyCircle.SetRadius(40,100);
        cout<<"The m_Radius is:"<<MyCircle.GetRadius()<<"\n";
        cout<<"The m_Color is:"<<MyCircle.m_Color;
        cout<<"\n";
        return 0;
    }
```

先看一看 CCircle 类的说明：

```
    class CCircle
    {
    public:
          CCircle(int r);         //构造函数
          void SetRadius(int r);
           void SetRadius(int r,int c);
          int GetRadius(void);
          void DisplayArea(void);
          ~CCircle();            //析构函数
          int m_Color;
    private:
     double CalculateArea(void);
     int m_Radius;
    };
```

CCircle 类的定义与前几个程序中 CCircle 类的定义相似，不同的仅仅是数据成员 m_Color 从私有部分移到了公有部分。另外，在 CCircle 类定义中包含了下面一组重载函数：

```
    void SetRadius(int r);
    void SetRadius(int r,int c);
```

也就是说，CCircle 类有两个 SetRadius 函数：其中一个只有一个整型参数 r，另一个带有两个整型参数 r 和 c。

构造函数除了设置 m_Radius 的值外，还把数据成员 m_Color 的值设为 0：

```
    CCircle::CCircle(int r)
    {
         m_Radius =r;
         m_Color=0;
    }
```

析构函数与前面介绍的析构函数完全相同。

再看看两个 SetRadius 函数是如何定义的。一个 SetRadius 函数把 m_Radius 设为传递给该函数的参数值，并把 m_Color 的值设为 255：

```
    void CCircle::SetRadius(int r)
    {
          m_Radius =r;
          m_Coor=255;
    }
```

另一个 SetRadius 函数把 m_Radius 和 m_Color 都设为传递给该函数的参数值：

```
    void CCircle::SetRadius(int r,int c)
    {
          m_Radius =r;
          m_Color=c;
    }
```

GetRadius 函数与前面程序介绍的相同。

最后看一下 Circle4.cpp 的 main 函数：

```
    int main(void)
    {
         CCircle MyCircle(10);        //定义一个对象并将m_Radius的值赋为10
         cout<<"The m_R is:"<<MyCircle.GetRadius()<<"\n";  //输出m_Radius的值
         cout<<"The m_C is:"<<MyCircle.m_Color;     //输出m_Color的值
```

```
    cout<<"\n";
    MyCircle.SetRadius(20);   //设置MyCircle的m_Radius的值为20
    cout<<"The m_R is:"<<MyCircle.GetRadius()<<"\n";   //输出m_Radius的值
    cout<<"The m_C is:"<<MyCircle.m_Color;      //输出m_Color的值
    cout<<"\n";
    //SetRadius函数重载，设置MyCircle的m_Radius的值为40，设置m_Color的值为100
    MyCircle.SetRadius(40,100);
    cout<<"The m_R is:"<<MyCircle.GetRadius()<<"\n";   //输出m_Radius的值
    cout<<"The m_C is:"<<MyCircle.m_Color;      //输出m_Color的值
    cout<<"\n";
}
```

main 函数的第一行：

```
CCircle  MyCircle(10);
```

其作用是定义一个对象。前面讲过在生成对象时执行构造函数，构造函数设置 MyCircle 对象的 m_Radius 成员的值为 10，同时构造函数设置 m_Color 的值等于 0。因此当 MyCircle 对象生成后，MyCircle 对象的 m_Radius 的值等于 10，m_Color 的值等于 0。

从 main 函数的下一条语句的执行结果可以验证上述结论：

```
cout<<"The m_Radius is:"<<MyCircle.GetRadius()<<"\n";
cout<<"The m_Color is:"<<MyCircle.m_Color;
cout<<"\n";
```

注意：m_Color 可以用 MyCircle.m_Color 的方式访问，这是因为在类的定义中 m_Color 已移到公有部分。

上述语句执行后，输出信息“The m_Radius is: 10”和“The m_Color is: 0”。

main 函数中的下一条语句设置 MyCircle 的数据成员 m_Radius 的值为 20：

```
MyCircle.SetRadius(20);
```

前面定义了两个 SetRadius 函数，那么要执行哪一个 SetRadius 函数呢？C/C++的编译器是智能化的，知道有两个 SetRadius 函数，由于在 MyCircle.SetRadius(20)中仅给定了一个参数，因此编译器断定要执行的是仅带一个参数的 SetRadius 函数。

main 函数中的下面几条语句输出 m_Radius 和 m_Color 的值，其结果可以验证编译器确实使用了只有一个参数的 SetRadius 函数：

```
cout<<"The m_Radius is: "<<MyCircle.GetRadius()<<"\n";
cout<<"The m_Color is:"<<MyCircle.m_Color;
cout<<"\n";
```

上面的语句将输出“The m_Radius is:20”和“The m_Color is:255”。

从 SetRadius(int r)函数中可知：

```
void CCircle::SetRadius(int r)
{
      m_Radius =r;
      m_Color=255;
}
```

确实，m_Radius 应为 20，m_Color 为 255。

main 函数的下一条语句调用了另一个 SetRadius 函数：

```
MyCircle.SetRadius(40,100);
```

该语句调用了具有两个参数的 SetRadius 函数。该函数使 m_Radius 的值为 40、m_Color 的值为 100。执行 main 函数中下面的语句可以验证这个结果是正确的。该程序的运行结果如图 7.4 所示。

Circle4.cpp 举例说明了如何使用和实现重载函数，但并未体现其在实际中如何应用。我们考虑一下计算圆和矩形面积的程序，从中可以理解重载函数的实际应用。

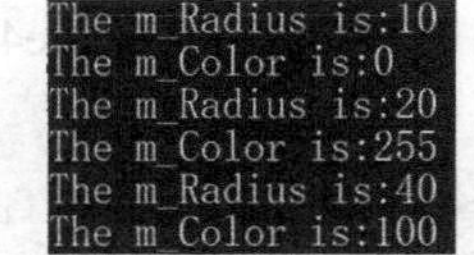

图 7.4　Circle4.cpp 的运行结果

圆的面积计算公式：

$$圆的面积=半径\times半径\times\pi$$

矩形的面积计算公式：

$$矩形面积=边长A\times边长B$$

要同时计算圆和矩形的面积，实现方法之一是编写函数：CalculateArea(Radius)和 CalculateArea (Side A,Side B)。

若采用函数重载的概念，在程序中可只用一个函数：CalculateArea。CalculateArea 函数是重载函数。当只传给函数一个参数时，程序计算圆的面积；当传给函数两个参数时，程序计算矩形的面积。

7.2　类的继承与派生

继承性是面向对象程序设计中的重要特性之一。这种机制改变了过去传统的面向过程程序设计中对用户定义数据类型进行改写甚至重写的方法，克服了面向过程程序设计方法对编写出来的程序无法重复使用而造成资源的浪费的缺点。面向对象程序设计的继承机制提供了无限重复利用程序资源的一种途径。C/C++中的继承机制可以节省程序开发的时间和资源。

7.2.1　继承的内涵

下面通过 RECT 程序说明为什么使用继承。

【例 7.5】编写程序 RECT1.cpp 实现类的继承。

程序如下：

```
#include <iostream>
using namespace std;
class CRect
{
    public:
      CRect(int w,int h);
      void DisplayArea(void);
      ~CRect();
      int m_Width;
      int m_Height;
};
CRect::CRect(int w,int h)
{
    cout<<"这是构造函数\n";
    m_Width=w;
    m_Height=h;
}
//析构函数
CRect::~CRect()
{
    cout<<"这是析构函数\n";
}
//DisplayArea 函数
void CRect::DisplayArea(void)
{
     int iAea;
     iAea=m_Width*m_Height;
     cout<<"Area="<<iAea<<endl;
}
//main 函数
```

```
int main()
{
     CRect MyRect(10,5);
     MyRect.DisplayArea();
     return 0;
}
```

程序 RECT 中定义了 CRect 类，该类中包含构造函数、析构函数、DisplayArea 函数和两个数据成员。

构造函数完成对数据成员的初始化任务，并在显示器上输出“这是构造函数”。析构函数在显示器上输出“这是析构函数”。DisplayArea 函数计算并输出矩形的面积。

main 函数中定义了一个 CRect 类的对象，名为 MyRect：

```
CRect .MyRect(10,5);
```

并把 10、5 传递给构造函数，故矩形的长为 10，宽为 5。然后 main 函数输出矩形的面积：

```
MyRect.DisplayArea();
```

显然，CRect 类计算矩形的面积。程序的运行结果如图 7.5 所示。

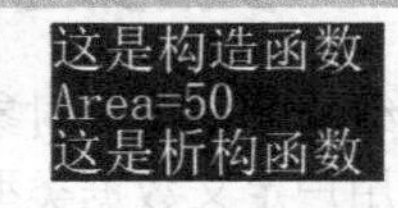

图 7.5　RECT 程序的运行结果

若要计算一个宽为 20、高为 5 的矩形的面积，应如何改变程序？当然可以用前面讲过的方法：在 main 函数中再定义一个对象，通过该对象调用计算矩形面积的函数，从而得到要求的面积。

现在我们用另外一种方法，在 CRect 类中加上设置 m_Width 的值和 m_Height 的值的成员函数。这样 CRect 类的定义将变成：

```
//定义一个类
class CRect
{
   public:
     CRect(int w,int h);          //构造函数
     void DisplayArea(void);
     void SetWidth(int w);
     void SetHeight(int h);
    ~CRect();                    //析构函数
    int m_Width;
    int m_Height;
};
```

SetWidth 和 SetHeight 成员函数如下：

```
void CRect::SetW(int w)
{
     m_Width=w;
}
void CRect::SetH(int h)
{
     m_Height=h;
}
```

main 函数如下：

```
int main()
{
CRect MyRect(10,5);
 MyRect.DispayArea();
 MyRect.SetWidth(20);
 MyRect.SetHeight(5);
 MyRect.DispayArea();
 return 0;
}
```

程序的运行结果如图 7.6 所示。

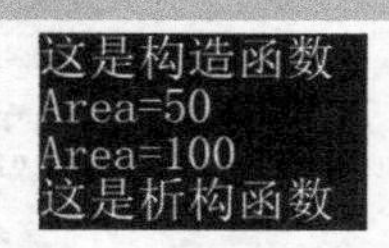

图 7.6　修改 RECT 程序后的运行结果

显然这个程序的实现没有任何错误，但做出上例所示修改的前提是必须有 CRect 类的源代码，而且可以在需要时任意修改。但在大多数情况下，软件销售商不提供类的源代码，因为软件销售商不

愿意把源代码交付给客户，而且也不愿意让用户修改类的源代码，不合理的修改有可能破坏类的结构和功能。

可确实在许多情况下需要增加一些自己的成员函数，像在 CRect 类中加入 SetWidth 和 SetHeight 函数一样。此时可以通过添加一个新类——派生类来实现。

7.2.2　派生类的定义

要解决上一小节讨论的问题，可使用 C++中派生类的概念。派生类是指在已有类的基础上生成新类。已有类称为基类（父类），从基类基础上生成的类称为派生类（子类）。派生类继承了基类的数据成员和成员函数。在生成派生类时可以加入数据成员和成员函数。派生类的定义格式为：

```
class 派生类名:[继承方式] 基类名 1[,继承方式 基类名 2,…,继承方式 基类名 n]
{派生类增加的数据成员和成员函数};
```

其中，定义中的基类名必须是已有类的名称，派生类名则是新建的类名。一个派生类可以只有一个基类，称为单继承；也可以同时有多个基类，称为多重继承。派生类也可以作为基类继续派生子类。

继承方式有 3 种：公有继承（public）、私有继承（private）和保护继承（protected）。如果省略继承关键字，系统默认的继承方式是私有继承。继承方式不同，派生类自身及其使用者对基类成员的访问权限不同。

【例 7.6】在例 7.5 的基础上，编写程序 RECT2.cpp 实现类的继承与派生。

程序如下：

```
#include <iostream>
using namespace std;
//定义一个类
class CRect
{
    public:
    CRect(int w,int h);
    void DisplayArea(void);
    ~CRect();
    int m_Width;
    int m_Height;
};
//基类构造函数
CRect::CRect(int w,int h)
{
    cout<<"这是基类的构造函数\n";
    m_Width=w;
    m_Height=h;
}
//基类的析构函数
CRect::~CRect()
{
    cout<<"这是基类的析构函数\n";
}
//基类的 DisplayArea 函数
void CRect::DisplayArea(void)
{
     int iAea;
     iAea=m_Width*m_Height;
     cout<<"Area="<<iAea<<endl;
}
//定义一个新类 CNewRect
class CNewRect : public CRect
```

```
{
public:
     CNewRect(int w,int h);
     void SetWidth(int w);
     void SetHeight(int h);
     ~CNewRect();
};
//派生类的构造函数
CNewRect::CNewRect(int w,int h):CRect(w,h)
{
    cout<<"这是派生类的构造函数\n";
}
//派生类的析构函数
CNewRect::~CNewRect()
{
    cout<<"这是派生类的析构函数\n";
}
//派生类的 SetWidth 函数
void CNewRect::SetWidth(int w)
{
     m_Width=w;
}
//派生类的 SetHeight 函数
void CNewRect::SetHeight(int h)
{
     m_Height=h;
}
//main 函数
int main()
{
      CNewRect MyRect(10,5);
      MyRect.DisplayArea();
      MyRect.SetWidth(100);
      MyRect.SetHeight(20);
      MyRect.DisplayArea();
      return 0;
}
```

RECT2.cpp 对类 CRect 的定义与 RECT.cpp 相同。

接下来 RECT2.cpp 定义了一个名为 CNewRect 的类，该类从 CRect 类中派生。派生类定义中的第一行为：

```
class CNewRect :public CRect
{
  …
};
```

其中：public CRect 表明 CNewRect 类是从 CRect 类中派生出来的，其继承方式是公有继承。

派生类中包括一个构造函数、一个析构函数、SetWidth 函数和 SetHeight 函数。新类 CNewRect 具有 CRect 类的所有特征。从基类中继承了基类的成员函数 DisplayArea 函数和数据成员 m_Width、m_Height。

基类的构造函数设置数据成员的值：

```
CRect::CRect(int w,int h)
 {  cout<<"这是基类的构造函数\n";
      m_Width=w;
      m_Height=h;
}
```

构造函数中使用了 cout 语句，这样在程序执行过程中可以看出构造函数是否被执行了。

基类的析构函数中也使用了 cout 语句，以便确认该函数已经执行：

```
CRect::~CRect()
{
  cout<<"这是基类的析构函数\n";
}
```

基类的 DisplayArea 函数计算并输出面积值：

```
void CRect::DisplayArea(void)
{
   int iAea;
   iAea=m_Width*m_Height;
   cout<<"Area="<<iAea<<endl;
}
```

派生类的构造函数：

```
CNewRect::~CNewRect(int w,int h):CRect(w,h)
{
    cout<<"这是派生类的析构函数\n";
}
```

函数的第一行 CRect(w,h)含义为：在 CNewRect 对象生成时需要执行基类的构造函数，同时要把参数（w 和 h）传递给基类构造函数。

派生类的构造函数和析构函数均使用了 cout 语句，这样在程序执行过程中既可确定构造函数和析构函数已经执行，同时也能知道函数的执行顺序。

派生类的 SetWidth 和 SetHeight 函数的功能是设置数据成员 m_Width 和 m_Height 的值。

下面来分析一下 main 函数。main 函数在起始部分生成 CNewRect 类的一个对象 MyRect：

```
CNewRect MyRect(10,5);
```

同时执行了基类的构造函数，将数据成员 m_Width 和 m_Height 的值分别设为 10 和 5。

因为 CNewRect 类从 CRect 类中派生，所以可以调用基类的成员函数 DisplayArea 函数：

```
MyRect.DisplayArea();
```

注意：虽然在 CNewRect 类的定义中没有出现 DisplayArea 成员函数，但 CNewRect 类从基类 CRect 中继承了该函数。计算并输出长和宽分别为 10 和 5 的矩形的面积。

main 函数调用两个成员函数 SetWidth 和 SetHeight 函数设置 m_Width 和 m_Height 的值：

```
MyRect.SetWidth(100);
MyRect.SetHeight(20);
```

在程序结束处，main 函数调用 DisplayArea 函数计算和输出长和宽分别为 100 和 20 的矩形的面积：

```
MyRect.DisplayArea();
```

程序的运行结果如图 7.7 所示。

```
这是基类的构造函数
这是派生类的构造函数
Area=50
Area=2000
这是派生类的析构函数
这是基类的析构函数
```

图 7.7　RECT2 程序的运行结果

从运行结果中可以看到，RECT2 程序首先执行基类的构造函数，然后执行派生类的构造函数。这是因为在 main 函数中使用了以下语句：

```
CNewRect MyRect(10,5);
```

RECT2 程序输出长为 10、宽为 5 的矩形的面积。接着输出长为 100、宽为 50 的矩形的面积。main 函数执行到末尾处时将释放 MyRect 对象，可以看到首先执行派生类的析构函数，然后执行基类的析构函数。

注意：在对象建立时，首先执行基类的构造函数，然后执行派生类的构造函数；反之在释放对象时，首先执行派生类的析构函数，然后执行基类的析构函数。

7.2.3　成员函数的重写

我们在进行程序设计时往往需要重写某一个特定的成员函数。例如用户已经购买了 CRect 类库，而且认为这个类很好并想把它用在程序设计中，但不喜欢 CRect 类中设计者编写的 DisplayArea 函数。那么能否重写这个函数？回答是肯定的，下面的 RECT3.cpp 说明了如何重写一个函数。

【例 7.7】在例 7.6 的基础上，编写程序 RECT3.cpp 实现函数的重写。

RECT3.cpp 与 RECT2.cpp 十分相似，不同的是 RECT3.cpp 中的 CNewRect 类定义中增加了另一个函数原型。此时，类 CNewRect 的定义形式如下：

```
class CNewRect:public CRect
{
    public:
       CNewRect(int w,int h);
       DisplayArea(void);
        void SetWidth (int w);
        void SetHeight (int h);
       ~CNewRect();
};
```

上例中加入了 DisplayArea 函数原型。

在 RECT3.cpp 中加入派生类的 DisplayArea 函数的代码：

```
CNewRect::DisplayArea(void)
{
    int iAea;
     iAea= m_Width*m_Height;
     cout<<"========\n";
     cout<<"The area is:";
     cout<<iAea<<"\n";
     cout<<"=========\n";
};
```

可见，RECT3.cpp 程序现在已有两个 DisplayArea 函数，一个是 CRect 基类的成员函数，而另一个是 CNewRect 派生类的成员函数。程序的运行结果如图 7.8 所示。

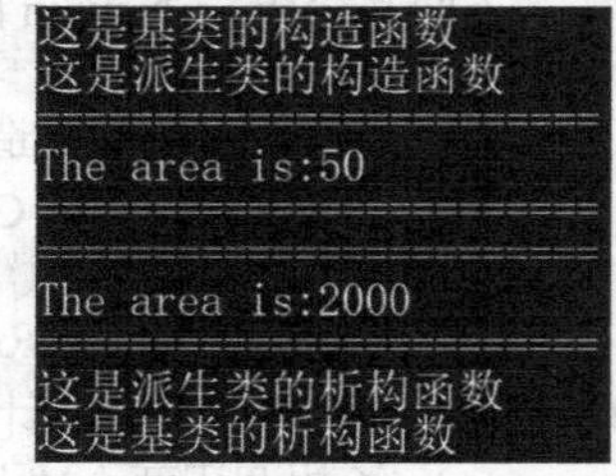

图 7.8 RECT3 程序的运行结果

从结果可以看到，RECT3.cpp 的输出值与 RECT2.cpp 的输出值相同，唯一的不同是面积通过派生类的 DisplayArea 函数输出。这表明当执行 MyRect.DisplayArea();语句时，调用了派生类的 DisplayArea 函数。

7.2.4 派生类的继承方式

派生类继承了基类的全部数据成员和除了构造函数、析构函数以外的成员函数，通过不同的继承方式，派生类可以调整自身及其使用者对基类成员的访问权限。继承方式有 3 种：公有继承、私有继承和保护继承。

1. 公有继承

以公有继承方式定义的派生类对基类各种成员的访问权限如下。

（1）基类的公有成员相当于派生类的公有成员，即派生类可以像访问自身的公有成员一样访问基类的公有成员。

（2）基类的保护成员相当于派生类的保护成员，即派生类可以像访问自身的保护成员一样访问基类的保护成员。

（3）对于基类的私有成员，派生类的内部成员无法直接访问。派生类的使用者也无法通过派生类对象直接访问基类的私有成员。

2. 私有继承

以私有继承方式定义的派生类对基类各种成员的访问权限如下。

（1）基类的公有成员和保护成员都相当于派生类的私有成员，派生类只能通过自身的函数成员访问它们。

（2）对于基类的私有成员，派生类的内部成员和派生类的使用者都无法直接访问。

3. 保护继承

以保护继承方式定义的派生类对基类各种成员的访问权限如下。

（1）基类的公有成员和保护成员都相当于派生类的保护成员，派生类可以通过自身的成员函数或其子类的成员函数访问它们。

（2）对于基类的私有成员，派生类的内部成员和派生类的使用者都无法直接访问。

7.3 多态

多态是面向对象程序设计的一个重要特征。多态是指一个对象的多种形态。一个类的派生类可以定义它们唯一的行为（方法），同时共享基类的相同特征，我们可以采用多态的手段对其进行复用。多态是面向对象的精髓所在，理解多态对理解面向对象编程有着重要意义。

7.3.1 虚函数

虚函数是 C++实现多态的重要条件。当基类中的某个成员函数被声明为虚函数后，可以在派生类中改写该函数，实现不同的功能。虚函数的格式如下：

```
virtual  类型   成员函数名 (参数表)
{
}
```

虚函数的使用方法如下。

（1）在基类中的某一个成员函数前加上关键字 virtual，该成员函数就被声明为虚函数。

（2）在派生类中改写该成员函数，改写时使用与基类完全相同的函数声明方式。

（3）定义一个指向基类的指针，让该指针指向派生类的某一对象。

（4）通过指针调用该虚函数，所调用的就是指向的派生类中的同名成员函数。

使用虚函数时需要注意以下几点。

（1）虚函数必须是类的非静态成员函数。

（2）类的构造函数不能定义为虚函数，类的析构函数可以定义为虚函数。

（3）只需在类中声明虚函数时使用关键字 virtual，在类外进行函数的定义时不需要使用关键字 virtual。

7.3.2 多态的实现机制

在 C++中实现多态需要满足以下几个前提条件。

（1）必须存在基类和派生类，即多态依赖类的继承。

（2）在基类和派生类中具有同名的虚函数。

（3）对派生类中虚函数的调用必须使用指向基类的指针或引用来进行。

【例 7.8】编写程序 Shape1.cpp 实现类的多态。

程序如下：

```
#include <iostream>
using namespace std;
class Point
{
public:
    Point(double i,double j)
    {
        x=i;
        y=j;
```

```
        }
        virtual double Area()
        {
              cout<<"Point Area:0.0"<<endl;
              return 0.0;
        }
    private:
        double x,y;
    };
    class Rectangle:public Point
    {
    public:
         Rectangle(double i,double j,double k,double l);
         virtual double Area() //虚函数
         {
              cout<<"Rectangle Area:0.0"<<w*h<<endl;
              return w*h;
         }
    private:
         double w,h;
    };
    Rectangle::Rectangle(double i,double j,double k,double l):Point(i,j)
    {
    w=k;
    h=l;
    }
    int main()
    {
        Point *p;
        Point  po(3.0,5.2);
        Rectangle rec(3.0,5.2,15.0,25.0);
        p = &po;
        p->Area();
        p = &rec;
        p->Area();
        return 0;
    }
```

程序的运行结果如图 7.9 所示。

```
Point Area:0.0
Rectangle Area:0.0375
```

图 7.9　Shape1 程序的运行结果

7.3.3　纯虚函数与抽象类

1. 纯虚函数

我们可以把基类的虚函数改成不含任何操作代码的空函数，具体的功能留给改写派生类时根据需要来定义。此时我们可以把基类中的虚函数声明为纯虚函数。纯虚函数是指在声明虚函数时被“初始化”为 0 的函数。声明虚函数的一般格式为：

```
virtual 函数类型 函数名(成员函数名)=0;
```

2. 抽象类

有些基类往往表示一些抽象的概念，它的成员函数没有什么实际意义，可定义成抽象类。抽象类是至少有一个纯虚函数的类。抽象类是特殊的类，是为了抽象和设计而建立的，处于继承结构的上层，将有关的类组织在类层次中。抽象类作为根，相关的子类是从这个根中派生出来的。抽象类的特点如下。

（1）抽象类只能用作其他类的基类，不能建立抽象类的对象。

（2）抽象类不能用作参数、函数返回值、显式转换的类型。

（3）可以说明指向抽象类的指针和引用，此指针可以指向它的派生类，进而实现多态性。

【例 7.9】编写程序 Shape2.cpp 实现纯虚函数与抽象类的使用。程序的功能是计算正方体、球体及圆柱体的表面积和体积。

从正方体、球体和圆柱体的各种运算中抽象出一个公共基类 **Shape2** 为抽象类，在其中定义求表面积和体积的纯虚函数（该抽象类本身是没有表面积和体积可言的）。在抽象类中定义一个公共的数据成员 **radius**，此数据可作为正方体的边长、球体的半径和圆柱体底面圆的半径。由此抽象类派生出要描述的 **3** 个类，即 **cube**、**sphere** 和 **cylinder**，在这 **3** 个类中都具有求表面积和体积的重定义版本。这些类的类层次如图 7.10 所示。

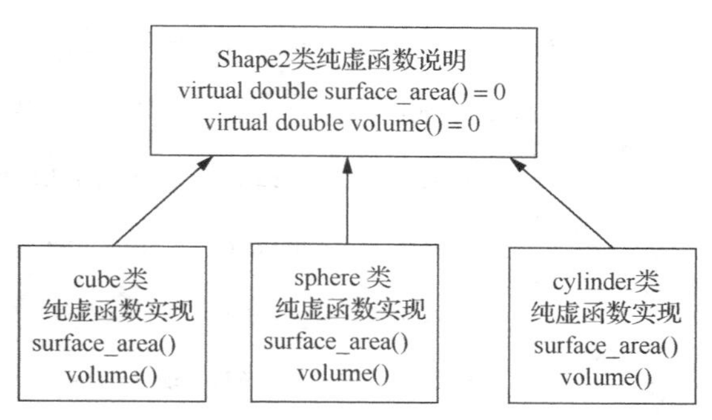

图 7.10　Shape2.cpp 的类层次

程序如下：

```
#include <iostream>
using namespace std;
class Shape2
{
protected:
     double radius;
public:
     Shape2(double radius)
     {
         Shape2::radius=radius;
     }
     virtual double surface_area()=0;   //纯虚函数
     virtual double volume()=0;         //纯虚函数
};
class cube : public Shape2 //定义正方体类
{
public:
     cube(double radius) : Shape2(radius)
     {
     }
     double surface_area()
     {
         return radius * radius * 6;
     }
     double volume()
     {
         return radius * radius * radius;
     }
};
class sphere : public Shape2 //定义球体类
{
public:
     sphere(double radius) : Shape2(radius)
     {
     }
     double surface_area()
     {
         return 3.1416 * radius * radius * 4;
     }
     double volume()
     {
         return 3.1416 * radius * radius *radius * 4 / 3;
     }
};
```

```
class cylinder : public Shape2 //定义圆柱体类
{
     double height;
public:
     cylinder(double radius,double height) : Shape2(radius)
     {
          cylinder::height = height;
     }
     double surface_area()
     {
         return 2*3.1416*radius*(height+radius);
     }
     double volume()
     {
         return 3.1416*radius*radius*height;
     }
};
int main()
{
    Shape2 *p;
    cube obj1(5);
    sphere obj2(5);
    cylinder obj3(5,5);
    p = &obj1;
    cout << "正方体表面积:"<< p->surface_area() << endl;
    cout << "正方体体积:"<< p->volume() << endl;
    p = &obj2;
    cout << "球体表面积:"<< p->surface_area() << endl;
    cout << "球体体积:"<< p->volume() << endl;
    p = &obj3;
    cout << "圆柱体表面积:"<< p->surface_area() << endl;
    cout << "圆柱体体积:"<< p->volume() << endl;
    return 0;
}
```

程序的运行结果如图 7.11 所示。

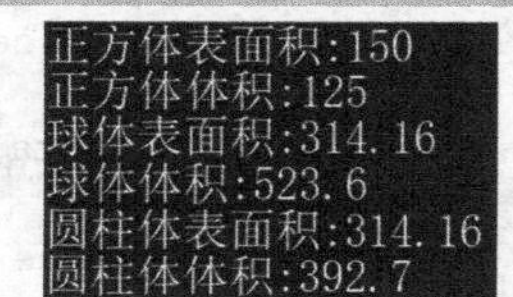

正方体表面积:150
正方体体积:125
球体表面积:314.16
球体体积:523.6
圆柱体表面积:314.16
圆柱体体积:392.7

图 7.11　Shape2 程序的运行结果

习题

1. 简述。

（1）类包含什么成员？

（2）什么是对象？

（3）公有类型成员与私有类型成员有什么区别？public 和 private 的作用分别是什么？

（4）构造函数和析构函数的作用是什么？

（5）成员函数可以是私有的吗？数据成员可以是公有的吗？

（6）什么是函数重载？

（7）什么是虚基类？多态性的实现机制包括哪些？

（8）什么是抽象类？抽象类有何用途？

2. 阅读下面的程序，写出运行结果。分析程序执行过程以及调用构造函数和析构函数的过程。

（1）程序：

```
#include<iostream>
using namespace std;
class A
```

```
{
public:
    A(){a=0;b=0;}
    A(int i){a=i;b=0;}
    A(int i,int j) {a=i;b=j;}
    void display(){cout<<"a="<<a<<"b="<<b;}
private:
    int a;
    int b;
};
class B:public A
{
    public:
    B(){c=0;}
    B(int i):A(i){c=0;}
    B(int i,int j):A(i,j){c=0;}
    B(int i,int j,int k):A(i,j){c=k;}
    void display1()
    {
         display();
         cout<<"c="<<c<<endl;
    }
    private:
      int c;
};
int main()
{
     B b1;
     B b2(1);
     B b3(1,3);
     B b4(1,3,5);
     b1.display1();
     b2.display1();
     b3.display1();
     b4.display1();
     return 0;
}
```

（2）程序：

```
#include<iostream>
using namespace std;
class A
{
public:
   A(){cout<<"这是基类 A 的构造函数"<<endl;}
   ~ A(){cout<<"这是基类 A 的析构函数"<<endl;}
};
class B:public A
{
public:
   B(){cout<<"这是派生类 B 的构造函数"<<endl;}
  ~ B(){cout<<"这是派生类 B 的析构函数"<<endl;}
};
class C:public B
{
public:
   C(){cout<<"这是派生类 C 的构造函数"<<endl;}
   ~ C(){cout<<"这是派生类 C 的析构函数"<<endl;}
};
int main()
```

```
{
    C c1;
    return 0;
}
```

3. 有以下程序，分析访问属性，并回答下面的问题。

程序如下：

```
#include<iostream>
using namespace std;
class A
{
public:
    void f1();
    int i;
protected:
    void f2();
    int j;
private:
    int k;
};
class B:public A
{
public:
    void f3();
protected:
    int m;
private:
    int n;
};
class C:public B
{
public:
    void f4();
private:
    int p;
};
int main()
{
     A a1;
     B b1;
     C c1;
     return 0;
}
```

问题如下。

（1）在 main 函数中如何用 b1.i、b1.j 和 b1.k 引用派生类 B 对象 b1 中基类 A 的成员？

（2）派生类 B 中的成员函数如何调用基类 A 中的成员函数 f1 和 f2？

（3）派生类 B 中的成员函数如何引用基类 A 中的数据成员 i、j、k？

（4）如何在 main 函数中用 c1.i、c1.j、c1.k、c1.m、c1.n、c1.p 引用基类 A 的成员 i、j、k，派生类 B 的成员 m、n，以及派生类 C 的成员 p？

（5）如何在 main 函数中用 c1.f1()、c1.f2()、c1.f3()、c1.f4()调用 f1、f2、f3、f4 成员函数？

（6）派生类 C 的成员函数 f4 如何调用基类 A 的成员函数 f1、f2 和派生类中的成员函数 f3？

4. 设计一个基类，从基类派生出三角形类、矩形类、圆形类、梯形类、正方形类，计算并输出它们的面积。

5. 设计一个基类，从基类派生出圆形类，从圆形类派生出圆柱形类，计算并输出圆的面积和圆柱的体积。

08 第 8 章　Windows 窗体应用程序

本章主要介绍 C#的基本语法以及 Windows 窗体应用程序设计的基本步骤和方法，为读者进一步深入学习打下基础，读者可根据自己的水平和兴趣参阅其他进阶教程。

8.1　C#简介

C#（C sharp）是在 C/C++基础上发展而来、完全基于面向对象思想的语言，其语法格式与 C/C++非常类似。C#基于.NET 框架，降低了软件开发的复杂度，能开发出各种应用程序。C#以其强大的操作能力、优雅的语法风格、创新的语言特性和便捷的面向组件编程支持成为.NET 开发的首选语言。

8.1.1　C#的发展与特点

C#源于 Microsoft（微软）公司的 COOL 项目。2000 年 6 月，Microsoft 公司正式发布 C#（C# 1.0），其后陆续发布了 C# 1.1、1.2、2.0、3.0、4.0 版本，逐步增加了泛型、迭代、匿名方法、Lambda 表达式等功能，其中 C# 2.0 版本被国际标准化组织（International Organization for Standardization，ISO）定为高级语言开发标准。C#保留了 C、C++、Java 等语言的优点，在继承 C/C++强大功能的同时去掉了一些复杂特性，其主要特点如下。

1. 语法简洁

C#几乎继承了 C++的所有语法，并且由于采用统一的操作符，去除了 C++中的表示符号和伪关键字，使得语法更为简洁。

2. 面向对象

C#是纯粹的面向对象语言，具有继承、封装、多态等特性，每一种类型都是对象，所有的常量、变量、属性、事件、方法等都封装在类中，使代码具有更好的可读性。

3. COM 集成

C#借鉴了 Delphi 语言中的 COM（component object model，组件对象模型），使得软件的操作更加符合人类的行为方式。

4. 基于.NET 平台

.NET 平台使在任何平台或智能设备上共享、组合信息与功能成为可能，其中.NET 框架（.NET Framework）是其核心部分，主要包括公共语言运行库（common language runtime，CLR）和.NET Framework 类库（.NET Framework class library），提供诸如类型检查（type checker）、垃圾回收（garbage collector）、异常处理（exception manager）等功能，使开发过程更轻松。

当然，C#还具有其他一些特点，例如采用委托（delegate）来模拟 C/C++中的指针，通过接口（interface）来实现类的多继承，允许与 Win32 API 和其他语言组件进行交互操作等。

8.1.2 Microsoft Visual Studio 简介

基于.NET 框架的 Microsoft Visual Studio（VS）是.NET 平台上的功能强大的软件开发工具集，包括了整个软件生命周期中所需要的大部分工具（如代码管控工具、集成开发环境），提供设计、编码、编译调试等基本功能，以及基于开放架构的服务器组件开发平台、企业开发工具、性能评测报告等高级功能。

从经典的 VS 6.0 发布之后，Microsoft 公司便致力于面向 Web 的下一代开发平台的研制，并将其更名为 VS.NET。自 VS.NET 2002 发布后，几乎每两年就推出一个新版本，陆续发布了 VS.NET 2003、2005、2008、2010、2012、2019 等版本。与此同时，.NET Framework 的版本也随之更新，从 1.0、2.0、3.0、3.5、4.5 到 4.8。两者的关系可以比喻为：.NET Framework 是.NET 程序运行的底层框架库，而 VS.NET 是平台具体的执行者，如同.NET Framework 的外壳，它们之间的关系如图 8.1 所示。

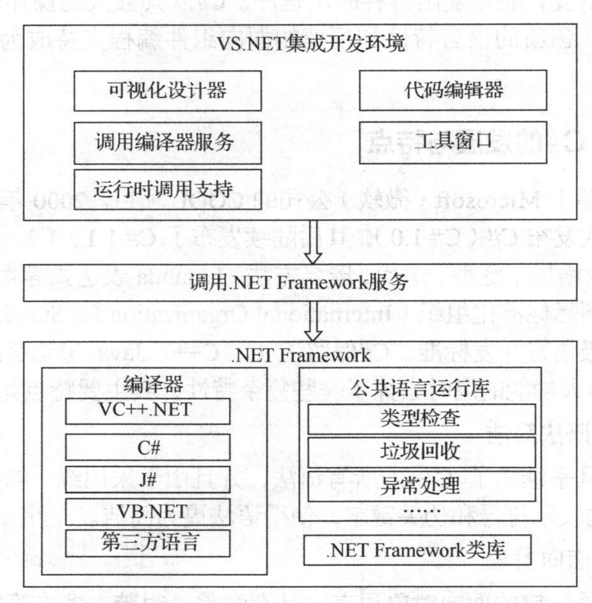

图 8.1 .NET Framework 与 VS.NET 的关系

VS.NET 的优点如下。

（1）“所见即所得”，能轻松创建简单、易用的 Windows 界面风格的应用程序。

（2）集成 30 多种控件，覆盖 Web 应用、数据库应用、安全验证等领域，使开发工作更加简便、快速。

（3）代码编辑器支持代码彩色显示、智能感知、语法校对等功能。

（4）提供内置的可视化数据库工具，使开发数据库应用程序更加方便。

本书使用的开发环境是 VS.NET 2010（以下简称 VS2010），后续版本虽然在功能上得到了优化和增强，但界面风格一脉相承，开发环境和开发过程大同小异，对于初学者来说很容易过渡。VS2010 提供了安装向导，详细的安装过程请读者自行查阅相关资料。安装完毕后，启动即可进入起始页界面，如图 8.2 所示。需要注意，第一次运行时需要选择默认语言，建议选择 C#。

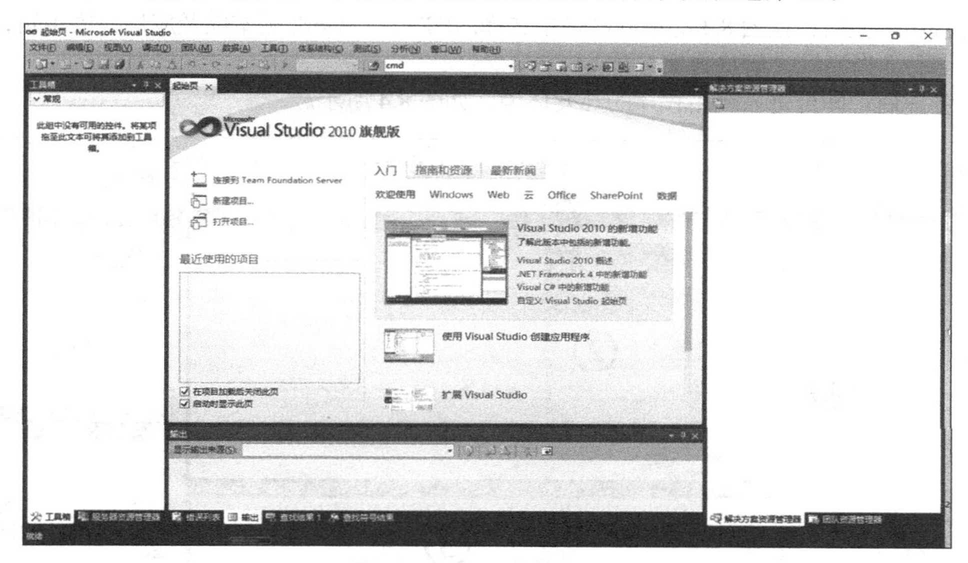

图 8.2　VS2010 起始页界面

8.1.3　Microsoft Visual Studio 2010 开发环境及开发过程

VS.NET 是常用的.NET 应用程序集成开发环境，它将代码编辑器、编译器、调试器、图形界面设计器等工具和服务集成在一个环境下，因而能极大地提高软件开发的效率。

单击 VS2010 起始页界面中的“新建项目”按钮或选择菜单“文件”→“新建”→“项目”命令，打开“新建项目”对话框，如图 8.3 所示。

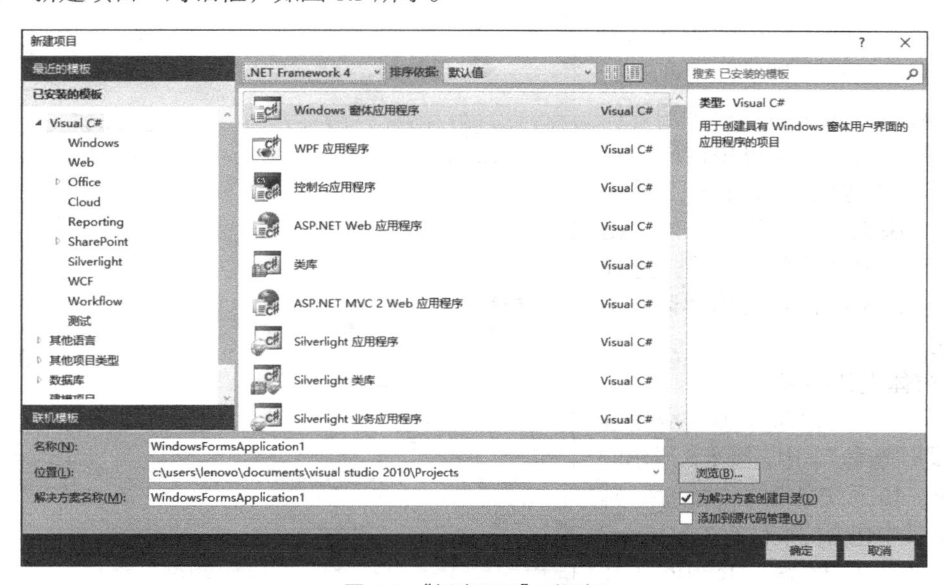

图 8.3　“新建项目”对话框

在图 8.3 左侧区域的"已安装的模板"树状结构中，VS2010 为多种应用程序的开发提供了模板，其中 Visual C#中的常用模板包括"Windows 窗体应用程序""控制台应用程序""ASP.NET Web 应用程序"等。此外，VS2010 还提供了其他语言或项目类型的开发模板，例如 Visual Basic、Visual C++和 Visual F#。

选择模板类型后，在图 8.3 的中部区域中选择.NET Framework 版本以及应用程序类别，再设置项目的"名称""位置""解决方案名称"。

项目创建后，即可进入应用程序的开发环境，如图 8.4 所示。

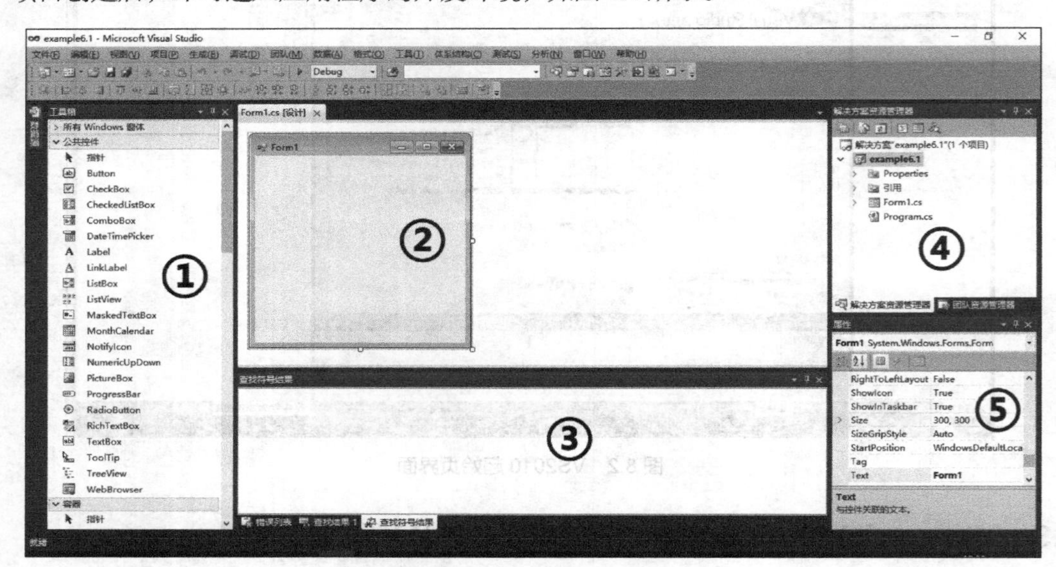

图 8.4　应用程序的开发环境

应用程序的开发环境可分为以下 5 个功能区域。

（1）工具箱

工具箱中包括 VS2010 的公共控件、容器、菜单和工具栏、组件及对话框等对象，8.3 节中将介绍常用控件的使用方法。此外，也可根据应用程序的需要将其他组件添加至工具箱中。具体方法是在工具箱空白处单击鼠标右键，在快捷菜单中选择"选择项…"命令，然后在弹出的对话框中选择所需组件。

（2）窗体设计器窗口

将工具箱中的对象添加到应用程序界面（即"窗体"）中，图 8.5 所示的是 Windows 10 系统自带的"麦克风 属性"窗体，其中包含的控件有 TabControl（选项卡）、Label（标签）、TextBox（文本框）、Button（按钮）、GroupBox（组

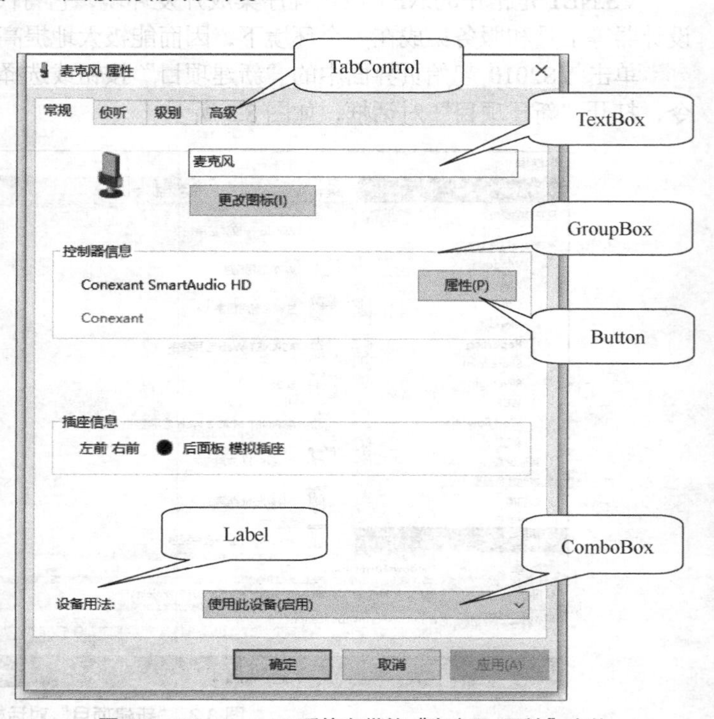

图 8.5　Windows 10 系统自带的"麦克风 属性"窗体

框）、ComboBox（组合框）等。

设计窗体时，将所需要的控件逐一拖曳至窗体中，调整位置，合理布局。在该区域按<F7>键，或在窗体上单击鼠标右键，在弹出的快捷菜单中选择“查看代码”命令，即可打开代码编辑器窗口。

（3）信息列表

信息列表主要包括“错误列表”“查找结果”等。“错误列表”能帮助开发人员发现并快速定位错误代码，“查找结果”用于显示在当前项目或整个解决方案中所查找的内容出现的位置。

（4）解决方案资源管理器

解决方案是某个应用程序的所有项目集，以树状结构显示其中包含的项目及其组成信息。VS2010 中的每一个项目是一个独立的编程单元，其中包含窗体文件和其他一些相关文件，若干项目构成一个解决方案。

（5）属性窗口

窗体及窗体中的控件都被称为对象，属性窗口以表格的形式列出了当前被选中对象的属性名称以及它们的默认值。在开发过程中一般只需要设置一些常用属性，其余属性保留默认值即可。此外，属性窗口中还可以切换至“事件”选项卡，为对象的某一事件添加代码。

这些功能区域将在后续章节中详细介绍，读者也可根据个人习惯重新布局。下面通过实例介绍 Windows 窗体应用程序的开发过程。

【例 8.1】编写 Windows 窗体应用程序，在窗体中显示“欢迎来到我的个人空间”。

（1）新建项目，创建 Windows 窗体应用程序，模板将自动创建一个名为 Form1 的窗体。

（2）从工具箱中拖曳 Label 控件至窗体中，在属性窗口中设置其 Text 属性为“欢迎来到我的个人空间”，设置其 Font 属性为“隶书 小一”，设计效果如图 8.6（a）所示。

（3）运行程序。按<F5>键，或选择菜单中的“调试”→“启动调试”命令，或单击工具栏上的按钮运行程序。运行效果如图 8.6（b）所示，按<Shift+F5>组合键或单击工具栏上的按钮即可停止调试。

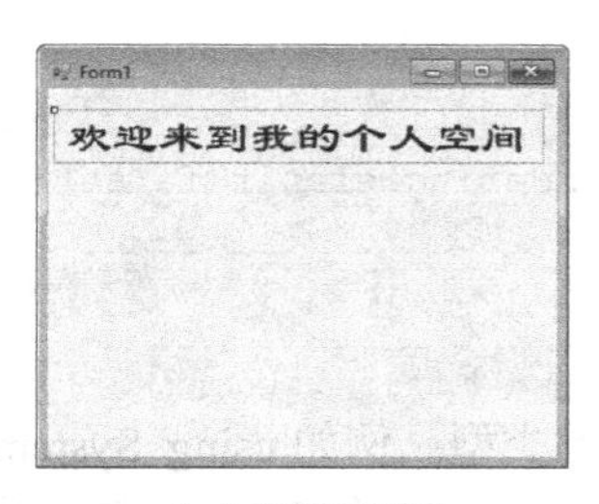

（a）设计效果图

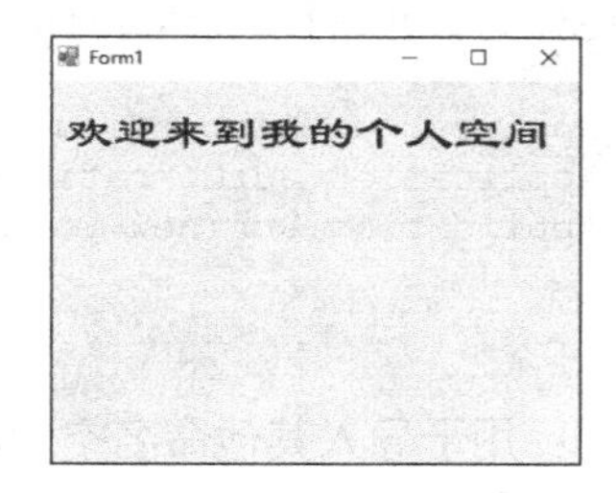

（b）运行效果图

图 8.6 例 8.1 设计/运行效果图

（4）打开解决方案所在文件夹，查看文件结构，同时在 VS2010 中查看解决方案资源管理器，如图 8.7 所示。

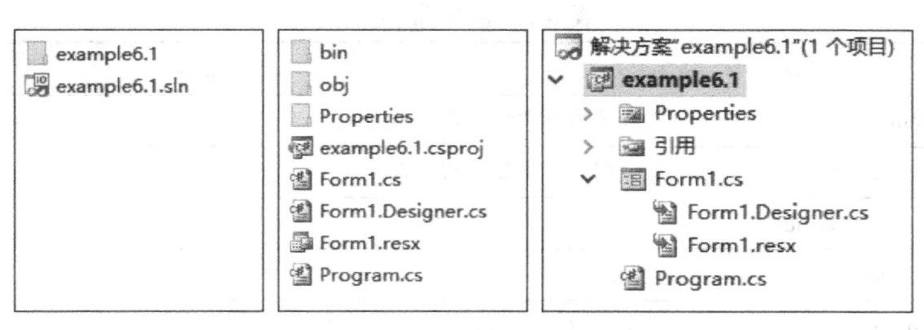

图 8.7 解决方案文件结构

① sln 文件：解决方案（solution）文件，用于保存解决方案信息。退出 VS2010 后，双击该文件即可再次打开解决方案。

② bin 文件夹：用于保存项目生成后的程序集。它有 Debug 和 Release 两个版本，分别对应文件夹 bin/Debug 和 bin/Release，可以通过“项目属性”→“配置属性”→“输出路径”命令修改。

③ obj 文件夹：用于保存每个模块的编译结果。在.NET 中，编译是分模块进行的，整体编译结束后会合并为一个.dll 或.exe 文件保存到 bin 文件夹下。

④ Properties 文件夹：用于保存程序集信息，如名称、版本等，与项目属性窗口中的设置对应，包含 AssemblyInfo.cs、Resources.resx、Settings.settings 等文件，不需要手动编写或修改。

⑤ csproj 文件：项目文件（C sharp project），用于保存项目信息，如果解决方案中包含多个项目，将自动产生多个 csproj 文件。

⑥ 窗体文件：包含 Form1.cs、Form1.Designer.cs 和 Form1.resx。其中 Form1.cs 为 Form1 类代码文件；Form1.Designer.cs 为 Form1 类设计文件，系统将自动生成其中的代码，包括窗体及控件的生成、定义等语句；Form1.resx 为资源文件。

⑦ Program.cs 文件：Program 类文件，由系统自动生成，也可根据应用程序需要修改。

程序如下：

```
using System;
using System.Collections.Generic;
using System.Linq;
using System.Windows.Forms;

namespace example6._1
{
    static class Program
    {
        /// <summary>
        /// 应用程序的主入口点
        /// </summary>
        [STAThread]
        static void Main()
        {
            Application.EnableVisualStyles();
            Application.SetCompatibleTextRenderingDefault(false);
            Application.Run(new Form1());
        }
    }
}
```

- using 关键字：用于导入其他命名空间中定义的类型。例如 using System，System 是系统提供的一个命名空间，包含了 Microsoft 提供的类。如果缺少这条语句，则在错误列表中会出现错误提示：未能找到类型或命名空间名称"STAThread"(是否缺少 using 指令或程序集引用?)。此时可通过两种方式进行修改：加上 using System，或将[STAThread]修改为[System. STAThread]。

常用命名空间如表 8.1 所示。

表 8.1　常用命名空间

命名空间	说明
System	基础数据类型和辅助类
System.Collections	散列表、可变长数组等
System.Collections.Generic	泛型集合类和接口类
System.Data	ADO.NET 数据访问类
System.IO	文件操作和 I/O 流的类

续表

命名空间	说明
System.Net	封装了网络协议（如 HTTP）的类
System.Drawing	生成图形输出（GDI+）的类
System.Runtime.Remoting	编写分布式应用程序的类
System.Threading	创建和管理线程的类
System.Web	支持 HTTP 的类
System.Web.Services	编写 Web 服务的类
System.Web.UI	ASP.NET 使用的基础类
System.Windows.Forms	GUI（graphical user interface，图形用户界面）应用程序的类
System.Xml	读写 XML（extensible markup language，可扩展标记语言）数据的类
System.Linq	Linq 类和接口

- namespace 关键字：用于声明命名空间。命名空间是一个逻辑的命名系统，用来组织庞大的系统资源，避免可能出现的名称冲突。程序中基础类型的定义、数据结构的封装、Windows 界面元素等都需要命名空间进行管理。
- static class Program：静态类定义。关键字 static 修饰的类称为静态类，这种类仅包含静态成员，无法进行实例化，即不能使用 new 关键字创建静态类类型的对象。
- 注释：可以提高程序的可读性，便于对代码的维护。C#提供 3 种注释方式：单行、多行和 XML 注释。前两种方式与 C/C++风格保持一致，上述代码采用的是第三种方式，以“///”开始，其后的任何内容均为注释信息，编译时会被提取出来，形成一个特殊格式的文本文件（XML），用于创建文档说明书。
- Main()方法：程序的主入口点。C#规定入口的方法名必须为 Main，其中，static 表示该方法是静态的，void 表示该方法无返回值。每个 C# Windows 窗体应用程序中，必须有一个类包含名为 Main 的静态方法。如果有多个类均定义了 Main()方法，则必须指定其中一个为主方法。
- Application 类：具有用于启动和停止应用程序、线程以及处理 Windows 消息的方法。Run()方法的作用是启动当前线程上的应用程序消息循环，并使窗体可见；Exit()方法用来停止消息循环；当程序在某个循环中时，可以调用 DoEvents()方法来处理消息。代码中的 Application.Run(new Form1());的作用是程序运行后首先打开窗体 Form1，如果项目中包含多个窗体，则必须通过修改这条语句来指定启动窗体。

【例 8.2】在例 8.1 项目中添加“登录界面”窗体，并将该窗体设置为启动窗体；运行时单击窗体中的按钮退出程序。

（1）选择菜单“项目”→“添加 Windows 窗体”命令，或在解决方案资源管理器中选中项目，单击鼠标右键，在快捷菜单中选择“添加”→“新建项”命令，弹出“添加新项”对话框，如图 8.8 所示。选择“Windows 窗体”并对新窗体命名，单击“添加”按钮即可。此时项目中包括两个窗体：Form1 和 Form2。

（2）从工具箱中将一个 Label 控件拖曳至窗体中，在属性窗口中设置其 Text 属性为“登录界面”，Font 属性为“隶书 小一”；再添加一个 Button 控件，设置其 Text 属性为“退出”，设计效果如图 8.9（a）所示。

（3）修改 Program.cs 文件中的语句为 Application.Run(new Form2());，即将 Form2 设置为启动窗体。运行程序，效果如图 8.9（b）所示，但此时单击“退出”按钮无法退出程序。

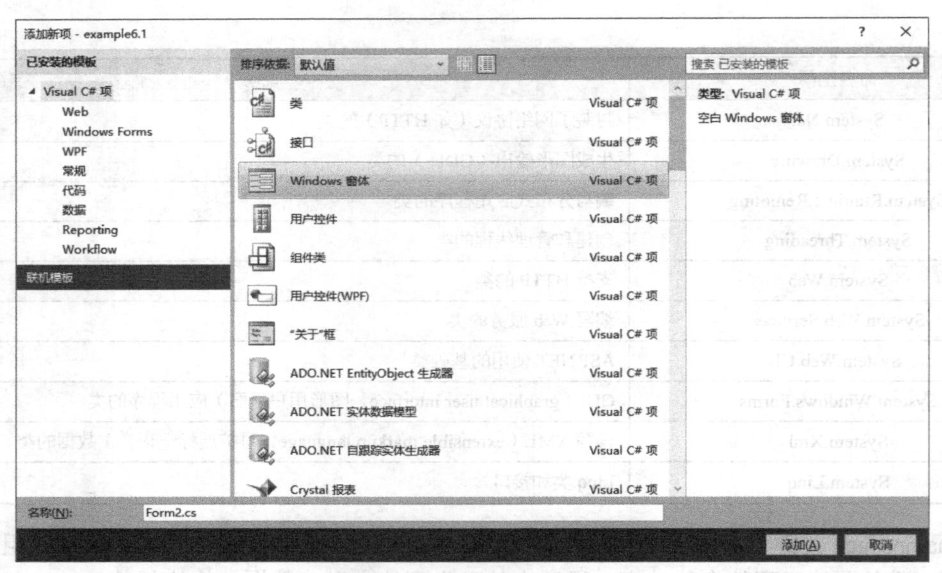

图 8.8 “添加新项”对话框

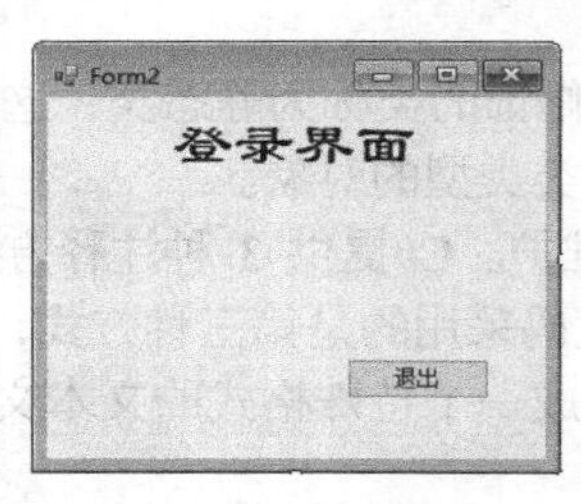

（a）设计效果图

（b）运行效果图

图 8.9 例 8.2 设计/运行效果图

（4）为“退出”按钮添加代码。在窗体设计器窗口中双击“退出”按钮，或选择“退出”按钮，在属性窗口中单击⚡（事件）图标，找到“Click”（实际上也是 Button 的默认事件），双击右侧空白处，即可进入窗体代码编辑器窗口，代码如下：

```
using System;
using System.Collections.Generic;
using System.ComponentModel;
using System.Data;
using System.Drawing;
using System.Linq;
using System.Text;
using System.Windows.Forms;

namespace example6._1
{
    public partial class Form2 : Form
    {
        public Form2()
        {
            InitializeComponent();
        }

        private void button1_Click(object sender, EventArgs e)
        {

        }
```

```
        }
    }
```

在 button1_Click()方法（即 C/C++中的函数）中添加代码 Application.Exit();，重新运行程序，此时单击“退出”按钮即可退出程序。

（5）下面对上述代码做进一步的说明。

① public partial class Form2 : Form

Form2 是创建的窗体类的名称，与文件名一致，“:”表示继承关系，意思是 Form2 类派生自基类 Form。Form 类是.NET Framework 提供的基础窗体类，定义了窗体的基本属性、事件和方法，程序中创建的所有窗体都继承于 Form 类。

public 关键字的含义是“公有的”，这是一种访问修饰符，被修饰的成员可以被类的内部或者外部直接访问。除此之外，还有另外两种常见的访问修饰符：private 和 protected。被 private 修饰的成员只能被类的内部访问，被 protected 修饰的成员可以被类的内部和子类访问。public 的访问级别最高，protected 级别次之，而 private 级别位于最后，如果在系统开发中有安全性方面的考虑可以通过这 3 个修饰符来进行权限控制。

partial 关键字的含义是“部分的”，这是在.NET Framework 2.0 中引入的特性，称为分布类。在 C#中，为了方便管理和编辑代码，使用 partial 关键字可以将一个类的代码分开放在多个文件中，每个文件都是类的一部分代码。利用 partial 关键字就可以把 Form2 窗体的代码部分和设计部分分别存放在 Form2.cs 和 Form2.Designer.cs 两个文件中。

② public Form2()

这个特殊的与类名称同名的方法称为构造函数，在类实例化时优先执行这个方法。利用方法的重载可以定义多个构造函数，这也是窗体间参数传递的一种方式。例如，public Form2(string ID)，通过参数 ID 就可以得到 ID 信息。

③ InitializeComponent()

这条语句字面上的意思是“初始化组件”，作用是程序运行时对窗体及控件进行初始化。光标停留在该语句处，单击鼠标右键，在快捷菜单中选择“转到定义”命令，即可打开 Form2.Designer.cs 文件，如图 8.10 所示。虽然这个文件中的语句由系统自动生成，对于用户来说一般不需要自己添加或修改，但是了解它有助于理解 Windows 窗体应用程序的运行方式。

```
namespace example6._1
{
    partial class Form2
    {
        /// <summary>
        /// Required designer variable.
        /// </summary>
        private System.ComponentModel.IContainer components = null;

        /// <summary>
        /// Clean up any resources being used.
        /// </summary>
        /// <param name="disposing">true if managed resources should be disposed; otherwise, false.</param>
        protected override void Dispose(bool disposing)
        {
            if (disposing && (components != null))
            {
                components.Dispose();
            }
            base.Dispose(disposing);
        }

        Windows Form Designer generated code

        private System.Windows.Forms.Label label1;
        private System.Windows.Forms.Button button1;
    }
}
```

图 8.10 Form2.Designer.cs 文件

从图 8.10 中可以看到，之前在窗体中添加的 Label 和 Button 控件实际上是定义了两个私有成员变量（对象）label1 和 button1。展开“Windows Form Designer generated code”即可看到 InitializeComponent()方法，下面对其中的代码进行简单的介绍：

```
    private void InitializeComponent()
    {
        this.label1 = new System.Windows.Forms.Label();
        this.button1 = new System.Windows.Forms.Button();
        this.SuspendLayout();
        //
        // label1
        //
        this.label1.AutoSize = true;
        this.label1.Font = new System.Drawing.Font("隶书", 24F,
System.Drawing.FontStyle.Regular, System.Drawing.GraphicsUnit.Point, ((byte)(134)));
        this.label1.Location = new System.Drawing.Point(60, 9);
        this.label1.Name = "label1";
        this.label1.Size = new System.Drawing.Size(143, 33);
        this.label1.TabIndex = 1;
        this.label1.Text = "登录界面";
        //
        // button1
        //
        this.button1.Location = new System.Drawing.Point(158, 145);
        this.button1.Name = "button1";
        this.button1.Size = new System.Drawing.Size(75, 23);
        this.button1.TabIndex = 2;
        this.button1.Text = "退出";
        this.button1.UseVisualStyleBackColor = true;
        this.button1.Click += new System.EventHandler(this.button1_Click);
        //
        // Form2
        //
        this.AutoScaleDimensions = new System.Drawing.SizeF(6F, 12F);
        this.AutoScaleMode = System.Windows.Forms.AutoScaleMode.Font;
        this.ClientSize = new System.Drawing.Size(263, 201);
        this.Controls.Add(this.button1);
        this.Controls.Add(this.label1);
        this.Name = "Form2";
        this.Text = "Form2";
        this.ResumeLayout(false);
        this.PerformLayout();

    }
```

- this 关键字：代表当前实例，程序中可以使用“this.”来调用当前实例的成员方法、变量、属性、字段等，对本例来说指的是当前窗体。
- label1、button1 以及当前窗体的 Name、Text、Size、Location 等属性通过若干条赋值语句进行设置。如果继续添加控件，或者设置控件属性，系统将自动生成相应的语句。
- this.button1.Click += new System.EventHandler(this.button1_Click);语句表示事件注册。该语句实际上是建立了一个委托类型的实例，并指向了 this.button1_Click()方法。也就是说，在程序运行的“某一时刻”（对本例来说是单击按钮），系统会通过这个委托实例间接调用 this.button1_Click()方法。当然，除了控件中事件注册代码是自动生成的以外，其他类中的事件注册代码均可以自行编写，也可以通过多播委托来实现级联操作。委托不是本章重点，读者可查阅其他资料自行了解。
- 窗体实际上可看作一个容器，通过 this.Controls.Add(this.button1); 或 this.Controls.Add(this.label1);语句将控件添加到窗体内。在很多应用中，例如“扫雷”游戏，游戏中的格子（典型地使用

Button 控件）就是根据所选的游戏难度通过代码动态添加的。

④ private void button1_Click(object sender, EventArgs e)

该方法由系统自动产生，包含两个参数。其中，sender 参数用于传递指向事件源对象的引用，简单来讲就是当前的对象；e 参数用于记录事件传递过来的额外信息，一般用于传递用户单击的位置，或键盘按下的键等信息。例如，在该方法中添加以下代码：

```
Button bt = sender as Button;
MessageBox.Show(bt.Text);
MessageBox.Show(e.ToString());
```

重新运行程序，单击“退出”按钮时将以对话框的形式显示 button1 的 Text 属性“退出”以及鼠标单击的事件类型“System.Windows.Forms.MouseEventArgs”。

MessageBox.Show()方法用于产生一个对话框，由用户选择后续操作，它的详细用法将在后面的章节中介绍。

通过对代码的分析可以看到，VS2010 的代码编辑器高效且智能，能提供如下功能。

- 代码分色显示。代码编辑器能够识别 C#语法，如关键字用暗蓝色显示、注释用绿色显示等。
- 自动语法检查。输入代码时，编辑器将自动进行语法检查，在可能产生错误的代码下加下画线，并在错误列表中给出相应提示。
- 智能感知（intellisense）。代码编辑器会自动列出对象的属性、方法以及方法的参数等。该功能不仅能减少输入代码的工作量，而且还能确保代码的正确性。

Windows 窗体应用程序通过窗体及窗体上的各种图形用户界面（GUI）元素，形成与用户交流的界面。VS2010 提供了 Windows 窗体和控件元素，使开发过程变得简单，用户可以在编写少量代码的情况下完成应用程序的创建。

综上所述，使用 VS2010 创建一个 Windows 窗体应用程序通常需要经历以下 4 个步骤：

① 设计 Windows 窗体应用程序界面；

② 设置对象属性；

③ 编写对象事件代码；

④ 保存并运行程序。

8.1.4 程序调试方法

在程序编写过程中，不可避免地会出现错误，导致程序运行错误。为了排除这些错误，特别是一些不容易发觉的错误，需要进行程序调试。

程序调试是在程序中查找错误的过程，常用的程序调试方法包括断点操作、单步执行以及运行到指定位置等。

1. 断点操作

断点能将程序在某个特定点上暂时挂起，此时程序处于中断模式，并不会终止或结束执行过程。断点的标志是●，所在行以褐色显示，插入断点的方法有以下 3 种。

（1）在要设置断点的行的左侧空白处单击。

（2）选择某行代码，单击鼠标右键，在弹出的快捷菜单中选择“断点”→“插入断点”命令。

（3）选择某行代码，选择菜单“调试”→“切换断点”命令。

删除断点的操作与之类似。

2. 单步执行

单步执行即每次只执行一行代码，主要通过逐语句、逐过程和跳出命令来实现。“逐语句 F11”和“逐过程 F10”的区别在于当某一行包含函数调用时，前者仅执行调用本身，然后在函数内第一行代码处停止；而后者则执行整个函数，然后在函数外第一行代码处停止。如果位于函数调用内部并想返回到调用函数时，可使用“跳出”命令，此时将一直执行代码，直到函数返回，然后在调用函数中的返回点处中断。

3．运行到指定位置

如果希望程序运行到指定的位置，可以通过在指定代码行上单击鼠标右键，在弹出的快捷菜单中选择“运行到光标处”命令，这样当程序运行到光标处时会自动暂停。

8.2 C#基础

C#与 C/C++一脉相承，语法、程序结构非常类似。因此在本节中，重点介绍 C#与 C/C++不一样的地方，包括标识符与关键字、数据类型、运算符与表达式、流程控制语句、异常处理等。

8.2.1 标识符与关键字

标识符（identifier）是对程序中各元素进行定义的名字，如变量名、类名、方法名等。标识符命名规则与 C++类似，尽量“见名知义”，命名样式主要有 Pascal、Camel 和 Upper 3 种。Pascal 样式中每个单词的首字母大写，其余字母小写，通常情况下类名、方法名和属性名采用这种样式，例如 TextBox、FileOpen；Camel 样式中除了第一个单词小写外，其余单词的首字母均采用大写形式，通常情况下变量名、一般对象名、控件对象名以及方法的参数名等采用这种方式，例如 myName、myAddress；Upper 样式中每个字母均采用大写形式，一般用于标识具有固定意义的缩写形式，例如 XML、GUI。

关键字是 C#编译器预定义的保留字，这些关键字不能用作标识符，例如 using、namespace、this 等。如果确实想作为标识符使用，可在关键字前加上“@”字符作为前缀。有些关键字在代码的上下文中有特殊的意义，被称为上下文关键字，例如 partial。C#中的关键字共有 77 个，如表 8.2 所示；上下文关键字共有 17 个，如表 8.3 所示。

表 8.2 C#中的关键字

序号	关键字	序号	关键字	序号	关键字	序号	关键字	序号	关键字
1	abstract	17	do	33	in	49	protected	65	true
2	as	18	double	34	int	50	public	66	try
3	base	19	else	35	interface	51	readonly	67	typeof
4	bool	20	enum	36	internal	52	ref	68	uint
5	break	21	event	37	is	53	return	69	ulong
6	byte	22	explicit	38	lock	54	sbyte	70	unchecked
7	case	23	extern	39	long	55	sealed	71	unsafe
8	catch	24	false	40	namespace	56	short	72	ushort
9	char	25	finally	41	new	57	sizeof	73	using
10	checked	26	fixed	42	null	58	stackalloc	74	virtual
11	class	27	float	43	object	59	static	75	volatile
12	const	28	for	44	operator	60	string	76	void
13	continue	29	foreach	45	out	61	struct	77	while
14	decimal	30	goto	46	override	62	switch		
15	default	31	if	47	params	63	this		
16	delegate	32	implicit	48	private	64	throw		

表 8.3 C#中的上下文关键字

序号	关键字	序号	关键字	序号	关键字
1	add	7	get	13	orderby
2	alias	8	globle	14	partial
3	ascending	9	group	15	remove
4	decending	10	into	16	select
5	dynamic	11	join	17	set
6	from	12	let		

8.2.2 数据类型

C#中的所有数据类型都是类，并且均由 System.Object 类派生而来。C#的数据类型分为两类：值类型和引用类型。

值类型和引用类型的区别在于：值类型的变量直接包含数据，而引用类型的变量存储对数据的引用（reference，类似 C/C++中的指针），后者可以当作“对象”来处理。需要说明一点，值类型的值也可以通过装箱和拆箱操作与对象进行转换。对于引用类型，同一个对象可能被多个变量引用，因此一个变量的操作可能影响另一个变量对该对象的引用。对于值类型，每个变量都有自己的数据副本，各变量之间的操作互不影响。C#数据类型的统一性使得使用 object 类型的通用库既可以用于引用类型，又可以用于值类型，表 8.4 概括了 C#的数据类型。

表 8.4 C#的数据类型

类别		说明
值类型	基本类型	有符号整型：sbyte、short、int、long
		无符号整型：byte、ushort、uint、ulong
		Unicode 字符：char
		浮点型：float、double
		高精度小数类型：decimal
		布尔类型：bool
	枚举类型	enum E{...}形式的用户自定义类型
	结构类型	struct S{...}形式的用户自定义类型
引用类型	类类型	所有其他类型的最终基类型：object
		Unicode 字符串：string
		class C{...}形式的用户自定义类型
	接口类型	interface I{...}形式的用户自定义类型
	数组类型	一维和多维数组，例如 int[ ]和 int [,]
	委托类型	delegate D{...}形式的用户自定义类型

（1）整型、字符型、浮点型、结构类型与 C/C++中的基本一致，接口类型和委托类型不在本书讨论范围之内，有兴趣的读者可以查阅相关资料。

（2）布尔类型：用来表示“真”和“假”，只有 true 和 false 两个值。

布尔类型对应的.NET Framework 类型为 System.Boolean。在 C/C++中，0 表示“假”，任何非 0 值都表示“真”，这在 C#中不再适用，因此需要特别注意。

（3）枚举类型：为简单类型的常数值提供一种方便记忆的方法。枚举类型定义的一般格式为：

```
enum 枚举名
{枚举列表};
```

枚举值列表中列出了所有可用值，这些值称为枚举元素。例如 enum Days {Mon, Tue, Wed, Thu, Fri, Sat, Sun};，所有被声明为 Days 类型的变量值只能是 7 天中的某一天。例如，当定义 Days 类型的变量 OneDay 后，变量 OneDay 值的形式为：

```
Days OneDay;
OneDay = Days.Wed;
```

在系统默认情况下，枚举类型中所有的枚举元素都是整型，而且第一个枚举元素的值为 0，后面每个枚举元素的值依次递增 1。当然，也可以为枚举元素直接赋值。例如 enum Days { Mon=1, Tue=2, Wed=3, Thu=4, Fri=5, Sat=6, Sun=7 };，此时枚举元素的数值从 1 开始，而不是系统默认的 0。虽然每个枚举元素均为整型，但是枚举类型到整型的转换需要显式类型转换。

（4）数组类型。C#中的数组包括一维数组、多维数组（矩形数组）和数组的数组（交错数组）。与 C/C++不同的是，数组定义时，“[ ]”放在数组类型的后面，而不是放在数组变量名的后面；另一个不同之处在于，数组的大小不是其类型的一部分，且在使用前必须进行实例化。例如，定义如下数组：

```
int [ ] numbers;                  //一维数组
string [ , ] names;               //多维数组，二维
string [ , , ] address;           //多维数组，三维
byte [ ] [ ] scores;              //数组的数组
```

定义数组时并没有为它们分配内存空间，且在定义数组之后必须将其实例化。例如：

```
int [ ] numbers = new int [5] ;                          //一维数组
string [ , ] names = new string[5,4] ;                   //二维数组
string [ , , ] address = new string[5,4,3] ;             //三维数组
byte[ ] [ ] scores = new byte [4] [5];                   //数组的数组
```

数组元素的初始化与 C/C++类似，例如：

```
int [ ] numbers = new int [5] {1,2,3,4,5};
string [,] address = new int [2,2]{{ "Beijing", "Shanghai"},{"Nanjing","Qingdao"}};
```

在 C#中，System.Array 类是所有数组类型的抽象基础类型，因此可以使用 System.Array 的属性及其他类成员。例如可以使用 System.Array 的 Length 属性获取数组的长度：int LengthofNumbers = numbers.Length;。System.Array 类的常用方法如表 8.5 所示。

表 8.5　System.Array 类的常用方法

方法名称	说明
Max()	返回数组的最大值。例如，myArray.Max()的结果为 9
Min()	返回数组的最小值。例如，myArray. Min()的结果为 0
Sum()	返回数组元素之和。例如，myArray. Sum()的结果为 45
Average()	返回数组元素的平均值。例如，myArray. Average()的结果为 4.5
Array.Sort(Array array)	数组升序排序。例如，Array.Sort(myArray)的结果为{ 0,1,2,3,4,5,6,7,8,9 }
Array.Reverse(Array array)	反转数组。例如，Array.Reverse(myArray)的结果为{ 0,8,6,4,9,2,3,7,5,1 }

假设表中示例均采用数组 int[] myArray = { 1,5,7,3,2,9,4,6,8,0 };。

这里需要再说明一点，虽然 Array 类可以方便地进行元素的添加、修改，以及移除集合中的元素，甚至可以将整个集合复制到另一个集合中。但这种方法无法在编译代码前确定数据的类型，而且运行时可能需要频繁地进行数据类型转换，导致运行效率降低。因此，在 C#中提供了另外一种处理元素集合的类型，称为泛型集合类，它能提供比非泛型集合类更好的类型安全性和性能。List<T>就是泛型集合类中的一种，在大多数应用中都会采用这种方式，有兴趣的读者可以查阅其他相关资料。

（5）字符串类型。字符串类型是 C#中常用的数据类型，它是 System.String 的别名。相对于 C/C++来说，C#中的字符串处理更加方便。

① 字符串定义，使用 string 关键字，例如，string mystr = "BeiJing";。

② 字符串长度，使用 string 类型的 Length 属性，例如，int len = mystr.Length;。

③ 字符串连接，使用运算符“+”，例如，string mystr = "Beijing" + " and ShangHai";。

④ 字符串比较，使用比较运算符“==”，例如，if (mystr == yourstr)。

需要说明的是，尽管字符串是引用类型，但比较的是字符串的值而不是引用（地址）。

⑤ 字符串元素访问，采用下标法，例如，char Firstch = mystr[0];。

此外，系统还提供了很多字符串处理的方法，如表 8.6 所示。

表 8.6　常用的字符串处理方法

方法原型	说明
char[ ] ToCharArray()	将字符串转换为字符数组。例如，string str = " _";，则 str.ToCharArray()的结果为字符数组{' ','_'}
string Substring(int startIndex)	截取字符串子串，从指定位置 startIndex 开始，一直到字符串结束。例如，string str = "China";，则 str.Substring(1)的结果为"hina"
string Substring(int startIndex, int length)	截取字符串子串，从指定位置 startIndex 开始，截取长度为 length 的子串。例如，string str = "China";，则 str.Substring(1,2)的结果为"hi"
string Trim()	去掉字符串头尾的空格字符。例如，string str = " China ";，则 str.Trim()的结果为"China"
string Trim(char[ ] param)	去掉字符串头尾与 param 相匹配的字符。例如，string str = " _ _China__ "; char[ ] ch = " _".ToCharArray();，则 str.Trim(ch)的结果为"China"
string TrimStart(char[ ] param)	去掉字符串头部与 param 相匹配的字符，如无此参数，则去掉头部空格。具体用法可参考 Trim()方法
string TrimEnd(char[ ] param)	去掉字符串尾部与 param 相匹配的字符，如无此参数，则去掉尾部空格。具体用法可参考 Trim()方法
string[ ] Split(char[ ] param)	将以 param 分隔的字符串转换为字符数组。例如，string str = "AA,BB,CC ";，则 str.Split(',')的结果为字符串数组{"AA","BB","CC"}
string Replace(string old, string new)	将字符串中的 old 字符串替换为 new 字符串。例如，string str = "AA,BB,CC";，则 str.Replace(",", "-")的结果为"AA-BB-CC"
string ToUpper()	将字符串中的字符全部转为大写字符。例如，string str = "China";，则 str.ToUpper()的结果为"CHINA"
string ToLower()	将字符串中的字符全部转为小写字符。例如，string str = "China";，则 str.ToLower()的结果为"china"
string ToString()	将其他类型数据转换为字符串。例如，double pi = 3.14;，则 pi.ToString()的结果为字符串"3.14"
int CompareTo(string strB)	比较字符串 strA 和 strB 的大小。例如，string strA = "China";，则 strA.CompareTo("China")的结果为 0
int String.Compare(string strA, string strB)	比较字符串 strA 和 strB 的大小。例如，string strA = "China";，则 String.Compare(strA , "China")的结果为 0
bool Equals(string strB)	比较字符串 strA 和 strB 是否相等。例如，string strA = "China";，则 strA. Equals("China")的结果为 true
bool String.Equals(string strA, string strB)	比较字符串 strA 和 strB 是否相等。例如，string strA = "China";，则 String. Equals(strA , "China")的结果为 true
int IndexOf(string strB)	获取字符串 strA 中第一次匹配 strB 的位置（下标），如不存在则返回-1。例如，string strA = "ABCABCD";，则 strA.IndexOf("BCD")的结果为 4
int LastIndexOf(string strB)	获取字符串 strA 中最后一次匹配 strB 的位置（下标），如不存在则返回-1。例如，string strA = "ABCABCD";，则 strA.LastIndexOf("AB")的结果为 3
bool Contains(string strB)	返回字符串 strA 中是否包含字符串 strB。例如，string strA = "ABCABCD";，则 strA.Contains("ABC")的结果为 true
string Insert(int startIndex, string strB)	从 startIndex 位置开始插入字符串 strB。例如，string strA = "ABCGH";，则 strA.Insert(3, "DEF")的结果为"ABCDEFGH"

续表

方法原型	说明
string Remove(int startIndex)	删除从 startIndex 位置开始到字符串结尾的子字符串。例如，string strA = "ABCGH";，则 strA. Remove(3)的结果为"ABC"
string Remove(int startIndex, int count)	删除从 startIndex 位置开始的 count 个字符。例如，string strA = "ABCDEFGH";，则 strA. Remove(3,3)的结果为"ABCGH"
string String.Concat(string[] str)	将字符串数组 str 连接为新字符串。例如，string[ ] str = {"China" , "ncepu"};，则 String.Concat(str)的结果为"Chinancepu"
string String.Join(string separator, string[] str)	将字符串数组 str 以分隔符 separator 连接为新字符串。例如，string[ ] str = {"China" , "ncepu"};，则 String.Join(",",str)的结果为"China,ncepu"
string String.Format(string format, params object[] args)	创建格式化的字符串，参数 format 用于指定返回字符串的格式，而 args 为一系列变量参数。此方法类似 C 语言中的 printf 函数。例如，String.Format("{0} / {1} = {2:0.000}", 1, 3, 1.00/3.00)的结果为"1 / 3 = 0.333"。具体格式请读者自行查阅相关资料

（6）日期和时间类型。对日期和时间处理的常用类是 DateTime 类和 TimeSpan 类。DateTime 类的表示范围是 1 年 1 月 1 日 00:00:00 到 9999 年 12 月 31 日 23:59:59 之间的日期和时间，最小时间单位为 100ns；TimeSpan 类表示一个时间间隔，其范围在 Int64.MinValue 到 Int64.MaxValue 之间。

DateTime 类提供了静态属性 Now，用于获取当前的日期和时间。假定当前时间为 2019 年 10 月 1 日 10 时 20 分 30 秒，以下三种形式均可。

```
DateTime now = DateTime.Now;  // 当前时间 2019/10/1 10:20:30
DateTime now = new DateTime( 2019 , 10 , 1 , 10 , 20 , 30 );
DateTime now = Convert.ToDateTime( "2019-10-1 10:20:30" );
```

表 8.7 所示为 DateTime 类的常用属性和方法。

表 8.7　DateTime 类的常用属性和方法

属性或方法	说明
now.ToString("yyyy 年 MM 月 dd 日 HH 时 mm 分 ss 秒")	返回格式化后的字符串"2019 年 10 月 01 日 10 时 20 分 30 秒"，其中 HH 为 24 小时制，如写成 hh 则为 12 小时制
int DateTime.Year	返回指定日期的年份，例如 now.Year 返回整型值 2019。除此属性外还有 Month、Day、Hour、Minute、Second 等，用于获取当前时间的月、日、时、分、秒
int DateTime.DayOfYear	返回指定日期是该年中的第几天，例如 now.DayOfYear 返回整型值 274
long DateTime.Ticks	返回指定日期时间的计时周期数，例如 now.Ticks 返回长整型值 637055220300000000。
DayOfWeek DateTime.DayOfWeek	返回指定日期是星期几，例如 now.DayOfWeek 返回 DayOfWeek 类型值 Tuesday
DateTime AddDays(double value)	返回指定日期加上 value 天后的日期，例如 now.AddDays(1)返回日期类型值 2019/10/2 10:20:30。除此方法外还有 AddHours、AddMinutes、AddSeconds、AddYears、AddMonths 等，作用是计算当前时间之后若干小时、分、秒、年、月的时间，参数若为负值则返回指定日期减去 value 天后的日期
TimeSpan Subtract(DateTime dt)	返回指定日期减去另一指定日期 dt 后的间隔
int DateTime.DaysInMonth(int year, int month)	返回指定年 year 和月 month 中的天数。例如，DateTime.DaysInMonth(now.Year, now.Month)的结果是 31
bool DateTime.IsLeapYear(int year)	返回指定年 year 是否为闰年。例如，DateTime.IsLeapYear(now.Year)的结果是 false

TimeSpan 类用于计算两个日期之间的间隔，例如：

```
DateTime dt1= new DateTime( 2019 , 10 , 1 , 10 , 20 , 30 ); // 2019/10/1 10:20:30
DateTime dt2= new DateTime( 2019 , 5 , 1 , 12 , 16 , 50 ); // 2019/5/1 12:16:50
TimeSpan ts = dt1.Subtract(dt2);  // 152.22:03:40，即日期相差 152 天 22 小时 3 分 40 秒
```

表 8.8 所示为 TimeSpan 类的常用属性。

表 8.8　TimeSpan 类的常用属性

属性	说明
int TimeSpan.Days	返回指定时间间隔的天数部分，例如 ts.Days 返回整型值 152。除此属性外还有 Hours、Minutes、Seconds 等，用于获取时间间隔的小时部分、分钟部分、秒数部分
double TimeSpan.TotalDays	返回指定时间间隔以天为单位表示的值，例如 ts.TotalDays 返回双精度型值 152.919212962963。除此属性外还有 TotalHours、TotalMinutes、TotalSeconds 等，用于将时间间隔转换为以时、分、秒为单位的值

（7）类型转换。

① 隐式转换和显式转换。

隐式转换是系统默认的，是不必加以明显说明就可以进行的转换；显式转换又称为强制转换，即需要指定转换的类型。

隐式转换需要注意：字符类型可以隐式转换为整型或浮点型，但不存在其他类型到字符类型的隐式转换；低精度的类型可以隐式转换为高精度的类型，反之会出现异常。

例如，int i = 5; long l = i + 28765;，从整型转换到长整型即为隐式转换。

浮点型和 decimal 类型之间不存在隐式转换，此时必须使用显式转换。例如，decimal y = 66.6; double x = (double) y; y = (decimal) x;，使用括号运算符进行显式转换。

② 装箱和拆箱。

装箱和拆箱是 C#类型系统的重要概念。装箱允许将一个值类型转换为引用类型，反之则为拆箱。这种机制形成了值类型和引用类型之间的等价连接，即任何类型都可以看作对象。

装箱（boxing）是指将任何值类型隐式地转换为引用类型对象。当一个值类型被装箱时，一个对象实例就被分配，且值类型的值被复制给新的对象。

例如，int i = 100 ; object obj = i ;，第二条赋值语句的作用是将整型变量 i 的值赋给 obj 对象，该语句即为装箱。整型变量和对象变量都同时位于栈（stack）中，但对象的值保留在堆（heap）中。

与装箱相反，拆箱（unboxing）是指将一个对象类型显式地转换成一个值类型。当执行拆箱操作时，先检查这个对象实例，看它是否为给定的值类型的装箱值，然后把这个装箱的值赋给值类型的变量。

例如，int i = 100 ; object obj = i ; int k = (int)obj ;，可以看出，装箱的过程是拆箱的逆过程。装箱转换和拆箱转换必须遵循类型兼容的原则，否则会引发异常。需要说明的是，频繁地装箱和拆箱会影响程序的性能，因此要慎重使用。

③ 数值和字符串的转换。

数值转换为字符串时可以采用 ToString()方法，也可以通过方法重载来设置输出格式。

例如，int i = 123;，则 i.ToString()的结果为字符串"123"。

字符串转换为数值的方式有两种：Parse()方法和 Convert 类。

例如，string str = "3.14";，若要将其转换为 3.14，可使用 Double.Parse(str)，也可以使用 Convert.ToDouble(str)。

其中允许的数据类型可以是 byte、int16、int32、int64、uint16、uint32、uint64、short、single（指单精度）、double、decimal 等。

8.2.3 运算符与表达式

运算符是指在表达式中执行操作的符号，表达式由常量、变量、对象及各种运算符组成。C#中的常用运算符及说明如表 8.9 所示。

表 8.9　C#中的常用运算符及说明

运算符类型	说明
点运算符	指定类型或命名空间的成员，例如，Application.Exit()、System.Windows.Form
括号运算符	① 指定表达式运算顺序，例如，x*(y+z);。 ② 用于显式类型转换，例如，a=(int)b;。 ③ 方法或委托的参数，例如，void fun(int a) { }
方括号运算符	① 用于数组和索引，例如，a[i] = a[i+1];。 ② 用于特性。 ③ 用于指针（非托管模式）
new 运算符	① 用于创建对象和调用构造函数，例如，int[] a; a = new int[10];。 ② 用于创建匿名类型的实例
typeof 运算符	获取类型的 System.Type 对象，例如，System.Type t = typeof(int);
is 运算符	x is T 的含义是 x 表达式能否通过引用转换等方式转换成 T 类型，如果可以则返回 true，否则返回 false
as 运算符	x as T 的含义是 x 表达式能否通过引用转换或装箱显式地转换为 T 类型，如果成功表示转换为 T 类型，如果失败则返回 null
checked 和 unchecked 运算符	用于整型算术运算时控制当前环境中的溢出检查
算术运算符	+、−、*、/、%
递增递减运算符	++、−−
关系运算符	<、>、<=、>=、==、!=、 ?:
逻辑运算符	!、&&、||
位运算符	<<、>>、&、^、|
赋值运算符	=、+=、−=、*=、/=、%=、<<=、>>=、&=、^=、|=

1. 数学运算

Math 类提供了各种常用的数学运算，其作用有两个：一是为三角函数、对数函数和其他通用数学函数提供常数，如 PI 值；二是提供各种数学运算的方法。表 8.10 所示为 Math 类中的常用方法。

表 8.10　Math 类中的常用方法

方法原型	说明
Math.PI	π 值，3.14159265358979
Math.E	e 值，2.71828182845905
<type> Math.Abs(<type> arg)	返回<type>类型数值 arg 的绝对值。其中，<type>类型可为 int、long、short、float、double、decimal、sbyte
double Math.Sin(double arg)	返回 arg（弧度值）的正弦值
double Math.Cos(double arg)	返回 arg（弧度值）的余弦值
double Math.Tan(double arg)	返回 arg（弧度值）的正切值
double Math.Pow(double x, double y)	返回 x 的 y 次幂
double Math.Sqrt(double arg)	返回 arg 的平方根
double Math.Exp(double arg)	返回 e 的 arg 次幂
double Math.Log(double arg)	返回 arg 的自然对数（底为 e），即 ln(arg)
double Math.Log10(double arg)	返回 arg 的常用对数（底为 10），即 $log_{10}(arg)$
<type> Math.Max(<type> arg1, <type> arg2)	返回<type>类型数值 arg1 和 arg2 的较大值。其中，<type>类型可为 int、long、short、float、double、decimal、byte、sbyte、uint、ulong、ushort
<type> Math.Min(<type> arg1, <type> arg2)	返回<type>类型数值 arg1 和 arg2 的较小值。其中，<type>类型与 Math.Max 一致
double Math.IEEERemainder (double x, double y)	返回被除数 x 被 y 相除的余数。例如，Math.IEEERemainder(13.2 , 2.5)的结果为 0.7

2. 随机数

Random 类用于生成随机数。计算机并不能产生完全随机的数字，它生成的数字被称为伪随机数，是以相同的概率从一组有限的数字中选取的，所选的数字并不具有完全的随机性，但就实用而言，其随机程度已经足够了。

使用 Random 类时要注意，由于时钟分辨率有限，频繁创建不同的 Random 对象会创建出产生相同随机数序列的随机数生成器。编写程序时，应通过创建单个而不是多个 Random 对象来生成随机数，以便其随着时间推移能够生成不同的随机数，从而避免产生相同随机数的情况。Random 类有以下两种形式。

（1）无参数构造函数形式

```
Random rand = new Random();
int RandKey = rand.Next(100,1000); // 随机产生 100～999 的 3 位正整数
```

此时，系统将自动选取当前时间作为随机数的种子。但这不是最好的选择，由于时钟分辨率有限，频繁创建不同的 Random 对象可能会创建出产生相同随机数序列的随机数生成器。因为计算机的系统时钟可能没有时间在此构造函数的调用之前进行更改，从而使 Random 的不同实例的种子值可能相同，随机数序列也就一样。

（2）参数化构造函数形式

```
Random random = new Random(Int32);
```

创建随时间推移，时间种子选取取值范围大的 Random 对象，以确保生成多个 Random 对象时，彼此间的随机数序列不同。一般来说，系统会选取计时周期数（ticks）作为时间种子。例如：

```
Random random = new Random((int)DateTime.Now.Ticks);
```

8.2.4 流程控制语句

C#中的流程控制语句包括条件语句、循环语句和跳转语句，其语法结构与 C/C++类似，这里只介绍 foreach 语句，其他语句不再一一介绍。

```
foreach 语句的一般格式为:
foreach(类型 标识符 in 表达式)
    {语句块}
```

其中，“类型”和“标识符”用于声明循环变量，“表达式”为操作对象的集合，集合可以是数组、字符串、ArrayList 类以及用户自定义的集合类等。其执行过程是：逐个提取集合中的元素到“标识符”中，并对集合中的每个元素执行语句序列中的操作。注意：在循环体内不能改变循环变量的值。例如：

```
int[] x = { 2,4,6,8,10 };
foreach (int i in x)
    i++;                //错误，x 中的元素被指派给 i，更改 i 会引发编译错误
```

使用 foreach 语句的特点在于：循环不可能出现计数错误，也不会越界。

以下代码片段用于统计一个字符串中字符“s”出现的次数：

```
string s = "This is Visual Studio 2010";
int i = 0;
foreach(char ch in s)
{
     if(ch=='s')
        i++;
}
```

上述语句的执行完毕后，i 的值是 3。

8.2.5 异常处理

异常是指在程序运行过程中可能出现的不正常情况。在编写程序时，不仅要关心程序的正确性，还应该检查错误和可能发生的不可预知的事件（即异常）。以下情况都有可能引发异常：错误的输入、内存不够、磁盘出错等。异常处理是指程序员在程序中可以捕获到可能出现的错误并加以处理，如

提示用户通信失败或者退出程序等。

从程序设计的角度来看，错误和异常的主要区别在于：错误是指程序员可以通过修改程序解决或避免的问题，如编译时出现的语法错误、运行程序时出现的逻辑错误等；异常是指程序员可以捕获但无法通过修改程序加以避免的问题。

在 C#程序中的异常处理是通过 try…catch…finally 语句实现的，语句形式如下所示：

```
try{
    …                    //需要捕获异常的代码
}catch(异常类型 异常变量名)
{
    …                    //异常处理代码
}finally
{
    …                    //异常处理后继续执行的代码
}
```

上面的异常处理语句中的 try、catch、finally 3 部分并不要求必须全部出现，可以是 try…catch、try…finally、try…catch…finally 3 种形式。

在程序运行正常的时候，执行 try 块内的程序。如果 try 块中出现了异常，程序立即转到 catch 块中执行。一个 try 块也可以包含多个 catch 块，若有多个 catch 块，则每个 catch 块处理一个特定类型的异常。如果 try 块后面有 finally 块，不论是否出现异常，也不论是否有 catch 块，finally 块总是会执行，即使在 try 块内使用跳转语句或 return 语句也不能避免 finally 块的执行。

编写异常处理程序的方法是：将可能抛出异常的代码放入一个 try 块中，把异常处理代码放入 catch 块中。例如：

```
double value = 1.0;
try
{
    string input = "3.14"; //得到一个非双精度型的值，例如字符串
    value = Convert.ToDouble(input);
} catch(Exception ex)
{
     MessageBox.Show(ex.ToString());              //输出异常信息
} finally
{
    MessageBox.Show(value.ToString());
}
```

这段代码的运行结果是在对话框中显示 3.14。字符串“3.14”可以通过 Convert.ToDouble()方法转换为数值 3.14，因此不会捕获异常，即不会执行 catch 块中的代码，直接执行 finally 块中的代码，输出转换后的结果。

如果将赋值语句修改为 string input = "abc";，由于字符串“abc”无法转换为双精度型的数值，因而程序捕获异常。先执行 catch 块显示错误信息，如图 8.11 所示；再执行 finally 块，在对话框中显示 1，意为转换失败，value 的值没有发生变化。

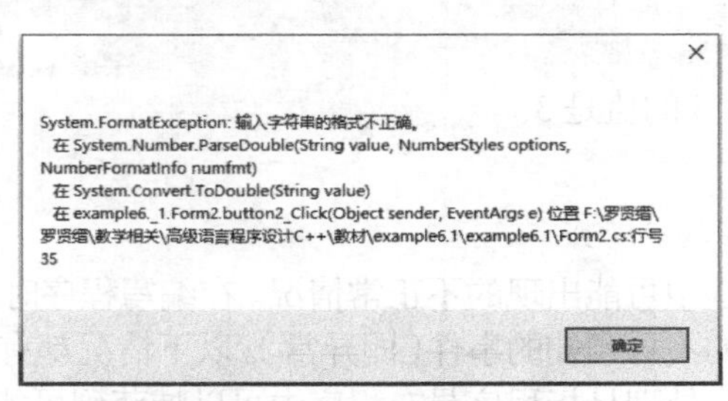

图 8.11 错误信息

8.3　窗体与控件

C#是一种面向对象的可视化的程序设计语言，图形界面的设计与开发并不需要编写大量代码。Windows 窗体和控件是开发 C#应用程序的基础，在 C#应用程序设计中扮演着重要的角色。每一个 Windows 窗体和控件都是一个对象，也都是一个实例。

窗体是可视化程序设计的基础界面，是其他对象的载体或容器，在窗体上可以直接“可视化”地创建应用程序，可以放置应用程序所需的控件以及图形、图像，并可以改变其大小、位置等，每个窗体对应于应用程序的一个运行窗口。

控件是能够提供用户界面（user interface，UI）接口功能的组件。组件（component）是指可以重复使用并且可以和其他对象进行交互的对象。C#.NET 提供了两种类型的控件，一种是用于客户端的 Windows 窗体控件，另一种是用于 ASP.NET 的 Web 窗体控件。同样，控件也可以通过属性设置控制其显示效果，并且可以对相应的事件做出响应，实现控制或交互功能。

8.3.1　窗体与对话框

窗体就是一个类，类中包括属性和方法。窗体的属性很多，在此不一一列举，表 8.11 所示为窗体的常用属性。这些属性都可以通过可视化方式和代码编写方式进行设置。

表 8.11　窗体的常用属性

属性名称	说明
Name	获取或设置窗体的名称，在代码中标识某一窗体
Text	获取或设置窗体标题栏中显示的文本
BackColor	获取或设置窗体背景色
BackgroundImage	获取或设置窗体背景图像
ForeColor	获取或设置窗体前景色
Font	设置窗体的字体样式，如果窗体内控件未设置该属性，则继承窗体的样式
StartPosition	获取或设置窗体的起始位置，有 5 个可选枚举值，例如 CenterScreen 表示窗体运行时在当前显示器居中显示
Location	获取或设置窗体距离显示器左上角的坐标位置
Size	获取窗体的高度和宽度
FormBorderStyle	获取或设置窗体显示的边框样式，有 7 个可选枚举值，默认为 Sizeable，即边框大小可调整
ContextMenuStrip	设置右击窗体时弹出的快捷菜单
AcceptButton / CancelButton	获取或设置按下<Enter>/<Esc>键时相当于单击窗体上的哪一个按钮
ControlBox	获取或设置窗体是否有“控件/系统”菜单框
MaximizeBox / MinimizeBox	获取或设置窗体标题栏上是否显示最大化/最小化按钮，默认为 true
WindowState	获取或设置窗体的窗口状态，有 3 个可选枚举值，例如 Maximized 表示窗体运行时以最大化窗口形式显示
ShowInTaskBar	获取或设置窗体是否出现在 Windows 任务栏中，默认为 true
TopMost	获取或设置窗体是否始终显示在该属性为 false 的其他窗体之上

【例 8.3】在例 8.2 项目中设置 Form2 窗体的属性如表 8.12 所示，运行程序并观察运行效果，如图 8.12 所示。读者也可尝试设置为其他属性值，注意对比运行效果有何不同。

表 8.12　Form2 窗体的属性

属性名	属性值	属性名	属性值
Text	用户登录	CancelButton	button1
FormBorderStyle	FixedToolWindow	MaximizeBox	false
StartPosition	CenterScreen	MinimizeBox	false

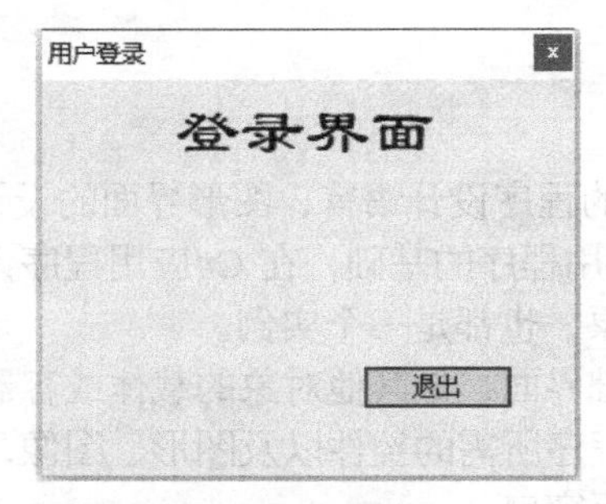

图 8.12　例 8.3 运行效果图

Windows 程序设计都是建立在事件驱动机制基础上的，例如，鼠标和键盘的操作等都会触发事件。窗体和控件包含很多事件，Windows 应用程序就是通过对事件进行编码来实现具体功能的。窗体的主要事件如表 8.13 所示。

表 8.13　窗体的主要事件

事件名称	说明
Load	窗体载入时触发
Click	用户单击窗体空白处时触发
DoubleClick	用户双击窗体空白处时触发
KeyDown	键盘按下事件，用户首次按下某个键时触发
KeyUp	键盘释放事件，释放键时触发

【例 8.4】添加窗体 Form2 的 Load 事件，设置窗体的 ForeColor 属性为红色；添加 Form2 的 Click 事件，设置窗体的 BackColor 属性为白色；添加 Form2 的 DoubleClick 事件，设置窗体的 BackColor 属性为绿色。代码如下：

```
private void Form2_Click(object sender, EventArgs e)
{
    this.BackColor = Color. White;
}
private void Form2_Load(object sender, EventArgs e)
{
    this.ForeColor = Color.Red;
}
private void Form2_DoubleClick(object sender, EventArgs e)
{
    this.BackColor = Color.Green;
}
```

添加事件代码的过程参见 8.1.3 小节例 8.2。注意：不可在代码编辑窗口中将以上所有代码直接输入，否则无法注册事件，程序运行时将无法响应相应代码。

C#中表示颜色的方法有以下几种。

① 使用 Color 结构。本例即采用此方法。读者可在输入“Color.”后在列表中选择系统内置颜色。

② 使用 RGB 格式。例如，this.BackColor = Color.FromArgb(255, 255, 255);，该方法有 3 个参数，分别是 R（红）、G（绿）、B（蓝），表示在颜色中的比例，参数值的范围是 0～255。

③ 使用 KnownColor 枚举值。例如，this.BackColor = Color.FromKnownColor (KnownColor. White);。

④ 使用 ColorTranslator 类。例如，this.BackColor = ColorTranslator.FromHtml ("#FFFFFF");。

除了属性和事件外，窗体的创建、显示、关闭等通过方法来实现，窗体的主要方法如表 8.14 所示。

表 8.14 窗体的主要方法

方法名称	说明
Show()	以“非模式”窗口方式显示窗体
ShowDialog()	以“模式”窗口方式显示窗体
Hide()	隐藏窗体，窗体实例仍存在，调用 Show()方法可再次显示
Close()	关闭窗体，如果是主窗体则退出程序

“模式”窗口是指窗体显示后关闭之前，应用程序的其他窗体均被禁用，且仅在该窗体关闭后才继续执行后面的代码；反之，如果无须等待窗口关闭即可执行后续代码则为“非模式”窗口，该窗口不会阻止用户操作其他窗体。

【例 8.5】在窗体 Form2 中添加“登录”按钮，单击该按钮后打开 Form1 窗体，且关闭当前窗体；当单击“退出”按钮时询问用户是否退出程序。程序运行效果如图 8.13 所示。

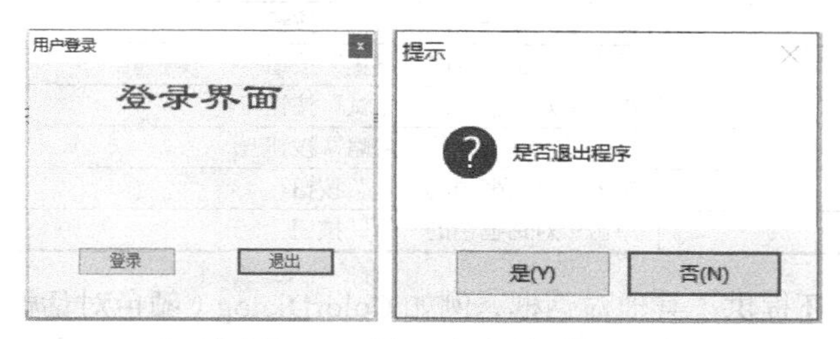

图 8.13 例 8.5 运行效果图

程序如下：

```
    private void button1_Click(object sender, EventArgs e)
    {
         DialogResult dlg = MessageBox.Show("是否退出程序", "提示", MessageBoxButtons.YesNo,
MessageBoxIcon.Question, MessageBoxDefaultButton.Button2);
         if (dlg == DialogResult.Yes)
              Application.Exit();
    }
    private void button2_Click(object sender, EventArgs e)
    {
         Form1 fm1 = new Form1(); //Form1 实例化
         fm1.Show(); //观察 fm1.ShowDialog()的效果
         this.Hide();
    }
```

C#中的消息对话框是一个 MessageBox 对象。要创建消息对话框，需要调用 MessageBox 的 Show()方法来实现，而 Show()方法有 20 多种重载方法，常用的主要有以下几种。

（1）最简单的消息框，其一般格式为：

```
MessageBox.Show("消息内容");
```

（2）带标题的消息框，其一般格式为：

```
MessageBox.Show("消息内容", "消息框标题");
```

（3）带标题、按钮的消息框，其一般格式为：

```
MessageBox.Show("消息内容", "消息框标题", 消息框按钮);
```

（4）带标题、按钮、图标的消息框，其一般格式为：

```
MessageBox.Show("消息内容", "消息框标题", 消息框按钮, 消息框图标);
```

（5）带标题、按钮、图标、默认按钮的消息框，其一般格式为：

```
MessageBox.Show("消息内容", "消息框标题", 消息框按钮, 消息框图标, 默认按钮);
```

本例中消息框按钮为 MessageBoxButtons.YesNo，即包括“是（Y）”“否（N）”两个按钮。MessageBoxButtons 为枚举类型，“转到定义”可看到该类型包括 6 个值：OK、OKCancel、

AbortRetryIgnore、YesNoCancel、YesNo、RetryCancel。同样，消息框图标 MessageBoxIcon 也是枚举类型，包括 9 个值：None、Error、Hand、Stop、Question、Exclamation、Warning、Information、Asterisk。默认按钮 MessageBoxDefaultButton 包括 3 个值：Button1、Button2、Button3。读者可修改这些参数，观察不同值时的消息框效果。

当用户单击消息框中的某一个按钮时，该按钮作为方法的返回值可赋给一个 DialogResult 类型的变量，通过对变量的判断可以知道用户单击的是哪一个按钮，从而完成下一步的操作。表 8.15 所示为消息框的返回值。

表 8.15　消息框的返回值

返回值	说明
None	从对话框中什么都没返回，这表明有模式对话框继续运行
OK	单击了对话框中的“确定”按钮
Cancel	单击了对话框中的“取消”按钮
Abort	单击了对话框中的“终止”按钮
Retry	单击了对话框中的“重试”按钮
Ignore	单击了对话框中的“忽略”按钮
Yes	单击了对话框中的“是”按钮
No	单击了对话框中的“否”按钮

除消息框以外，C#还提供了其他对话框，例如 ColorDialog（颜色对话框）、FontDialog（字体对话框）、OpenFileDialog（打开文件对话框）、SaveFileDialog（保存文件对话框）、PrintDialog（打印对话框）等，这些在 Windows 操作系统中都很常见。常见对话框效果如图 8.14 所示。

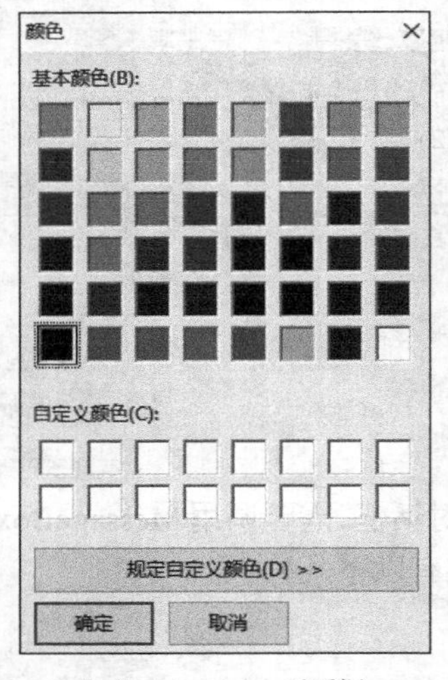

（a）ColorDialog 对话框

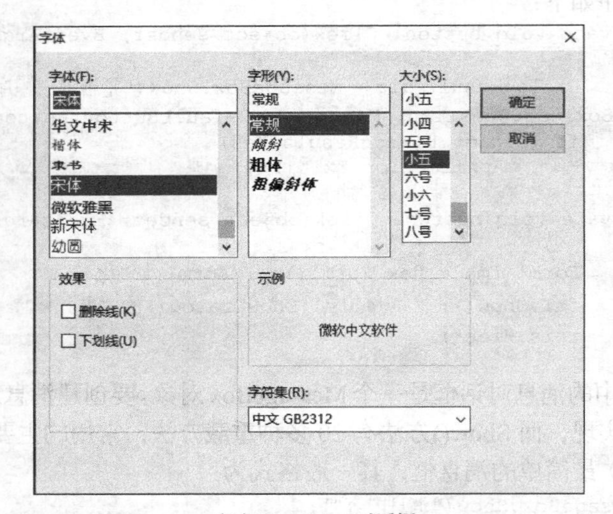

（b）FontDialog 对话框

图 8.14　常见对话框效果

8.3.2　控件与组件

控件和组件均指可重复使用并可和其他对象进行交互的对象，控件是提供用户界面功能的组件。VS2010 中提供了很多控件，并在工具箱中对这些控件和组件进行了分类，分为公共控件、容器类控件、菜单和工具栏、组件、对话框等，方便程序员使用。

由于.NET 中的大多数 Windows 窗体控件都派生于 System.Windows.Forms.Control 类，该类定义了 Windows 控件的基本功能，所以这些控件中的一些常用属性都是相同的，如表 8.16 所示。控件的属性一般都有默认值，只有当默认值不符合设计需要时才进行更改。

表 8.16　控件的公共属性

属性名称	说明
Name	控件名称，该属性是控件在当前应用程序的唯一标识
BackColor	控件的背景色。特别地，设置控件背景色为 Transparent（透明）的，对于 Button 来说，还需设置 FlatStyle 属性为“Flat”
ForeColor	控件的前景色，即控件上文本的颜色
Font	控件上文本的字体样式，包括字体、字形、字号等，如未设置则继承父容器的该属性值
Location	控件相对于其容器左上角的坐标
Size	控件的高度和宽度，仅当 AutoSize 属性为 false 时
Text	控件上的文本内容，默认为 Name 值，可修改
Visible	控件是否可见，默认为 true
Enabled	控件是否可用，默认为 true
Anchor	指定控件的锚定位置，特别是当窗体大小改变时，控件可随之自动调整大小和位置
Dock	指定控件在窗体中的停靠位置，使控件与窗体边缘对齐
TabIndex	确定此控件将占用的 Tab 键顺序索引

控件的位置可通过菜单“格式”或布局工具栏进行快速调整，如图 8.15 所示。如果窗体中有多个控件，可以按住<Ctrl>键或<Shift>键同时选中多个控件，然后利用布局工具栏中的快捷方式进行快速对齐选中控件等，具体用法请读者自行尝试。

图 8.15　布局工具栏

另外，窗体中的控件默认是按向窗体中添加的顺序设置其焦点顺序的，程序运行时按<Tab>键可以依此顺序让各控件获得焦点（focus）。什么是获得焦点呢？一个窗体上可以包含多个控件，但任何时刻最多只允许一个控件能够接受用户的交互操作。原先没有焦点的对象，现在能够接受交互操作，就称为“获得焦点”；反之，则称为“失去焦点”。单击某个控件，或者利用键盘上的<Tab>键，都可以使控件获得焦点。

控件可以响应多个事件，设计 Windows 窗体应用程序时需要为各个控件编写事件代码。在 VS2010 中，每个控件都有对应的若干事件，不同控件所具有的事件也不尽相同，但是鼠标事件和键盘事件是大多数控件共有的。常用的鼠标事件有单击、双击、鼠标指针进入、鼠标指针悬停、鼠标指针离开等，键盘事件有某个按键的按下、释放等，如表 8.17 所示。

表 8.17　控件的鼠标和键盘事件

事件类型	事件名称	事件触发条件
鼠标事件	Click	单击鼠标左键
	MouseDoubleClick	双击鼠标左键
	MouseEnter	鼠标指针进入控件可见区域
	MouseMove	鼠标指针在控件区域内移动
	MouseLeave	鼠标指针离开控件可见区域
	MouseDown	鼠标按键按下
	MouseUp	鼠标按键抬起
键盘事件	KeyDown	按下键盘上的某个键
	KeyPress	在 KeyDown 之后，KeyUp 之前
	KeyUp	释放键盘上的按键

【例 8.6】在例 8.5 项目中为窗体 Form2 的“登录”按钮添加 MouseEnter 和 MouseLeave 事件，

使得当鼠标指针移动到该按钮上时，按钮文字颜色变为蓝色，离开后又变回原来的颜色。

程序如下：

```
private void button2_MouseEnter(object sender, EventArgs e)
{
      button2.ForeColor = Color.Blue;
}

private void button2_MouseLeave(object sender, EventArgs e)
{
      button2.ForeColor = this.ForeColor;
}
```

8.3.3 菜单和工具栏

菜单的主要作用是对 Windows 应用程序进行功能划分。例如在 Word 中，根据不同类型的操作划分了“文件”“开始”“插入”“设计”“布局”等主菜单，每一个主菜单下又设置若干子菜单，例如“开始”主菜单中划分了“字体”“段落”“样式”等各级子菜单。当选择某些文字或段落时，单击鼠标右键又会显示不同的快捷菜单。Word 中还将一些常用操作以功能区的形式显示在工具栏上，在 Word 底部也会显示当前页码、字数等状态信息。事实上，绝大多数 Windows 应用程序提供了菜单、快捷菜单、工具栏、状态栏等，使得程序具有更加丰富的功能和更为友好的用户操作界面。常见的菜单和工具栏控件如图 8.16 所示。

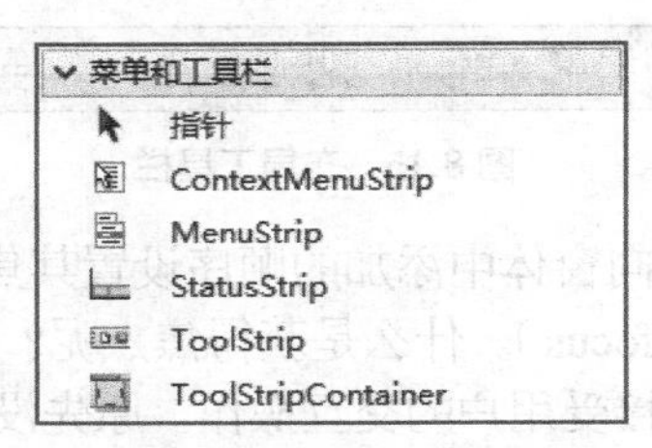

图 8.16　常见的菜单和工具栏控件

1. MenuStrip 控件

添加 MenuStrip（菜单）控件后，窗体上会显示一个菜单栏，用户可直接在此菜单栏中编辑各主菜单项及对应的子菜单项，也可通过 Items 属性进行编辑，菜单项类型包括以下几种。

（1）MenuItem 类型：类似 Button 控件，通过单击来实现某种功能，同时可以包含子菜单项。

（2）ComboBox 类型：类似 ComboBox 控件，可以在菜单中实现多个可选项的选择。

（3）TextBox 类型：类似 TextBox 控件，可以在菜单中输入任意文本。

（4）Separator 类型：菜单项分隔符，以灰色的“-”表示。

菜单结构建立完毕后，再为每个菜单项编写事件处理代码即可完成菜单设计。在设计菜单项时可以用“&”符号指定对应菜单项的组合键，让其后字母带下画线显示。例如编辑菜单项“退出(&x)”，则显示为“退出（x）”，程序运行时可以按<Alt+X>组合键实现与单击相同的效果。

2. ContextMenuStrip 控件

ContextMenuStrip（快捷菜单）控件主要用于右击时弹出的菜单，其编辑方式和显示形式与 MenuStrip 类似，但需要将其与控件的 ContextMenuStrip 属性进行关联，才可以在程序运行时单击鼠标右键显示该菜单。

3. ToolStrip 控件

工具栏一般由多个按钮、标签等排列而成，主要为用户提供一些常用操作的快捷方式。添加 ToolStrip（工具栏）控件后，窗体顶端会出现一个工具栏，单击工具栏上的箭头会弹出下拉菜单，其中的每一项都可以编辑，项类型有 Button、Label、ComboBox、TextBox 等。

4. StatusStrip 控件

StatusStrip（状态栏）控件可以显示正在窗体上查看的对象的相关信息，或显示与该对象在应用程序中的操作相关的上下文信息，一般由 ToolStripStatusLabel 对象组成。每个对象都可以显示文本、图标或同时显示文本和图像。

【例 8.7】在例 8.5 项目中为窗体 Form1 添加主菜单 menuStrip1 及菜单项，如图 8.17 所示；并设置 Form1 的 MainMenuStrip 属性的值为 menuStrip1，此时各菜单项无事件代码。如需为菜单项添加 Click 事件，可参考例 8.5 中“登录”按钮的 Click 事件的添加过程。

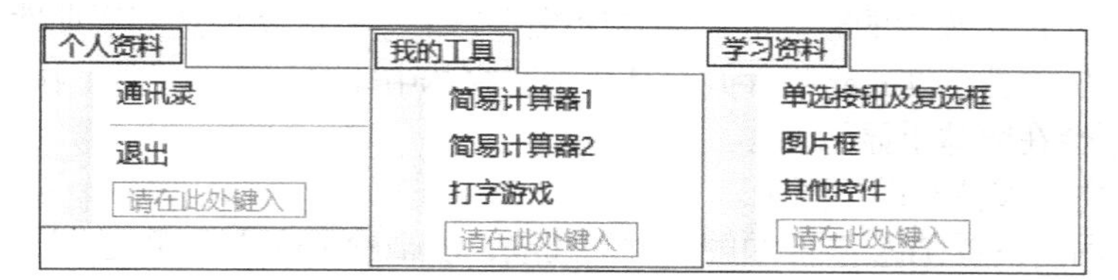

图 8.17　窗体 Form1 主菜单及菜单项

8.3.4　容器类控件

容器类控件主要用于对控件进行逻辑分组，使界面更为美观。常见的容器类控件如图 8.18 所示。

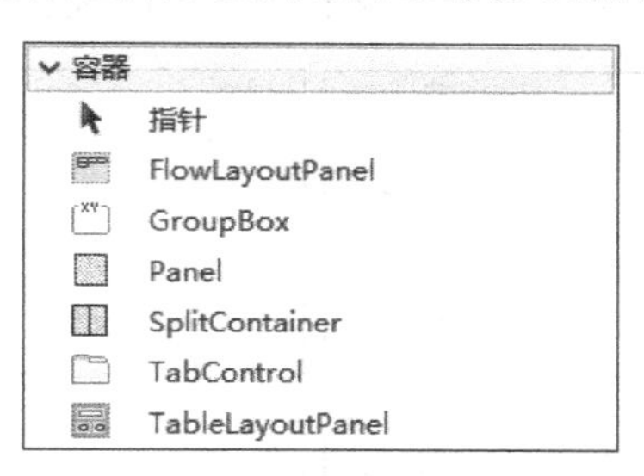

图 8.18　常见的容器类控件

1. Panel 控件

Panel（面板）控件用于为其他控件提供可识别的分组，使窗体的分类更详细。Panel 控件有滚动条，也可以在其中嵌套放置更多容器类控件。

Panel 控件的主要属性有 Visible 和 Enabled。其中 Visible 属性可以设置控件是否可见，也可以通过 Show()方法显示控件；Enabled 属性的值若为 false，则其中的其他控件均为不可用状态。

2. GroupBox 控件

GroupBox（组框）控件主要用于为其他控件提供分组，按照控件分组来细分窗体的功能。GroupBox 控件没有滚动条，其主要属性是 Text，用来设置边框上方显示的标题。

此外，GroupBox 控件还有另外一个作用，即当窗体上需要建立几组相互独立的 RadioButton（单选按钮）控件时，此时应该将它们分别装入不同的 GroupBox。装入同一个 GroupBox 的单选按钮，构成了一个逻辑上独立的组，单击其中的任意一个单选按钮使其处于选中状态，组内的其他对象均处于未选中状态，对它们的操作不会影响当前 GroupBox 以外的单选按钮。

3. TabControl 控件

TabControl（选项页）控件用于创建带有多个 TabPage（选项卡）的窗体，每个选项卡都相当于一个对话窗体容器，可以在其中添加其他控件对象。当窗体的功能较复杂时，使用该控件将其按功能进行分类非常方便。

TabControl 控件的主要属性是 TabPages，表示其中所有 TabPage 控件的集合。在设计界面下，利用该属性可修改 TabControl 控件中的选项卡的个数及属性。TabPages 属性包含的主要方法如下。

（1）Add()方法：用于添加新的选项卡。

（2）Remove()方法：用于删除指定选项卡。

（3）Clear()方法：用于清空所有选项卡。

8.3.5 定时器组件

定时器（timer）能按设定的时间间隔重复地触发 Tick 事件，从而达到周期性执行任务的目的。在工具箱的“组件”中找到 Timer 组件并将其添加至窗体中即可使用该组件。由于 Timer 是组件，因此程序运行时不会在窗体上显示。

Timer 组件的主要属性有以下两个。

① Interval，用于设置 Tick 事件的触发时间间隔，以毫秒（ms）为单位，默认为 100ms。

② Enabled，用于设置 Timer 是否可用。当属性值为 true 时定时器有效，为 false 时定时器无效，这与该组件提供的 Start()和 Stop()方法的作用相同。

Timer 组件只有一个 Tick 事件，可将需要周期性处理的任务放在 Tick 事件的代码中。

【例 8.8】在例 8.5 项目中为窗体 Form1 添加动态效果。要求动态地显示当前系统时间，并将标签从右至左移动，标签的颜色随机变化，程序运行效果如图 8.19 所示。

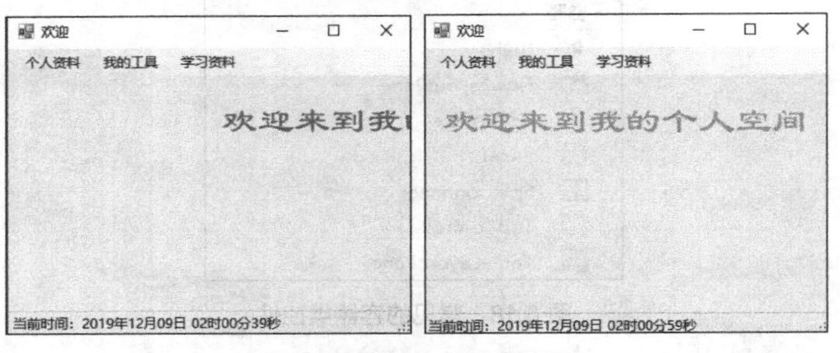

图 8.19 例 8.8 运行效果图

（1）在窗体中添加 Timer 组件 timer1，设置其 Enabled 属性为 true；添加 StatusStrip 控件，设置其 items 属性，在“项集合生成器”中添加 StatusLabel 项 toolStripStatusLabel1。

（2）为 timer1 的 Tick 事件添加如下代码：

```
Random r = new Random(); //定义随机数
private void timer1_Tick(object sender, EventArgs e)
{
    toolStripStatusLabel1.Text = "当前时间：" + DateTime.Now.ToString("yyyy年MM月dd日
HH时mm分ss秒"); //在状态栏中显示当前时间
    label1.ForeColor = Color.FromArgb(r.Next(256),r.Next(256),r.Next(256));//颜色随机
    if (label1.Right >= 0) //判断标签的右边界是否位于窗体内
        label1.Left = label1.Left - 10; //定时触发即可实现标签自右向左移动
    else
        label1.Left = this.Width; //如果不在窗体内，则将标签定位至窗体最右边位置
}
```

【例 8.9】利用 Timer 组件编写打字游戏。要求随机产生一个英文字母，字母标签块自顶向下移动，通过键盘输入字符，如果输入正确，则重新产生下一个英文字母；如果字母超出边界则游戏结束，同时显示得分、级别、正确率等。程序运行效果如图 8.20 所示。

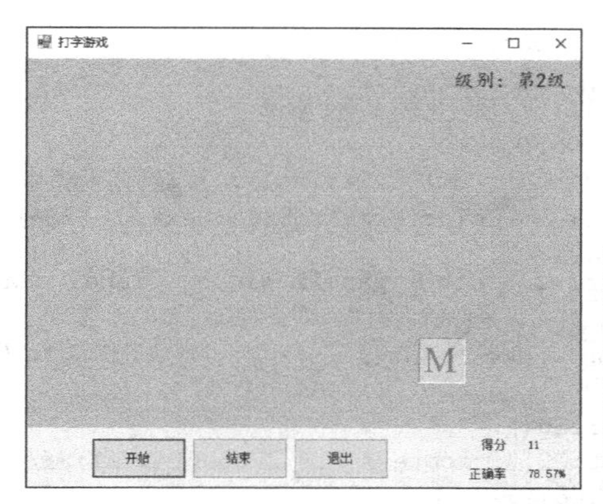

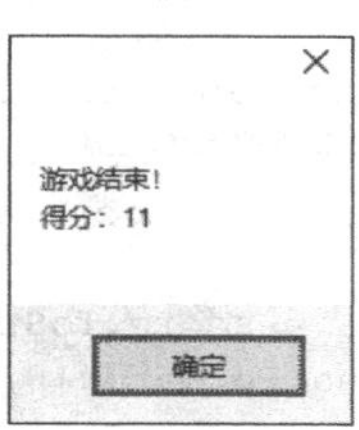

图 8.20　例 8.9 运行效果图

（1）在例 8.5 项目中新建“打字游戏”窗体，并为窗体 Form1 的菜单项“我的工具”→“打字游戏”添加 Click 事件，代码略。

（2）在窗体中添加 Panel 控件，作为游戏区域，将其 BackColor 属性设置为 Green；添加 3 个 Button 控件，设置其 Text 属性分别为“开始”“结束”“退出”；添加 4 个 Label 控件，设置其 Name 属性分别为“label_character”“label_grade”“label_score”“label_accuracy”，用于显示随机产生的字母、级别、得分和正确率；添加一个 Timer 组件，属性值取默认值。

（3）定义若干窗体类成员变量，代码如下：

```
private int x = 200, y, num; //x 为字母标签块的横坐标，y 为纵坐标，num 为字母的 ASCII 值
private int count_all = 0; //记录敲击键盘的次数，以此计算正确率
private int score = 0; //得分，输入正确时加 1
private int grade = 1; //级别，初始级别为 1，得分每增加 10 分，级别加 1
Random rd = new Random(); //用于随机产生字母
```

（4）为“开始”按钮添加 Click 事件，代码如下：

```
count_all = score = y = 0; grade = 1; //初始化各成员变量
timer1.Start(); //启动定时器，等价于 timer1.Enabled = true;
label_character.Visible = true; //显示字母标签块
num = rd.Next('A', 'Z'+1); //随机产生 A～Z 的字母
label_character.Text = ((char)num).ToString();//将产生的字母显示在标签上
```

（5）为“结束”按钮添加 Click 事件，代码如下：

```
timer1.Stop();//停止定时器，等价于 timer1.Enabled = false;
label_character.Visible = false; //隐藏字母标签块
MessageBox.Show("游戏结束!", "提示");
```

（6）为“退出”按钮添加 Click 事件，代码如下：

```
timer1.Stop();
label_character.Visible = false;
DialogResult dr = MessageBox.Show("确定要退出吗? ", "提示",
MessageBoxButtons.OKCancel, MessageBoxIcon.Warning);
if (dr == DialogResult.OK)
     Close();
```

（7）添加窗体的 KeyDown 事件，代码如下：

```
count_all++; //每次敲击键盘，count_all 变量加 1
if (e.KeyCode.ToString() == label_character.Text)  //如果输入正确
{
      label_character.Visible = false;
      label_character.Text = "";
      score++; //得分加 1
```

```
        label_score.Text = score.ToString();

        num = rd.Next('A', 'Z'+1); //随机生成下一个字母
        label_character.Visible = true;
        label_character.Text = ((char)num).ToString(); //显示在标签中
        label_character.ForeColor = Color.FromArgb(rd.Next(0, 256), rd.Next(0, 256),
rd.Next(0, 256));
        x = rd.Next(label_character.Width , panel1.Width - label_character.Width);
        y = 0; //随机产生横坐标值，并将纵坐标值设为0，即在游戏区域的顶部
        label_character.Location = new Point(x, y); //设定字母标签块的位置
    }
    label_score.Text = score.ToString();
    string t = string.Format("{0,5:P2}", score * 1.0 / count_all); //正确率，保留两位小数
    label_accuracy.Text = t.ToString();
```

（8）添加 timer1 的 Tick 事件，代码如下：

```
    if (score >= grade * 10) //如果得分超过某个与级别有关的值时
    {
        grade++; //级别加1
        timer1.Interval = 100 / grade; //通过更改定时器的时间间隔来调整游戏速度
        label_grade.Text = "级别：第" + grade.ToString() + "级";
    }
    if (grade >= 100) //如果超过100级，则定时器间隔值小于1，这是不允许的
    {    timer1.Enabled = false; //终止游戏
         MessageBox.Show("恭喜通关");
    }
    y += 5; //控制字母标签块的下落速度
    if (y > panel1.Height) //如果字母标签块超出了游戏区域，则游戏结束
    {
        timer1.Enabled = false;
        MessageBox.Show("游戏结束！\n得分：" + score.ToString());
    }
    label_character.Location = new Point(x, y);
```

例 8.9 演示了一个简单游戏的制作过程，包含的代码并不复杂，读者可对其进行进一步改进，例如同时出现多个字母标签块、将字母替换为单词或词组、游戏的对战模式等，从而体会其中的乐趣。本例抛砖引玉，请读者继续思考 Timer 组件还能应用于什么场景并尝试通过编程实现。

8.3.6 标签、按钮和文本框

标签、按钮和文本框这 3 个控件是应用程序界面中使用得最多、最简单的控件，也是最常见的控件，仅使用这几个控件便可实现复杂的功能。

1. Label 控件

Label（标签）控件的主要作用是显示描述性、说明性的文字，可通过 Text 属性来设置或修改。除前面介绍的公共属性外，表 8.18 列出了 Label 控件的其他常用属性。虽然 Label 控件也有事件和方法，但很少使用。

表 8.18 Label 控件的常用属性

属性名称	说明	默认值
Text	标签中显示的文本内容	控件名称
BorderStyle	边框样式	None（无边框）
Image	标签的背景图片	无
TextAlign	标签内文本对齐方式	TopLeft
AutoSize	根据文字的内容和字号自动调整大小	true

VS2010 中还提供一种与 Label 控件非常类似的 LinkLabel 控件，不同的是该控件以超链接的形式显示文本信息。当用户单击 LinkLabel 控件时，会触发 LinkClicked 事件，利用此事件可以编写代码链接到指定网页。在此不做过多介绍，读者可自行查阅相关资料。

2. Button 控件

Button（按钮）控件是用户以交互方式控制程序运行的控件之一，常用属性如表 8.19 所示。Button 控件最主要的事件是 Click。需要特别指出的是，Button 控件不响应双击（DoubleClick）事件。Click 事件触发的方式有以下几种：

① 鼠标单击；

② 组合键（<Alt+带有下画线的字母>）；

③ 按<Tab>键将焦点转移到按钮上（按钮四周会有一个虚线框），再按<Enter>键。

表 8.19 Button 控件的常用属性

属性名称	说明	默认值
Text	获得或设置显示在按钮上的文字	控件名称
Image	设置显示在按钮上的图像	None（无边框）
FlatStyle	设置按钮的外观	无

3. TextBox 控件

TextBox（文本框）控件的主要作用是在应用程序界面上接收用户输入的文本信息。在程序运行期间，用户可以通过键盘和鼠标以交互方式在文本框中直接输入并修改文字信息，也可以在文本框中进行剪切、复制、粘贴等操作。

TextBox 控件的常用属性、事件和方法分别如表 8.20～表 8.22 所示。

表 8.20 TextBox 控件的常用属性

属性名称	说明
Text/TextLength	获得或设置文本框的当前内容/长度
PasswordChar	用来替换在单行文本框中输入的密码字符，防止密码被窃
MultiLine	若为 true，则允许用户输入多行文本信息
ScrollBars	当 MultiLine 属性为 true 时，指定文本框是否显示滚动条
WordWrap	当 MultiLine 属性为 true，且一行的宽度超过文本框宽度时，是否允许自动换行
MaxLength	允许输入文本框的最大字符数，默认值为 32767
SelectedText	文本框中被选择的文本（程序运行时设置）
SelectionLength	被选中文本的字符数（程序运行时设置）
SelectionStart	文本框中被选中文本的开始位置（程序运行时设置）
ReadOnly	设置文本框是否为只读，默认值为 false
CharacterCasing	是否自动改变输入字母的大小写，默认值为 Normal，还可以设为 Lower 或 Upper

表 8.21 TextBox 控件的常用事件

事件名称	说明
TextChanged	文本框内的文本内容发生改变时触发，默认事件
Enter	成为活动控件时触发
GetFocus	控件获得焦点时触发（在 Enter 事件之后触发）
Leave	从活动控件变为不活动控件时触发
Validating	在控件验证时触发
Validated	在成功验证控件后触发
LostFocus	控件失去焦点后触发（在 Leave 事件之后触发）
KeyDown	文本框获得焦点，并且有键按下时触发
KeyPress	文本框获得焦点，并且有键按下时触发（在 KeyDown 事件之后触发）
KeyUp	文本框获得焦点，并且有键释放时触发（在 KeyDown 事件之后触发）

表 8.22 TextBox 控件的常用方法

方法名称	说明
AppendText()	在文本框当前文本的末尾追加新的文本
Clear()	清除文本框中的全部文本
Focus()	使文本框获得焦点
Copy()	将文本框中被选中的文本复制到剪贴板
Cut()	将文本框中被选中的文本剪切到剪贴板
Paste()	将剪贴板中的文字内容复制到文本框中，但不清除剪贴板
Focus()	将文本框设置为获得焦点
Select()	在文本框中选择指定起点和长度的文本
SelectAll()	在文本框中选择所有的文本
DeselectAll()	取消对文本框中所有文本的选择

VS2010 中还提供了另外两种与 TextBox 类似的控件：MaskedTextBox 和 RichTextBox 控件。MaskedTextBox 是一个增强型的 TextBox 控件，它的主要作用是控制输入文本的格式，如果输入的内容不满足规定格式则拒绝输入。它的主要属性是 Mask，主要用于设置文本框内字符掩码（即格式），例如时间、电话号码、IP 地址等。RichTextBox 的主要功能是进行高级文本输入和编辑。除与 TextBox 类似的功能外，RichTextBox 还可以完成与 Word 相似的复杂文字处理功能，例如改变文本、段落的显示格式等。读者如有兴趣可参阅相关资料。

【例 8.10】在例 8.5 项目的窗体 Form2 中添加用户名和密码验证。程序运行时输入“用户名”和“密码”，单击“登录”按钮时判断输入的信息是否正确（假设用户名和密码均为 admin），并给出提示信息。程序运行效果如图 8.21 所示。

图 8.21 例 8.10 运行效果图

程序如下：

```
private void button2_Click(object sender, EventArgs e)
{
    if ((textBox1.Text.Trim() == "") || (textBox2.Text.Trim() == ""))
    {
        MessageBox.Show("用户名或密码为空", "提示", MessageBoxButtons.OK,
MessageBoxIcon.Error);
    }
```

```
        else if ((textBox1.Text.Trim() == "admin") && (textBox2.Text.Trim() == "admin"))
        {
            MessageBox.Show("欢迎" + textBox1.Text.Trim() + ", 登录成功! ");
            Form1 fm1 = new Form1();
            fm1.Show();
            this.Hide();
        }
        else
        {
            MessageBox.Show("用户名或密码错误", "提示", MessageBoxButtons.OK,
MessageBoxIcon.Error);
            textBox1.Clear(); //清空输入信息
            textBox2.Clear();
            textBox1.Focus(); //将光标停留在 textBox1 中
        }
    }
```

【**例 8.11**】制作简易计算器，要求能完成最基本的算术运算，程序运行效果如图 8.22 所示。

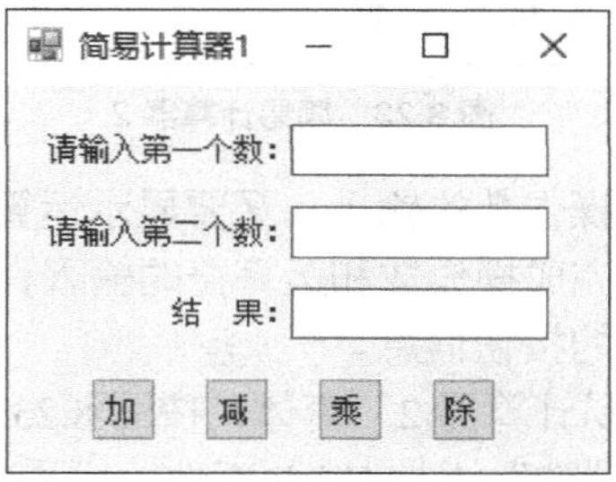

图 8.22　简易计算器 1

（1）在例 8.5 项目中新建“简易计算器 1”窗体，并为窗体 Form1 的菜单项“我的工具”→“简易计算器 1”添加 Click 事件，代码略。

（2）在窗体中添加 3 个 Label 控件、3 个 TextBox 控件、4 个 Button 控件，合理布局并设置其 Text 属性。

（3）为 4 个 Button 控件添加 Click 事件代码。以“加”按钮为例，代码如下：

```
    private void button1_Click(object sender, EventArgs e)
    {
        int a = Convert.ToInt32(textBox1.Text);
        int b = int.Parse(textBox2.Text);
        int result = a + b;
        textBox3.Text = result.ToString();
    }
```

（4）特别地，除运算规则要求除数不能为 0，而且除运算结果可能为小数。代码如下：

```
    private void button4_Click(object sender, EventArgs e)
    {
        int a = Convert.ToInt32(textBox1.Text);
        int b = Convert.ToInt32(textBox2.Text);
        if (b == 0) { textBox3.Text = "除数不能为 0"; return; }
        double result = a * 1.0 / b;
        textBox3.Text = result.ToString();
    }
```

在 C#中，return 语句有两种用法：一种是“return 表达式;”，此时将表达式的值作为方法的返回值返回给主调函数，这与 C/C++语法一致；另一种是“return;”，即 return 后无表达式，此时将结束该方法，直接返回主调函数且无返回值。

这个例子非常简单，主要演示如何从 TextBox 中读取文本，如何将其转换为可计算的数值，如何计算并将结果输出。Windows 10 系统自带“计算器”小工具，其功能非常丰富，下面这个例子将演示实现该计算器最基本的功能，完整的功能将作为本章练习题供读者思考。

【例 8.12】制作 Windows 10 高仿版简易计算器，程序运行效果如图 8.23 所示。

图 8.23　简易计算器 2

在一个文本框内既要完成两个操作数的输入，又要显示运算的结果，其复杂程度和编程难度要高于例 8.11。本例中通过单击按钮完成操作数和运算符的输入，单击运算符和“=”按钮完成计算，需要定义多个变量，用于保存单击的按钮信息。

（1）在例 8.5 项目中新建“简易计算器 2”窗体，按图 8.23 添加若干控件，并为窗体 Form1 的菜单项“我的工具”→“简易计算器 2”添加 Click 事件，代码略。

（2）定义多个窗体类成员变量：

```
double num1 = 0, num2 = 0, temp = 0;
//变量 num1 和 num2 为操作数，变量 temp 用于处理连续单击“=”按钮的情况
string op = "";//用于保存操作符，也可定义为字符型或枚举类型
bool isRe = false; //用于判断是否连续单击“=”按钮
bool isNum2 = false; //用于判断是否正在输入第二个操作数
bool isOp = false; //用于判断是否单击了运算符按钮“+”“-”“×”“÷”
bool isOper = false; //用于判断最后一次单击的按钮是否为运算符按钮
```

（3）自定义方法 Calc()用于计算：

```
private double Calc(double num1, double num2, string op)
{    double num = 0;
     switch (op)
     {
         case "+": num = num1 + num2; break;
         case "-": num = num1 - num2; break;
         case "*": num = num1 * num2; break;
         case "/": num = num1 / num2; break;
     }
     return num;
}
```

（4）对于数字按钮“1～9”，程序运行过程中对其操作均相同，因此 Click 事件的代码也相同。具体实现方式可以通过逐个添加 Click 事件的方式添加代码，也可以通过自定义类、自定义方法、动态添加控件、动态注册事件等方式来简化重复代码的编写。为简单起见，此处只列出关键代码：

```
if (textBox1.Text == "除数不能为零")//用于处理错误运算的情况
    textBox1.Text = "0";
if (isNum2) //用于处理第二个操作数的输入，两个操作数处理过程不一样
```

```
    { textBox1.Text = ""; //清空文本框，等待下一步输入
    isNum2 = false; }//如果 isNum2 不设为 false，则只能输入一位数，不能连续输入
Button bt = (Button)sender; //获得触发 Click 事件的 sender，即某个数字按钮
if (textBox1.Text == "0")
    textBox1.Text = bt.Text; //输入操作数的第一个数字
else
    textBox1.Text += bt.Text; //输入操作数的剩余数字
isRe = false; //单击的按钮不是“=”按钮
isOper = false; //单击的按钮不是运算符按钮
```

（5）对于数字按钮“0”，需要处理前置 0 和小数的后置 0，与其他数字按钮最大的不同之处在于操作数的输入，即“if (textBox1.Text == "0")…”部分，其他代码略（下同）：

```
…（此处省略相同的代码，下同）
textBox1.Text += bt.Text; //直接将“0”添加到文本框中再进行下一步处理
if(!textBox1.Text.Contains('.')) //如果文本框内不包含小数点，即不是小数
    //则先将文本框内容转为双精度型后再显示在文本框内
    textBox1.Text = Convert.ToDouble(textBox1.Text).ToString();
…
```

（6）对于小数点按钮“.”，主要需要处理的是小数点在文本框中只允许出现一次：

```
…
if (textBox1.Text.Contains('.')) return; //如果已输入小数点，则立即返回
textBox1.Text += ".";
…
```

（7）对于符号按钮“-”，主要作用是使文本框内的数值取相反的符号：

```
…
double num = Convert.ToDouble(textBox1.Text);
textBox1.Text = (-num).ToString();//取文本框内数值的相反数
…
```

（8）对于退格按钮“←”，主要是删除文本框内输入的数字字符，直到 0 为止：

```
if (textBox1.Text.Length == 1) //如果文本框内数值为一位数，则将其设为 0
    { textBox1.Text = "0"; return; }
textBox1.Text = textBox1.Text.Substring(0, textBox1.Text.Length - 1);
```

（9）对于清除按钮“CE”和“C”，主要是清除所有运算表达式，使计算器恢复到初始状态，代码参照第（4）步。需要说明一点，“CE”和“C”按钮的功能实际上是不一样的。简单地说，“C”按钮是清除所有数值和运算符，而“CE”按钮是清除上一步输入的内容，本例中不做过多的区分。

（10）“+”“-”“×”“÷”运算符按钮：这些按钮既要能处理普通运算，又需要注意连续单击这些按钮时只改变当前运算，而不进行实际的运算。代码如下：

```
if (isOp && !isOper) //当前单击的是运算符按钮且最近单击的不是运算符按钮
{
      num2 = double.Parse(textBox1.Text); //读取文本框内容为第二个操作数
      if (num2 == 0 && op == "/")//处理当前为除运算且第二个操作数为 0 的情况
      {
            textBox1.Text = "除数不能为零";
            num1 = num2 = temp = 0;
            isNum2 = false;
            isRe = false;
            isOp = false;
            isOper = false;
            op = "";
            return;
      }
```

```
        double result = Calc(num1, num2, op);//调用Calc()方法计算表达式的值
        textBox1.Text = result.ToString();
    }
    num1 = double.Parse(textBox1.Text); //将运算结果保存为num1，等待下一个运算
    op = "-";//对于不同的运算符按钮，将op值设为相应运算
    isRe = false;
    isNum2 = true;
    isOp = true;
    isOper = true;
```

（11）“=”按钮：虽然“=”按钮也需要进行运算，但与运算符按钮有所不同的是，需要判断是否为连续单击。此时需要将之前的 num2 保存下来，准备下一次的运算：

```
    double num22 = double.Parse(textBox1.Text);//将文本框当前值作为操作数2
    if(!isRe) temp = num22;//如果是第一次单击“=”按钮，则将第一个num2保存至temp
    num2 = isRe?temp:num22;//如果是第一次单击，则将num2作为操作数2；如果连续单击，则将temp作为操作数2
    if (num2 == 0 && op == "/")
    {
        textBox1.Text = "除数不能为零";
        num1 = num2 = temp = 0;
        isNum2 = false;
        isRe = false;
        isOp = false;
        isOper = false;
        op = "";
        return;
        }
        double result = Calc(num1, num2, op);//调用Calc()方法计算表达式值
        textBox1.Text = result.ToString();
        num1 = Convert.ToDouble(textBox1.Text);//将运算结果保存为num1
        isRe = true;//单击“=”按钮，如果连续单击则连续计算
        isNum2 = false;
        isOp = false;
        isOper = false;
```

本例实现了“计算器”小工具的大部分功能，请读者自行完善程序，使其能完成诸如求阶乘、正弦值、余弦值、平方根等常见的数学运算，并熟悉 C#中的数学函数的使用。

【例 8.13】制作个人通讯录，需对输入的性别、年龄、手机号进行验证，即性别应为“男”或“女”，年龄应为 15～40 岁，手机号长度应为 11 位，同时保存输入信息，程序运行效果如图 8.24 所示。

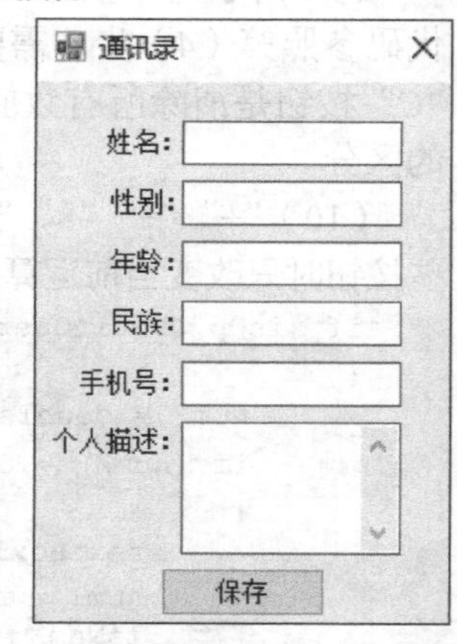

图 8.24　个人通讯录

本例是一个常见的以交互方式输入信息的用户界面。在窗体中添加文本框 textBox1～textBox6，分别用于输入姓名、性别、年龄、民族、手机号和个人描述。合法性检验主要在 Validating 或 Validated 事件中进行，当文本框失去焦点时触发 Validating 和 Validated 事件，因此可在这两个事件的方法中对已输入的内容进行验证。

（1）在例 8.5 项目中新建“通讯录”窗体，按图 8.24 添加若干控件，并为窗体 Form1 的菜单项“个人资料”→“通讯录”添加 Click 事件，代码略。

（2）为“性别”文本框添加 Validating 事件，并编写如下代码：

```
private void textBox2_Validating(object sender, CancelEventArgs e)
{   e.Cancel = true; //与textBox2.Focus();作用类似，使文本框不失去焦点
    if (textBox2.Text.Trim() == "男" || textBox2.Text.Trim() == "女")
        return;
```

```
        else
        {
                MessageBox.Show("性别填写错误！ ");
                textBox2.Clear();//清空文本框，重新输入
                textBox2.Focus();
        }
    }
```

（3）类似地，为“年龄”和“手机号”文本框添加 Validating 事件，并编写如下代码：

```
    private void textBox3_Validating(object sender, CancelEventArgs e)
        {
        int age;
        if (textBox3.Text.Trim().Length > 0 )
        {
                age = Convert.ToInt16(textBox3.Text);
                if (age < 15 || age > 40)
                {
                    MessageBox.Show("年龄超出范围！ ");
                    textBox3.Clear();
                    textBox3.Focus();
                }
        }
    }
    private void textBox5_Validating(object sender, CancelEventArgs e)
    {
         if (textBox5.Text.Trim().Length != 11)
         {
                MessageBox.Show("请输入 11 位手机号！ ");
                textBox5.Focus();
         }
    }
```

（4）保证“年龄”文本框内输入的内容为数字字符。实现方式有多种，可以在 Validating 事件中使用正则表达式验证，也可以在 KeyPress 事件中限制其他字符的输入。本例在 TextChanged 事件中进行判断，代码如下：

```
    private void textBox3_TextChanged(object sender, EventArgs e)
    {
        string age = textBox3.Text.Trim();
        char[] Age = new char[age.Length];
        int i = 0;
        foreach (char ch in age)
        {
            if (ch >= '0' && ch <= '9')
                Age[i++] = ch;
        }
        textBox3.Text = new string(Age);
    }
```

（5）保证“手机号”文本框内输入的内容为数字字符。本例在 KeyPress 事件中进行判断，代码如下：

```
    private void textBox5_KeyPress(object sender, KeyPressEventArgs e)
    {     if (!char.IsNumber(e.KeyChar) && e.KeyChar != 8)
                e.Handled = true; //取消在控件中显示该字符
    }
```

其中，e.KeyChar 为键盘输入的字符，条件“!char.IsNumber(e.KeyChar) && e.KeyChar != 8”的含义是：如果“不是数字字符且不是 BackSpace 键”则取消显示，即限定在文本框中只允许输入数字字符或 BackSpace 键。通过 e.KeyChar 可以设计键盘操作类的程序，例如俄罗斯方块、打字游戏等。

（6）保存输入信息。最佳的方式是以文件或数据库的形式永久地保存，其中涉及文件读写和数

据库操作，这部分内容将在 8.4 节介绍。本例以列表或数组的形式将输入信息保存在内存中，以便在程序运行的过程中可以对其进行操作。

① 选择菜单“项目”→“添加类”命令，将新类命名为 Student.cs，并添加如下代码：

```
public class Student //类中省略了构造函数
{
  string name;//姓名
  public string Name //所列代码只封装了该字段。封装方法：选择该变量，单击鼠标右键，
  //在弹出的快捷菜单中选择“重构”→“封装字段”命令。其他字段请自行封装
  {
      get { return name; }
      set { name = value; }
}

string sex;//性别，其他字段请读者自行封装，下同
int age;//年龄
string mz;//民族
string phone;//电话号码
string description;//描述
… //请自行封装字段，此处省略
}
```

② 定义窗体类的成员变量：

```
List<Student> Students = new List<Student>();//列表方式
```

或

```
Student [] Students = new Student[100]; //数组方式
```

③ 添加“保存”按钮的 Click 事件代码：

```
Student s = new Student();//声明一个 Student 类型的对象
string name = textBox1.Text.Trim();//获得文本框控件值
string sex = textBox2.Text.Trim();
int age = int.Parse(textBox3.Text.Trim());
string mz = textBox4.Text.Trim();
string phone = textBox5.Text.Trim();
string description = textBox6.Text.Trim();
s.Name = name; //对 s 对象各属性进行赋值
s.Sex = sex;
s.Age = age;
s.Mz = mz;
s.Phone = phone;
s.Description = description;
Students.Add(s); //将 s 添加到 List 中，或添加到数组中 Students[i++] = s;
```

8.3.7 单选按钮和复选框

RadioButton（单选按钮）控件和 CheckBox（复选框）控件经常用来实现少量选项的交互式选择操作，具有直观明了的特点。例如，在考试系统中，通常用 RadioButton 控件来显示单选题选项，用 CheckBox 控件来显示多选题选项。

1. RadioButton 控件

RadioButton 控件最主要的属性是 Checked，该属性值为 true 时表示被选中，反之表示未被选中。单选按钮具有“单选”的特点，在一组逻辑功能相关的单选按钮中，任何时刻最多只能有一个单选按钮被选中，此时同一组内的其他单选按钮均为未被选中状态。因此，通常将其放在 GroupBox 分组控件中，从而实现各分组间的逻辑独立。

2. CheckBox 控件

CheckBox 控件最主要的属性是 CheckState 和 ThreeState 属性。复选框有 3 种状态：☑选中状态（CheckState 属性的值为 Checked）、☐未被选中状态（CheckState 属性的值为 Unchecked）和▣无效状态（CheckState 属性的值为 Indeterminate）。ThreeState 属性用于设置复选框的状态，默认值为 false，即只有前两种状态，只有当该属性值为 true 时才具有第三种状态。复选框具有“复选”的特点，在一组逻辑功能相关的复选框中，允许任意数量的复选框被选中。一个复选框被选中与否，对同一组内的其他复选框没有任何影响。

这两个控件的事件非常类似，主要包括 Click 事件和 CheckedChanged 事件。每次单击单选按钮时，都会触发 Click 事件，但不一定会更改按钮的状态；而 CheckedChanged 事件只有当按钮状态发生变化的时候才会被触发。

【例 8.14】在例 8.5 项目的窗体 Form2 中添加 CheckBox 控件，当勾选该控件时，“登录”按钮有效，否则无效。程序运行效果如图 8.25 所示。

（1）添加 CheckBox 控件，将其 Text 属性设置为“我同意”；添加 LinkLabel 控件，将其 Text 属性设置为“隐私条例”；将“登录”按钮的 Enabled 属性设置为“false”。

（2）为 CheckBox 控件添加 CheckedChanged 事件，代码如下：

```
private void checkBox1_CheckedChanged(object sender, EventArgs e)
{
    if (checkBox1.Checked) //如果勾选则按钮可用，否则不可用
          button2.Enabled = true;
else
          button2.Enabled = false;
}
```

（3）为 LinkLabel 控件添加 Click 事件，打开新的窗体，代码略。

【例 8.15】将例 8.13 项目中通讯录窗体的“性别”文本框改为用 RadioButton 控件显示，“个人描述”文本框改为用 CheckBox 控件显示。程序运行效果如图 8.26 所示。

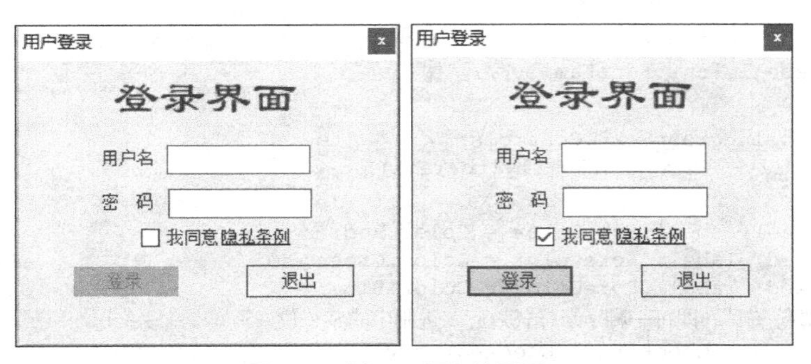

图 8.25 例 8.14 运行效果图

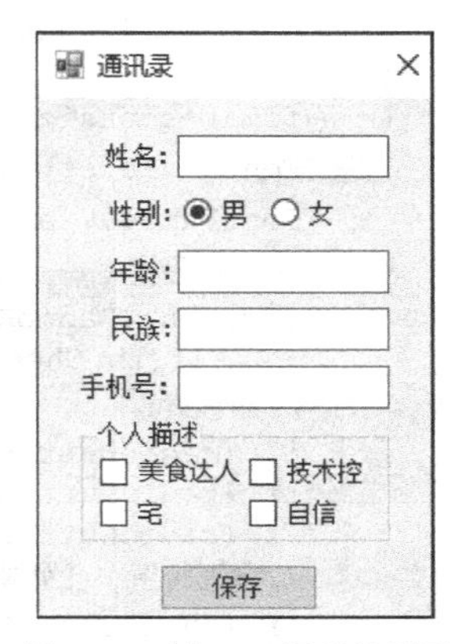

图 8.26 例 8.15 运行效果图

（1）添加两个 RadioButton 控件，分别将其 Text 属性设置为“男”和“女”；添加 GroupBox 控件，将其 Text 属性设置为“个人描述”；添加 4 个 CheckBox 控件并将其拖入 GroupBox 控件中，分别将其 Text 属性设置为“美食达人”“技术控”“宅”“自信”。

（2）修改“保存”按钮的 Click 事件中“性别”和“个人描述”文本框的相关代码，其他保持不变，代码如下：

```
string sex = "";
if (radioButton1.Checked) sex = radioButton1.Text;
if (radioButton2.Checked) sex = radioButton2.Text;
```

```
string description = "";
foreach (CheckBox cb in groupBox1.Controls) //遍历GroupBox控件中的所有CheckBox控件
{
    if (cb.Checked) description += cb.Text + ","; //每一个描述以“,”分隔
}
description = description.Trim(','); //去掉最后一个“,”
```

【例8.16】利用RadioButton、CheckBox和GroupBox控件，对Label控件中文字的效果进行设置，如图8.27所示。程序运行时，选择字体、颜色、字形，单击“确定”按钮显示效果。

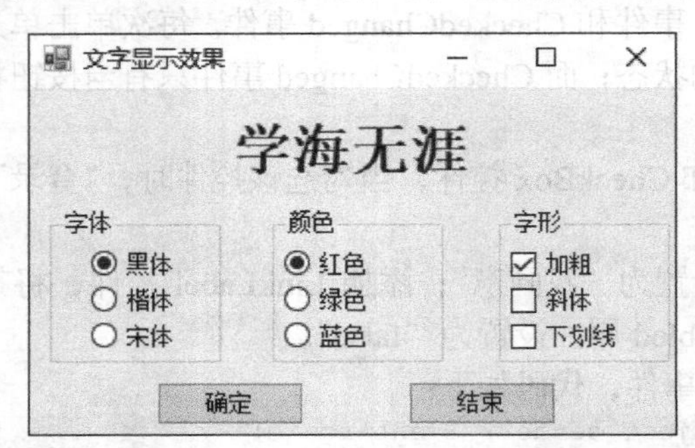

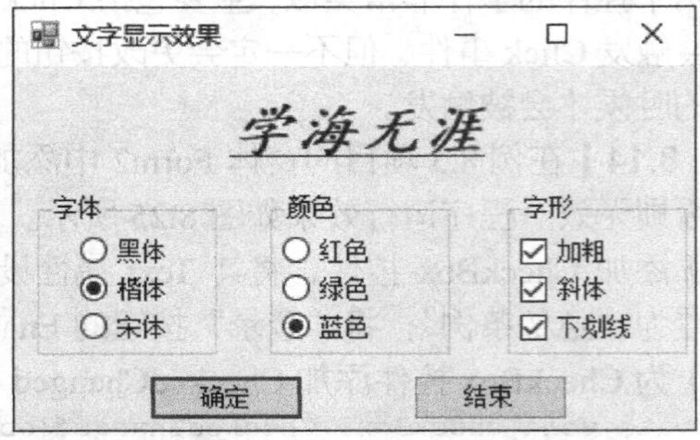

图8.27 例8.16运行效果图

（1）在例8.5项目中新建“文字显示效果”窗体，并为窗体Form1的菜单项“学习资料”→“单选按钮及复选框”添加Click事件，代码略。

（2）添加3个GroupBox控件，将其Text属性分别设置为“字体”“颜色”“字形”；添加RadioButton1～RadioButton3并拖入“字体”组框；添加RadioButton4～RadioButton6并拖入“颜色”组框；添加3个CheckBox并拖入“字形”组框。

（3）为“确定”按钮添加Click事件，代码如下：

```
private void button1_Click(object sender, EventArgs e)
{
    float fontsize = label1.Font.Size;//字号
    FontStyle style = FontStyle.Regular;//字形
    FontFamily family = label1.Font.FontFamily;//字体
    //字体设置
    foreach (RadioButton rb in groupBox1.Controls)
        if(rb.Checked) family = new FontFamily(rb.Text);
    //颜色设置
    if (radioButton4.Checked) label1.ForeColor = Color.Red;
    if (radioButton5.Checked) label1.ForeColor = Color.Green;
    if (radioButton6.Checked) label1.ForeColor = Color.Blue;
    //字形设置，此处使用位运算符“|”，即每一种字形样式对应二进制中的某一位
    if (checkBox1.CheckState == CheckState.Checked) style |= FontStyle.Bold;
    if (checkBox2.CheckState == CheckState.Checked) style |= FontStyle.Italic;
    if (checkBox3.CheckState == CheckState.Checked) style |= FontStyle.Underline;
    //应用字体设置
    label1.Font = new Font(family,fontsize,style);
}
```

程序运行后可以发现，GroupBox控件将RadioButton控件分为逻辑上相互独立的两个组，互不影响。

8.3.8 列表框和组合框

ListBox（列表框）控件和ComboBox（组合框）控件用来以列表或下拉列表的形式显示项。

ComboBox 控件可以看成 TextBox、Button 和 ListBox 控件的组合。它与 ListBox 控件一样，也能提供一个显示多个选项的列表，供用户以交互方式选择。与 ListBox 控件不同的是，组合框不允许在列表中选择多项，但允许在它的文本编辑框内输入新的选项。

1. ListBox 控件

ListBox 控件以列表形式显示多个数据项供用户选择，实现交互操作。如果列表中的数据项较多，超过设计时给定的长度，即不能一次全部显示，就会自动添加滚动条。但是，用户只能从列表中选择所需的数据项，而不能直接修改其中的内容。表 8.23 所示为 ListBox 控件的常用属性。

表 8.23 ListBox 控件的常用属性

属性名称	说明
Items	列表框中所有选项的集合，利用这个集合可以增加或删除选项
SelectedIndex	列表框中被选中的索引（从 0 开始）。当多项被选中时，表示第一个被选中的项
SelectedIndices	列表框中所有被选中项的索引（从 0 开始）集合
SelectedItem	列表框中当前被选中的选项。当多个选项被选中时，表示第一个被选中的项
SelectingItems	列表框中所有被选中项的集合
SelectionMode	列表框的选择模式（None、One、MultiSimple、MultiExtended）
Text	写入时，搜索并定位在与之匹配的选项位置；读出时，返回第一个被选中的项
MultiColumn	是否允许列表框以多列的形式显示（true 表示允许多列）
ColumnWidth	在列表框允许多列显示的情况下，指定列的宽度
Sorted	若为 true，则将列表框的所有选项按字母顺序排序；否则按加入的顺序排列

（1）Items 属性

该属性是一个字符串型的数组，数组中的每一个元素对应着列表框中的一个选项，用下标（索引）值来区分不同的元素。下标从 0 开始编号，最后一个元素的下标为 Items.Count-1。该属性可以在设计阶段通过属性窗口设置，也可以在程序运行期间添加、删除或引用。

① Items.Add(obj item)：新添加的选项追加在列表的末尾。

② Items.AddRange(object[ ] items)：新添加的选项数组追加在列表的末尾。

③ Items.Insert(int index, obj item)：按 index 指定的索引位置插入新的选项。

④ Items.Remove(obj item)：在列表中找到指定的选项，将其移除。

⑤ Items.RemoveAt(int index)：在列表中找到指定的索引选项，将其移除。

（2）SelectedIndex/SelectedIndices 属性

该属性是一个整型的数组，数组中的每一个元素对应着列表框中被选中的一个项的下标（索引）值，只能在程序运行期间设置或引用，在设计阶段无效。

（3）SelectionMode 属性

用于设置列表框选项的选择模式，有以下 4 种模式。

① None：禁止选择列表框中的任何选项。

② One：一次只能在列表框中选择一个选项（该模式为默认模式）。

③ MultiSimple：简单多项选择（单击选中一个选项，再次单击则取消选中）。

④ MultiExtended：扩展多项选择（按住<Ctrl>键，单击可以选中多个选项，再次单击则取消选中；按住<Shift>键，单击可选中一个连续区间内的多个选项）。

VS2010 还提供了与 ListBox 类似的控件：CheckedListBox（复选框列表）控件。它们的区别在于 CheckedListBox 中列表项的每一项都是一个复选框。当窗体中所需复选框选项较多时，或者需要在运行时动态添加选项时使用 CheckedListBox 控件。

2. ComboBox 控件

在未选择状态，ComboBox 控件的可见部分只有文本编辑框和按钮。当用户单击文本编辑框右

端的箭头按钮 时，下拉列表展开，用户可以在其中进行选择。

ComboBox 控件的常用属性如表 8.24 所示。

表 8.24 ComboBox 控件的常用属性

属性名称	说明
DropDownStyle	组合框的显示样式，默认值为 DropDown
DropDownHeight	组合框下拉列表的最大高度（以像素为单位）
MaxDropDownItems	组合框下拉列表中允许显示选项的最大行数

DropDownStyle 属性用来设置组合框的样式，有以下几种取值。

① DropDown：单击 才能展开下拉列表，用户可以在控件的文本编辑框中输入文字。

② DropDownList：单击 才能展开下拉列表，用户不能在控件的文本编辑框中输入文字。

③ Simple：列表框的高度可以在设计阶段由程序员指定，与文本编辑框一起显示在窗体上，但不能收起或展开。如果列表框的高度不足以容纳所有选项，则自动添加滚动条。用户可以从列表框中选择所需的选项，使之显示在文本编辑框内；也可以直接在文本编辑框内输入列表框中没有的选项。

这两个控件的主要事件是 SelectedIndexChanged，在列表框部分改变了选择项时触发。

【例 8.17】将例 8.13 项目中通讯录窗体的“民族”文本框改为用 ComboBox 控件显示，并将所有联系人显示在 ListBox 中。程序运行效果如图 8.28 所示。

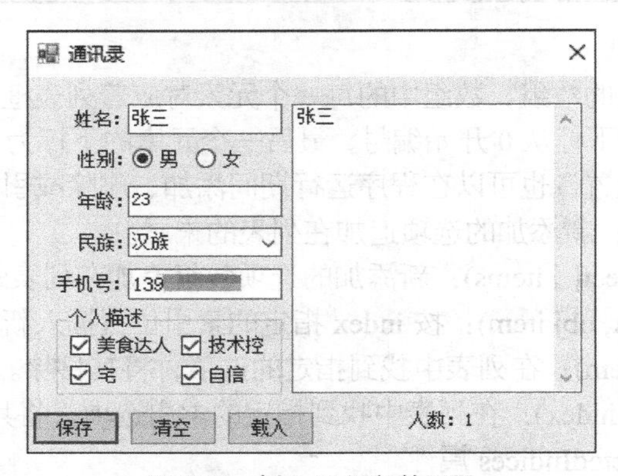

图 8.28 例 8.17 运行效果图

（1）添加 ComboBox 控件，编辑其 Items 属性：汉族、藏族、回族、维吾尔族等。

（2）修改“保存”按钮的 Click 事件中“民族”文本框的相关代码，代码如下：

```
string mz = comboBox1.Text;
```

（3）添加“保存”按钮的 Click 事件代码，将新加入的联系人显示在 listBox1 中。

```
listBox1.Items.Add(s.Name);
label6.Text = "人数: " + listBox1.Items.Count;
```

（4）添加快捷菜单 contextMenuStrip1，只包含“删除”菜单项，并添加 Click 事件代码；将 listBox1 的 contextMenuStrip 属性设置为 contextMenuStrip1。程序运行时，在 listBox1 中选中某一项，单击鼠标右键，在弹出的快捷菜单中选择“删除”命令即可。代码如下：

```
private void ToolStripMenuItem_Click(object sender, EventArgs e)
{
    DialogResult dlg = MessageBox.Show("是否删除" + listBox1.SelectedItem.ToString() +
"? ", "询问", MessageBoxButtons.YesNo, MessageBoxIcon.Question,
MessageBoxDefaultButton.Button2); //提示消息框
    if (dlg == DialogResult.Yes) //单击消息框的“是”按钮
```

```
        {
        Student s=Students.Find(stu=>stu.Name.Equals(listBox1.SelectedItem.ToString()));
            listBox1.Items.Remove(listBox1.SelectedItem); //从 listBox1 中移除
            label6.Text = "人数: " + listBox1.Items.Count;
            Students.Remove(s); //从 List 中移除
        }
}
```

这里做一点说明，为方便起见，在这段代码中使用了 List 类的 Find()方法进行查找。读者如果对此不熟悉的话，可将其修改为数组的查找方法。

另外，Find()方法的参数是一个 Lambda 表达式。这是一个匿名方法，是一种高效的、类似于函数式编程的表达式。它简化了开发中需要编写的代码量，特别是在委托中的使用，能更充分地体现委托的便利、使代码更加简洁、优雅。在这里不做过多介绍，读者如感兴趣可自行查阅相关资料。

（5）为 contextMenuStrip1 添加 Opening 事件代码，用来判断是否选中 listBox1 中的某一项，如果未选中则“删除”菜单项无效。代码如下：

```
private void contextMenuStrip1_Opening(object sender, CancelEventArgs e)
{   if (listBox1.SelectedItem == null) //如果未选中任意一项，则“删除”菜单项无效
           ToolStripMenuItem.Enabled = false;
    else
           ToolStripMenuItem.Enabled = true;
}
```

（6）为“清空”按钮添加 Click 事件，代码如下：

```
textBox1.Text = "";
radioButton1.Checked = true;
textBox3.Text = "";
comboBox1.Items.Clear();
textBox5.Text = "";
foreach (CheckBox ck in groupBox1.Controls)
     ck.Checked = false;
listBox1.Items.Clear();
label6.Text = "";
```

（7）为“载入”按钮添加 Click 事件，代码如下：

```
comboBox1.Items.Clear();
listBox1.Items.Clear();
foreach (Student s in Students) //遍历列表中的每一项
{
     listBox1.Items.Add(s.Name); //将“姓名”这一项添加到 listBox1 中
     if(!comboBox1.Items.Contains(s.Mz)) //如果某一民族在 comboBox1 中不存在
          comboBox1.Items.Add(s.Mz); //则将“民族”这一项添加到 comboBox1 中
     label6.Text = "人数: " + listBox1.Items.Count;
}
```

（8）为 ListBox 控件添加 SelectedIndexChanged 事件，当选中某一项时，将所有信息填充到左侧区域，代码如下：

```
private void listBox1_SelectedIndexChanged(object sender, EventArgs e)
{ if (listBox1.SelectedItem == null) return;
Student s = Students.Find(stu => stu.Name.Equals(listBox1.SelectedItem.ToString()));
    textBox1.Text = s.Name;
    if (s.Sex == "男") radioButton1.Checked = true;
    if (s.Sex == "女") radioButton2.Checked = true;
    textBox3.Text = s.Age.ToString();
    comboBox1.SelectedItem = s.Mz;
    textBox5.Text = s.Phone;
    foreach (CheckBox ck in groupBox1.Controls)
        ck.Checked = (s.Description.Contains(ck.Text)) ? true : false;
}
```

8.3.9 图片框

PictureBox（图片框）控件用来在窗体的指定位置上显示图片，其常用属性如表 8.25 所示。

表 8.25 PictureBox 控件的常用属性

属性名称	说明
Image	图片框中显示的图片
ImageLocation	图片加载的磁盘路径或 Web 位置
BackgroundImage	图片框的背景图片
BackgroundImageLayout	图片框的背景图片布局方式，默认值为 Tile
SizeMode	图片框中显示图片的方式，默认值为 Normal

在设计阶段可以通过属性窗口设置 Image 属性，将图片导入图片框内显示；也可以在程序运行期间将图片文件的路径赋予 ImageLocation 属性，或者以图片文件的路径为参数调用 Load()方法，将图片加载到图片框中。

SizeMode 属性用来确定图片在图片框中的显示方式，有如下 5 种选择。

① Normal（常规显示），图片从控件左上角开始显示。如果图片尺寸大于控件，则右下方超出部分会被裁切掉。

② StretchImage（图片拉伸），将图片拉伸或收缩，使之完全占满控件，但无法保持原图片的宽高比。

③ AutoSize（自动调整图片框的大小），当图片框的设计尺寸与载入图片的大小不一致时，若该属性为 true，则会随着载入图片的大小而自动改变自身的尺寸，使之恰好能够显示完整的图片。

④ CenterImage（居中显示），控件的中心与图片中心对齐显示。如果图片尺寸大于控件，则超出边缘的部分将被裁切掉。

⑤ Zoom（优化缩放），在保持宽高比不变的前提下，将图片放大或缩小，使之占满控件的宽度或高度。

【例 8.18】PictureBox 控件布局方式演示，程序运行效果如图 8.29 所示。

（1）在例 8.5 项目中新建“图片框”窗体，并为窗体 Form1 的菜单项“学习资料”→“图片框”添加 Click 事件，代码略。在窗体中添加 PictureBox 控件 pictureBox1 和 ListBox 控件 listBox1，设置 listBox1 的 Items 属性值，顺序与 PictureBoxSizeMode 枚举类型值一致。

（2）在窗体的 Load 事件中，通过 pictureBox1.ImageLocation = "red.jpg";语句将位于指定路径（项目所在文件夹下的 bin\Debug 目录）下的图片加载到图片框中。

（3）为 listBox1 添加 SelectedIndexChanged 事件代码：pictureBox1.SizeMode = (PictureBoxSizeMode) listBox1.SelectedIndex;。程序运行时根据被选中的布局方式，设置图片框的 SizeMode 属性，达到图片框中图片显示方式的目的。

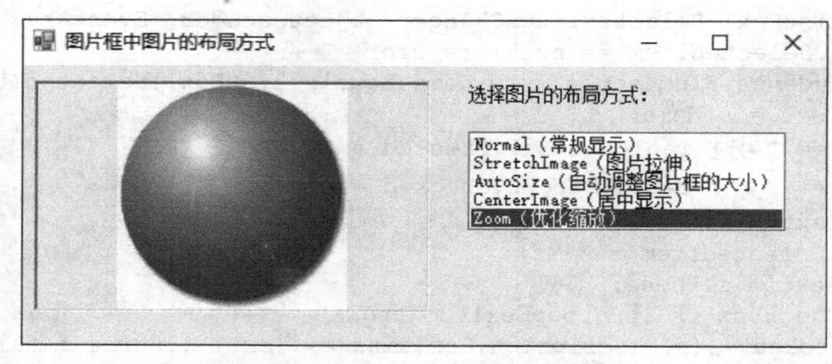

图 8.29 PictureBox 控件的布局方式

★8.4　进阶

8.4.1　其他常用控件

VS2010 中还提供了很多其他控件，限于篇幅不能逐一详细介绍，读者如有兴趣可查阅其他资料。下面介绍几种常用的控件。

1. 日期时间选择控件

DateTimePicker（日期时间选择）控件用于对日期（年、月、日）和时间（时、分、秒）进行处理。该控件提供一个可选择的日期范围供用户选择或编辑日期和时间。

【例 8.19】DateTimePicker 控件演示，程序运行效果如图 8.30 所示。

图 8.30　DateTimePicker 控件

（1）在例 8.5 项目中新建“其他控件演示”窗体，并为窗体 Form1 的菜单项“学习资料”→“其他控件”添加 Click 事件，代码略。在窗体中添加选项页控件 tabControl1，设置 TabPages 属性值，添加若干 TabPage 控件，并修改其 Text 属性。

（2）在 tabPage1 中添加 DateTimePicker 控件，并添加 ValueChanged 事件，代码如下：

```
private void dateTimePicker1_ValueChanged(object sender, EventArgs e)
{
     TimeSpan ts = dateTimePicker1.Value - DateTime.Now;
     label3.Text = ts.Days.ToString();
}
```

（3）为窗体添加 Load 事件，代码如下：

```
private void Form10_Load(object sender, EventArgs e)
{
     dateTimePicker1.MinDate = DateTime.Now;
     //dateTimePicker1.MaxDate = DateTime.Now;
     dateTimePicker1.Value = DateTime.Now;
}
```

2. 工具提示组件

ToolTip（工具提示）组件用于在用户指向控件时显示相应的提示信息。工具提示会弹出一个长方形窗口，该窗口在用户将鼠标指针悬停在一个控件上时显示有关该控件的简短说明，该组件可与任何控件相关联。

【例 8.20】ToolTip 组件演示，程序运行效果如图 8.31 所示。

（1）在例 8.14 项目的窗体 Form2 中添加 ToolTip 组件 toolTip1。

（2）设置密码文本框 textBox2 上的 toolTip1 的 SetToolTip 属性值为“请输入 6 位数字密码”。

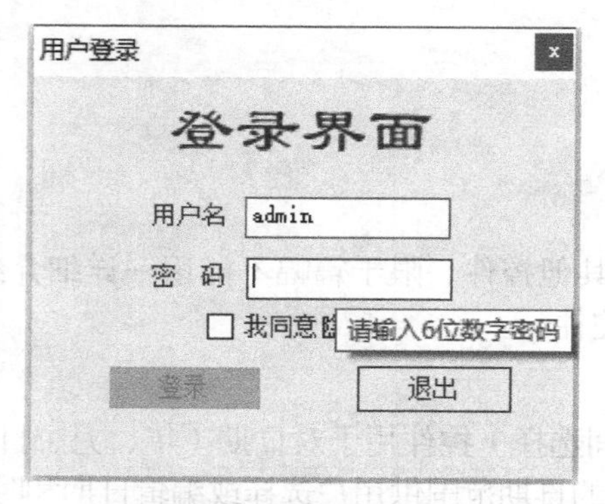

图 8.31 ToolTip 组件

3. 列表视图控件

ListView（列表视图）控件用列表的形式显示一组数据，每项数据都是一个 ListItem 类型的对象，称为项，同时每个项还可能会有多个描述的子项。可使用 ListView 控件创建类似于 Windows 资源管理器右窗格的用户界面。例如，Windows 系统中的文件浏览器就是一个 ListView 控件，其中每个文件就是一个项，而文件的大小、类型、修改日期等属性描述就是其子项。

【例 8.21】ListView 控件演示，程序运行效果如图 8.32 所示。

（1）将例 8.17 项目中窗体的 ListBox 控件替换为 ListView 控件。

（2）将涉及 ListBox 控件的代码替换为 ListView 控件的代码，其他保持不变。

① 将 listBox1.Items.Add(s.Name)替换为：

```
ListViewItem lvi = new ListViewItem(s.Name);
lvi.SubItems.Add(s.Sex);
lvi.SubItems.Add(s.Age.ToString());
listView1.Items.Add(lvi);
```

② 将 stu.Name.Equals(listBox1.SelectedItem.ToString())替换为：

```
listView1.SelectedItems[0].SubItems[0].Text)
```

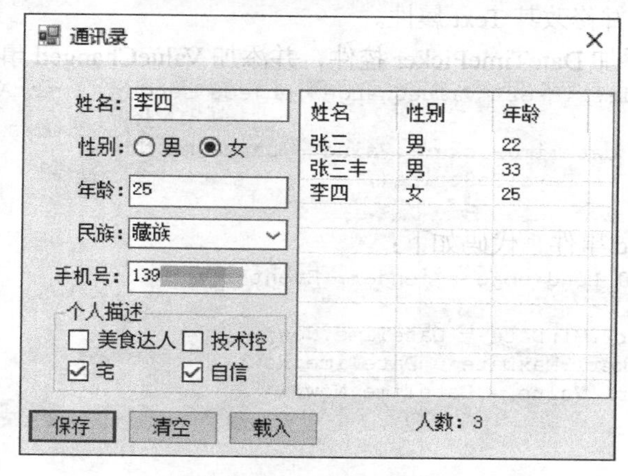

图 8.32 ListView 控件

4. 树形视图控件

TreeView（树形视图）控件主要用于显示具有树形层次结构的数据。树形视图中的各个节点也可以包含其他节点，称为“子节点”。用户可以按展开或折叠的方式显示父节点或包含子节点的节点。

【例 8.22】TreeView 控件演示，程序运行效果如图 8.33 所示。

（1）在例 8.19 项目的 tabPage2 中添加 TreeView 控件。

（2）设置 TreeView 控件的 Nodes 属性，添加根“北京市”“河北省”“上海市”，再分别按图 8.33 所示添加每个根的子级。

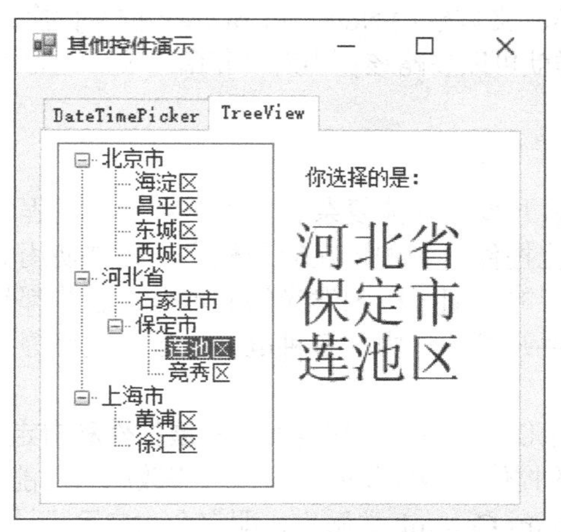

图 8.33　TreeView 控件

（3）添加 TreeView 控件的 AfterSelect 事件，代码如下：

```
List<String> NameList = new List<string>(); //用于存储节点序列
private void treeView1_AfterSelect(object sender, TreeViewEventArgs e)
{
    NameList.Clear(); //清除已有的节点序列
    GetParentsName(treeView1.SelectedNode, NameList); //调用函数获得节点序列
    NameList.Reverse(); //反转节点序列，目的是从根节点开始显示
    label6.Text = string.Join("\n",NameList.ToArray() ); //通过 Join()方法连接各节点
}

private void GetParentsName(TreeNode Node , List<String>  NameList)
{
    NameList.Add(Node.Text); //将选中的节点添加至 NameList 中
    if (Node.Parent!=null) //如果该节点不是根节点
    {
         GetParentsName(Node.Parent, NameList); //则递归遍历该节点的父节点
    }
}
```

5. 任务栏图标组件

NotifyIcon（任务栏图标）组件是一个比较特殊的组件，主要用于显示通知区域中的图标，即 Windows 操作系统的任务栏中显示的图标。任务栏中的图标是一些进程的快捷方式，这些进程一般在计算机后台运行，如音量控制或网络连接等。

【例 8.23】NotifyIcon 组件演示，程序运行效果如图 8.34 所示。

（1）在例 8.5 项目的窗体中添加 NotifyIcon 组件。

（2）设置 NotifyIcon 组件的 Text 属性值为“我的 C#”，Icon 属性选择一个图标文件。程序运行时，即可在通知区域中看到该图标。

图 8.34　NotifyIcon 组件

6. 数值选择控件

NumericUpDown（数值选择）控件是一个用于显示和输入数值的控件。该控件提供一对上下箭头，用户可单击箭头选择数值，也可直接输入（ReadOnly 属性值为 false 时）。通过该控件的 Maximum/Minimum 属性可以设置数值的最大/最小值。如果输入数值大于/小于该值，则会自动将输

入值改为设置的最大/最小值。另一个常用属性是 DecimalPlaces，用于确定小数点后显示几位数，默认值为 0。

在例 8.13 中，可以将“年龄”文本框用 NumericUpDown 控件替换，并设置 Minimum 和 Maximum 属性值分别为 15 和 40，这样就可以省略该例中对“年龄”文本框添加的 Validating 事件。

8.4.2 用户控件

利用系统提供的控件可以开发出功能复杂、界面美观的应用程序，但是在实际应用中往往还会根据应用需要来设计个性化控件。例如，在应用程序中经常使用的“皮肤”就是对窗体及控件进行个性化展现，如圆角矩形的按钮、闪闪发光的文本框，这些都是在已有控件基础之上进一步加工出来的；在电力行业软件开发过程中，各种电力设备、线路等控件也都需要根据客户需求进行定制。

用户自定义的控件有多种形式，包括用户控件、扩展控件和自定义控件。扩展控件是在已有控件的基础上，派生出一个新的控件，增加新的功能或者修改原有功能，来满足用户需求。自定义控件直接从 System.Windows.Forms.Control 类派生，即完全由自己设计、实现一个全新的控件。这是最灵活、最强大的方法，同时也对程序员提出了更高的要求，程序员必须了解 GDI+和 Windows API 等方面的知识，例如为 Control 类的 OnPaint 事件编写代码，实现自定义控件的绘制工作；重写 Control 类的 WndProc()方法，处理底层的 Windows 消息等。

用户控件相对来说最为简单，它将已有的各种控件或组件组合起来，形成一个新的控件，其设计过程与窗体界面类似。用户控件设计完成后，系统会自动将其添加到工具箱中，这样就可以跟其他已有控件一样使用。当然，用户控件也可以封装到.dll（动态链接库）文件中，供其他项目使用，以达到复用的目的。下面通过一个简单的实例来说明用户控件的创建过程。

【例 8.24】在“打字游戏”中，以用户控件的方式显示下落的字母块，要求字母块的背景颜色在下落过程中动态随机变化。

（1）选择菜单“项目”→“添加用户控件”命令，弹出“添加新项”对话框，命名为“MyUserControl.cs”。

（2）在设计界面中添加一个 Label 控件 label1 和 Timer 组件 timer1。设置 MyUserControl 的 Size 属性的值为“45,45”；设置 label1 的 Size 属性的值为“45,45”，Location 属性的值为“0,0”；设置 timer1 的 Enabled 属性的值为 true，Interval 属性的值为 1000。

（3）添加 timer1 的 Tick 事件及其他代码如下：

```
Random r = new Random((int)DateTime.Now.Ticks);
private string character; //定义用户控件的属性 character
public string Character //封装属性，并通过属性将值传递给 label1
{
    get { return label1.Text; }
    set { label1.Text = value; }
}

private void timer1_Tick(object sender, EventArgs e)
{
    this.BackColor = Color.FromArgb(r.Next()); //用户控件的背景颜色随机变化
}
```

（4）重新生成项目或解决方案，之后在工具箱第一栏中就可以找到该用户控件。删除窗体中的标签控件 label_character，将 MyUserControl 控件添加至窗体中。

（5）由于原有的字母标签块 label_character 已经删除，因此需要对代码进行修改。将与 label_character 有关的代码替换为 myUserControl1 控件，具体做法如下：

将 label_character.Visible 替换为 myUserControl1.Visible；
将 label_character.Text 替换为 myUserControl1.Character；
将 label_character.Location 替换为 myUserControl1.Location。

（6）运行程序，观察使用用户控件后，程序的运行效果与之前有何不同。

8.4.3　窗体间数据交互

在实际应用中，经常会涉及窗体之间的数据交互。例如，用“记事本”打开某一文本文件，选择“查找”命令，在弹出的对话框中输入要查找的内容，如图 8.35（a）所示，在这个过程中需要从子窗体向父窗体传递数据。同样，如果在查找之前选中“电力”文本，再执行“查找”命令，则在弹出对话框的查找内容中会自动填充“电力”，如图 8.35（b）所示，在这个过程中需要从父窗体向子窗体传递数据。

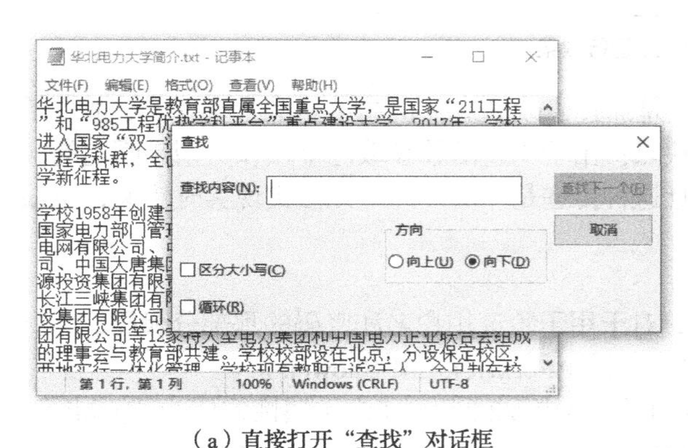

（a）直接打开“查找”对话框

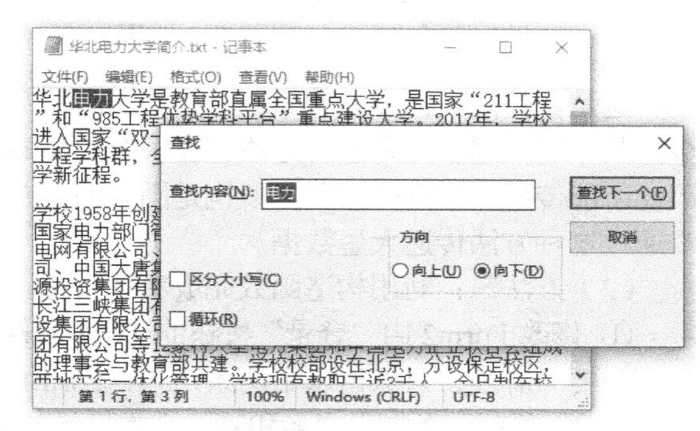

（b）选中文本后打开“查找”对话框

图 8.35　“记事本”程序中数据交互

窗体间数据交互的方法有多种，可以通过修改构造函数、窗体的公共属性、静态变量、委托和事件等来完成数据的传递。其中通过委托和事件的方式不做过多介绍，下面通过实例介绍其他几种数据传递方式。

【例 8.25】 在例 8.10 的窗体 Form2 中，单击“登录”按钮并验证成功后，在窗体 Form1 中检验用户名和密码是否成功传递。程序运行效果如图 8.36 所示。

（1）方法一：利用构造函数完成参数传递。

① 修改 Form1 的构造函数，并定义两个成员变量，代码如下：

```
private string id = string.Empty;
private string psw = string.Empty;
public Form1(string str1 , string str2) //带两个参数的构造函数
{
    InitializeComponent();
    id = str1; //将传递过来的用户名和密码分别对 id 和 psw 赋值
    psw = str2;
}
```

② 为 Form1 添加 Load 事件，代码如下：

```
private void Form1_Load(object sender, EventArgs e)
{
    label1.Text = "欢迎来到" + id + "的个人空间";
    if (id == psw)
    MessageBox.Show("用户名和密码相同，请修改密码");
}
```

③ 修改 Form2 中“登录”按钮的 Click 事件，将 Form1 fm1 = new Form1();修改为：

```
Form1 fm1 = new Form1(textBox1.Text.Trim(), textBox2.Text.Trim());
```

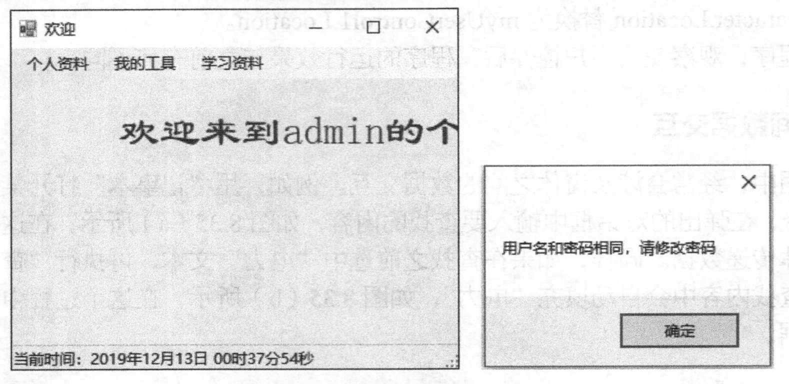

图 8.36　例 8.25 运行效果

这是窗体间数据传递的第一种方法，这种方法是通过修改 Form1 的构造函数来实现的，适用于少量数据的传递。但是这种方法存在一个明显的缺点：由于构造函数参数的个数和类型是固定的，因此所能传递的数据个数和类型也是固定的，并且这种传递是一次性的，无法实现实时传递，也很难通过这种方法传递大量数据。

（2）方法二：利用构造函数完成窗体传递。

① 修改 Form2 中“登录”按钮的 Click 事件，对于用于验证用户名和密码的那部分代码，为避免不必要的麻烦，只保留以下两条语句：Form1 fm1 = new Form1(); fm1.Show();。

② 修改 Form2 中用户名和密码文本框 textBox1 和 textBox2 的 Modifiers 属性的值为“public”，即将其访问方式设置为公有，使这两个控件可以被外部类访问。

③ 修改 Form1 的构造函数，并定义一个成员变量，代码如下：

```
private Form2 fm2;
public Form1(Form2 parentfm)
{
    InitializeComponent();
    this.fm2 = parentfm; //将父窗体 Form2 的实例传递给子窗体
}
```

④ 为 Form1 添加 Load 事件，代码如下：

```
private void Form1_Load(object sender, EventArgs e)
{
    label1.Text = "欢迎来到" + fm2.textBox1.Text + "的个人空间";
}
```

⑤ 修改 Form2 中“登录”按钮的 Click 事件，将 Form1 fm = new Form1();修改为 Form1 fm1 = new Form1(this);，this 指的就是 Form2 的当前实例。

⑥ 在 Form1 中添加一个文本框控件，并添加 TextChanged 事件，代码如下：

```
private void textBox1_TextChanged(object sender, EventArgs e)
{
     fm2.textBox1.Text = textBox1.Text;
}
```

这是窗体间数据传递的第二种方法，这种方法也是通过修改 Form1 的构造函数来实现的。不同的是，传递的是窗体实例。实际上，这种方法是在父窗体和子窗体间通过构造函数建立了联系（有点类似于 C/C++中的地址传递），使得子窗体可以操纵父窗体的控件。但是这种方法也有缺点，即需要将控件的访问方式定义为 public，这是不安全的。

这种方法还有一种更简单的实现方式，无须修改 Form1 的构造函数。具体做法是：在第①步增加一条语句 fm1.Owner = this;，即将当前实例作为 fm1 的父窗体；第②步保留；第③步中不再定义参数 parentfm，即仍然保留 Form1 的无参构造函数形式；在第④步中的赋值语句前增加一条语句 fm2 = (Form2)this.Owner;；跳过第⑤步；保留第⑥步。

（3）方法三：利用窗体的公共属性完成数据传递。

① 在 Form2 中定义 public string id;，在 Form1 中定义属性：

```
public string id
{
    set { textBox1.Text = value; }
    get { return textBox1.Text; }
}
```

② 修改 Form2 中"登录"按钮的 Click 事件，代码如下：

```
Form1 fm1 = new Form1();  fm1.id = textBox1.Text;  fm1.Show();
```

（4）方法四：利用窗体的静态变量完成数据传递。

① 在 form2 中定义 public static string id;。

② 修改 Form2 中"登录"按钮的 Click 事件，代码如下：

```
Form1 fm1 = new Form1();  id = textBox1.Text;  fm1.Show();
```

③ 为 Form1 添加 Load 事件，代码如下：

```
private void Form1_Load(object sender, EventArgs e)
{
  label1.Text = "欢迎来到" + Form2.id + "的个人空间";
}
```

通常来说，程序中会把一些应用系统全局使用的变量或方法封装成一个公共类，类中变量或方法定义为 public static 类型，例如用户名和密码等系统工作环境、系统设置信息，以及通用的数据库访问方法等。这样做的好处是：所有窗体共享这些变量或方法，也就不需要在窗体间频繁地传递数据。

8.4.4　文件操作

在软件开发过程中经常需要对文件及文件夹进行操作，包括文件的读写、移动、复制、删除以及文件夹的创建、移动、删除、遍历等。System.IO 命名空间提供了文件操作和 I/O 流的类，本小节主要介绍 File 类。

File 类支持对文件的基本操作，包括创建、复制、删除、移动和打开文件的静态方法，并协助创建 FileStream 对象。File 类的常用方法如表 8.26 所示。

表 8.26　File 类的常用方法

方法名称	说明
File.Create()	创建文件
File.Exists()	判断指定文件是否存在
File.Copy()/Move()/Delete()	复制/移动/删除文件
File.Open()	打开指定路径上的 FileStream
File.OpenRead()	打开文件以读取
File.OpenText()	打开 UTF-8 编码文本文件以读取
File.OpenWrite()	打开文件以写入
File.ReadAllText()	打开文件，将所有行读入一个字符串，然后关闭
File.ReadAllLines()	打开文件，将所有行读入一个字符串数组，然后关闭
File.WriteAllText()	创建一个新文件，在文件中写入内容，然后关闭。如果目标文件已存在，则改写该文件
File.WriteAllLines()	创建一个新文件，在文件中写入指定字符串，然后关闭。如果目标文件已存在，则改写该文件

【例 8.26】完善例 8.17 的代码，并将录入信息保存在“通讯录.txt”文本文件中。

（1）定义类成员变量 string filename = Application.StartupPath + "\\通讯录.txt";，用来保存所有信息。其中，Application.StartupPath 为程序的相对路径，具体目录为项目所在文件夹的“\bin\Debug”或“\bin\Release”目录。

（2）修改“保存”按钮的 Click 事件，代码如下：

```
string name = textBox1.Text.Trim();
string sex = "";
if (radioButton1.Checked) sex = radioButton1.Text;
if (radioButton2.Checked) sex = radioButton2.Text;
int age = int.Parse(textBox3.Text.Trim());
string mz = comboBox1.Text;
string phone = textBox5.Text.Trim();
string description = "";
foreach (CheckBox cb in groupBox1.Controls)
  if (cb.Checked) description += cb.Text + ",";
description = description.Trim(',');
//根据姓名判断是否存在于通讯录
bool isExist = Students.Exists(stu => stu.Name.Equals(textBox1.Text.Trim()));
Student s;
if (!isExist)s = new Student(); //如果不存在则新增对象，否则更新对象
else s = Students.Find(stu => stu.Name.Equals(textBox1.Text.Trim()));
s.Name = name;
s.Sex = sex;
s.Age = age;
s.Mz = mz;
s.Phone = phone;
s.Description = description;
if (!isExist) //如果不存在则在列表中增加新对象，并更新 listBox1 的 Items 属性的值
{
   Students.Add(s);
   listBox1.Items.Add(s.Name);
   label6.Text = "人数：" + listBox1.Items.Count;
}
string[] stud = new string[Students.Count]; //定义字符串类型数组，准备写入文件
int i = 0;
if (!File.Exists(filename)) //文件操作，如果“通讯录.txt”文件不存在，则创建该文件
   File.Create(filename);
else //否则，重写该文件
{
   foreach (Student stu in Students) //将 Students 中的对象转换为字符串数组
       stud[i++] = string.Join(" ", new string[] {stu.Name, stu.Sex, stu.Age.ToString(),
stu.Mz, stu.Phone, stu.Description }); //将每一项以空格隔开连接为一个新的字符串
File.WriteAllLines(filename, stud); //写入文件
}
```

（3）修改“载入”按钮的 Click 事件，代码如下：

```
comboBox1.Items.Clear();//清除所有项
listBox1.Items.Clear();
Students.Clear(); //说明信息均由文件读入，特别是重新启动程序后尚未录入信息时

if (!File.Exists(filename))
     File.Create(filename);
else
{
  string[] stud = File.ReadAllLines(filename); //从文件读出所有信息
  for (int i = 0; i < stud.Length; i++) //信息以字符串数组的形式存储
  {//以空格作为分隔符，分离信息并保存至字符串数组中，stud[i]为某个人
```

```
        string[] stu = stud[i].Split(' '); //以空格作为分隔符分离信息：姓名、性别、年龄等
        Student s = new Student();
        s.Name = stu[0]; //stu[i]代表某个人的某个属性，stu[0]为姓名
        s.Sex = stu[1]; // stu[1]为性别
        s.Age = int.Parse(stu[2]); // stu[2]为年龄
        s.Mz = stu[3]; // stu[3]为民族
        s.Phone = stu[4]; // stu[4]为电话号码
        s.Description = stu[5]; // stu[5]为个人描述
        Students.Add(s); //将其添加到列表中

        listBox1.Items.Add(s.Name);
        if(!comboBox1.Items.Contains(s.Mz))
            comboBox1.Items.Add(s.Mz);
        }
    }
    label6.Text = "人数：" + listBox1.Items.Count;
```

（4）为快捷菜单中的“删除”菜单项的 Click 事件添加如下代码：

```
    string[] stud = new string[Students.Count]; //删除后同样需要重写文件，不再重复注释
    int i = 0;
    foreach (Student stu in Students)
        stud[i++] = string.Join(" ", new string[] { stu.Name, stu.Sex, stu.Age.ToString(),
stu.Mz, stu.Phone, stu.Description });
    File.WriteAllLines(filename, stud);
```

通过文件操作，信息可以永久保存下来，同时也可以很方便地将已有信息导入应用程序中。C#中还提供了很多文件操作类，例如 FileInfo 类。与 File 类不同的是，这个类必须被实例化，且每个实例必须对应系统中一个实际存在的文件。除此之外，还有 FileStream 类、Dictionary 类、DictionaryInfo 类、StreamReader 类、StreamWriter 类、BinaryReader 类、BinaryWriter 类等，限于篇幅，不再一一介绍。

可操作的文件类型除 TXT 文件外还有 INI 文件、XML 文件等。Windows 系统经常使用 INI 文件作为系统参数和初始化信息的配置文件，这种文件由若干个段落（section）组成，每个段落又分成若干个键（key）和值（value），可以通过 Win32 API 函数进行读写。XML 是.NET 框架中非常重要的一部分，是当前处理结构化文档信息的常用工具。XML 与操作系统、编程语言的开发平台无关，可以实现不同系统之间的数据交互。

8.4.5　数据库操作

文件操作涉及的数据量一般都不大，而且数据在文件中只是简单存放，文件中的数据没有结构，文件之间没有有机的联系，不能表示复杂的数据结构。同时，数据的存放依赖于应用程序的使用方法，基本上是一个数据文件对应于一个或几个应用程序；文件中的数据面向应用，独立性差，存在重复存储、冗余度大、一致性差等问题。因此，几乎所有的应用程序都会采用数据库作为数据存储的主要方式，下面简单介绍数据库的基本概念。

数据库（database）是指长期存储在计算机内、有组织、可共享的数据集合，具有较小冗余度、较高数据独立性和易扩展性，并可为各种用户共享。数据库系统（database system，DBS）由计算机系统、数据库、数据库管理系统、应用程序和用户组成。其中，数据库管理系统（database management system，DBMS）是数据库系统的核心软件，是用户与数据库之间的接口。目前流行的数据库管理系统有 Oracle、SQL Server、Access 等，这些主流的数据库产品是以关系模型为基础建立的，称为关系数据库。

在关系数据库中，一个关系就是一张二维表，简称表（table）。二维表的每一行称为一条记录

（record），每一列称为一个字段（field），唯一标识某一条记录的一个或多个字段称为主键（primary key），其他的关系数据库的概念不再介绍，请读者自行查阅相关资料。

数据库对数据的操作主要体现在 4 个方面，即查询、插入、删除、更新，采用的语言是结构化查询语言（structured query language，SQL），对应的语句分别是 SELECT、INSERT、DELETE 和 UPDATE。本小节主要介绍如何使用这些语句，具体语法不做过多介绍。

在本章例 8.10 中，对用户名和密码的验证就可以通过数据库来完成；例 8.26 中录入的信息也可以存储在数据库中。为简单起见，本小节中的示例采用 Microsoft Office 系列中的 Access 作为数据库。首先，启动 Access 2010 创建空数据库，然后创建 users 和 students 两个表，分别用于保存用户信息和学生信息，表结构如表 8.27 和表 8.28 所示，表数据如表 8.29 和表 8.30 所示，将数据库文件“myDatabase.accdb”保存至 D 盘根目录下。

表 8.27　users 表结构

字段名	数据类型	长度	允许空	主键
用户名	文本	20	否	是
密码	文本	10	否	否

表 8.28　students 表结构

字段名	数据类型	长度	允许空	主键
姓名	文本	20	否	是
性别	文本	2	否	否
年龄	数字	整型	否	否
民族	文本	20	否	否
电话号码	文本	11	否	否
个人描述	文本	20	否	否

表 8.29　users 表数据

用户名	密码
admin	123456
123	654321

表 8.30　students 表数据

姓名	性别	年龄	民族	电话号码	个人描述
张三	男	20	汉族	139********	自信，美食达人
张三丰	男	30	蒙古族	133********	自信，技术控，美食达人
李四	女	28	回族	137********	自信，宅，美食达人

【例 8.27】完善例 8.10 的代码，通过数据库验证输入的用户名和密码。

（1）引用命名空间：using System.Data.OleDb;。由于程序中需使用数据库操作类 OleDbConnection、OleDbCommand 等，因此需要加上这条语句。

（2）修改“登录”按钮的 Click 事件，此时需要先判断 textBox1 和 textBox2 中的内容是否为空，如果为空，则通过 MessageBox 显示相应提示，否则通过连接数据库判断输入的用户名和密码是否正确。

数据库的连接过程需要经过如下步骤。

① 定义连接字符串，其语法格式为：@"Provider=Microsoft.ACE.OLEDB.12.0;Data Source=数据

库文件的物理路径"。其中，Provider 是 Access 数据引擎类型和版本号，不同 Access 版本的 Provider 有细微区别，请读者自行查阅相关资料。

② 定义数据库连接对象 OleDbConnection，并以连接字符串作为参数；

③ 定义查询字符串。该字符串可采用嵌入式 SQL 语句形式，用于查询数据库的 users 表中用户名和密码字段值与输入值完全相同的记录个数。查询语句的基本语法格式为：select 查询项 from 表名 where 条件。本例中 count(*)为查询项，表示记录个数；users 为表名，表示用于存放用户名和密码的数据表；查询条件用“字段名=值”来表示，如果有多个条件，可根据逻辑关系使用 and 或者 or 进行连接。

④ 定义数据库命令对象 OleDbCommand，以查询字符串和连接对象作为参数。

⑤ 通过 OleDbConnection 对象的 Open 方法打开连接。

⑥ 执行 SQL 语句，利用 OleDbCommand 对象提供的方法对数据库进行查询。

⑦ 通过 OleDbConnection 对象的 Close 方法关闭连接。

代码如下：

```
    if ((textBox1.Text.Trim() == "") || (textBox2.Text.Trim() == ""))
    {
         MessageBox.Show("用户名或密码为空", "提示", MessageBoxButtons.OK, MessageBoxIcon.Error);
    }
    else
    {    //定义连接字符串。
        string conStr = @"Provider=Microsoft.ACE.OLEDB.12.0;Data Source=D:\myDatabase.accdb";
        //定义数据库连接对象
        OleDbConnection oleCon = new OleDbConnection(conStr);
        //定义查询字符串
        string sqlStr = "select count(*) from users where 用户名='" + textBox1.Text.Trim()
+ "' and 密码='" + textBox2.Text.Trim() + "'";
        //定义数据库命令对象，在 oleCon 连接的 Access 数据库中，执行 sqlStr 中包含的 SQL 语句。
        OleDbCommand oleCom = new OleDbCommand(sqlStr, oleCon);
        try
        {
            oleCon.Open(); //打开连接
            //采用 ExecuteScalar()方法返回结果集中第一行第一列的值，即满足条件的记录个数，之后再根据
            查询的结果进行处理
            int num = (int)oleCom.ExecuteScalar();
            if (num > 0) //判断结果是否大于 0（实际上记录个数要么为 0，要么为 1）
            {    //如果大于 0，说明用户名和密码均正确
                MessageBox.Show("欢迎 " + textBox1.Text.Trim() + "，登录成功！");
                Form1 fm = new Form1();
                fm.Show();
                this.Hide();
            }
            else //否则提示错误
            {
                MessageBox.Show("用户名或密码错误", "提示", MessageBoxButtons.OK,
MessageBoxIcon.Error);
                textBox1.Clear();
                textBox2.Clear();
                textBox1.Focus();
            }
        }
        catch (Exception ex) //进行数据库操作时可能抛出异常，例如连接失败
        {
            MessageBox.Show(ex.Message.ToString(), "提示");
```

```
        }
        finally
        {
            oleCon.Close();//关闭连接
        }
    }
```

（3）运行程序后，只有在输入表 8.29 中的数据时登录才能成功，否则登录失败。

【例 8.28】修改例 8.26 的代码，通过数据库对个人信息进行增、删、改操作。

（1）定义类成员变量：

```
    private static string conStr = @"Provider=Microsoft.ACE.OLEDB.12.0;Data
Source=D:\myDatabase.accdb";//连接字符串
    private OleDbConnection oleCon = new OleDbConnection(conStr);
```

（2）对数据库中的数据进行增删改操作。

① 插入语句的基本语法格式为：**insert into** 表名(字段名) **values**(字段值)。其中"字段名"与"字段值"应一一对应，如果包含多个字段，则每个"字段名"和"字段值"之间用逗号分开。如果插入的数据为表的所有字段值，则"字段名"可以省略，此时"字段值"应与设计表时的字段顺序一致。插入语句一次只能插入一条记录。

② 更新语句的基本语法格式为：**update** 表名 **set** 字段名=字段值 **where** 条件。如果要更新的数据包含多个字段，则每个"字段名=字段值"对之间用逗号分开。

③ 删除语句的基本语法格式为：**delete from** 表名 **where** 条件。

（3）修改"保存"按钮如 Click 事件中的部分代码，将与文件操作有关的代码替换为：

```
    …（此处省略相同的代码，下同）
    string sqlStr = "";
    if (!isExist)
    {
        Students.Add(s);
        listBox1.Items.Add(s.Name);
        label6.Text = "人数：" + listBox1.Items.Count;
        //如果不存在，则向 students 表中插入记录
        sqlStr = "insert into students values('" + name + "','" + sex + "'," + age +
",'" + mz + "','" + phone + "','" + description + "')";
    }
    else
    //如果已存在，则向 students 表中更新记录
    {
        sqlStr = "update students set 性别='" + sex + "',年龄=" + age + ",民族='" + mz + "',
电话号码='" + phone + "',个人描述='" + description + "' where 姓名='" + name + "'";
    }
    OleDbCommand oleCom = new OleDbCommand(sqlStr, oleCon);
    try
    {
        oleCon.Open();
        //执行 SQL 语句，采用 ExecuteNonQuery()方法返回受影响的行数，即如果插入或更新数据成功，则受影
响的行数必然大于 0，反之说明操作失败
        if (oleCom.ExecuteNonQuery() > 0)
            MessageBox.Show("保存成功！");
        else
            MessageBox.Show("保存失败！");
    }
    catch (Exception ex)
    {
        MessageBox.Show(ex.Message.ToString(), "提示");
    }
```

```
finally
{
    oleCon.Close();
}
```

（4）修改快捷菜单中的“删除”菜单项的 Click 事件中的部分代码，将与文件操作有关的代码替换为：

```
…
string sqlStr = "delete from students where 姓名='" + textBox1.Text + "'";
OleDbCommand oleCom = new OleDbCommand(sqlStr, oleCon);
try
{
    oleCon.Open();
    if (oleCom.ExecuteNonQuery() > 0) //方法参照第（2）步
          MessageBox.Show("删除成功！");
    else
          MessageBox.Show("删除失败！");
}
catch (Exception ex)
{
    MessageBox.Show(ex.Message.ToString(), "提示");
}
finally
{
    oleCon.Close();
}
```

（5）修改“载入”按钮的 Click 事件中的部分代码，将与文件操作有关的代码替换为：

```
…
string sqlStr = "select * from students"; //查询 students 表中的所有记录
OleDbCommand oleCom = new OleDbCommand(sqlStr, oleCon);
try
{   oleCon.Open();
    //采用 ExecuteReader()方法返回查询结果集，即所有满足条件的记录的集合
    OleDbDataReader dr = oleCom.ExecuteReader();
    if (dr.HasRows) //如果结果集中包含数据，即记录数大于 0，则将记录逐条读出
    {
          while (dr.Read()) //通过循环，依次读取每一条记录
          {
              Student s = new Student();
              s.Name = dr["姓名"].ToString();//通过字段名获取字段值
              s.Sex = dr[1].ToString(); //通过字段的下标来获取字段值，等价于 dr["性别"]
              s.Age = int.Parse(dr["年龄"].ToString());
              s.Mz = dr.GetValue(3).ToString();//通过 GetValue()方法获取字段值，参数为字段下标
              s.Phone = dr["电话号码"].ToString();
              s.Description = dr["个人描述"].ToString();
              Students.Add(s);
              listBox1.Items.Add(s.Name);
              if (!comboBox1.Items.Contains(s.Mz))
                    comboBox1.Items.Add(s.Mz);
          }
    }
}
catch (Exception ex)
{
     MessageBox.Show(ex.Message.ToString(), "提示");
}
finally
```

```
    {
        oleCon.Close();
    }
```

习题

1. 完善例 8.12 代码，使其与 Windows 系统提供的“计算器”小工具功能一致。

2. 完善例 8.28 代码，增加查询功能，即可按姓名、性别或年龄等筛选出符合条件的数据并显示在列表框中。

3. 设计图 8.37 所示的窗体应用程序，并实现以下功能。

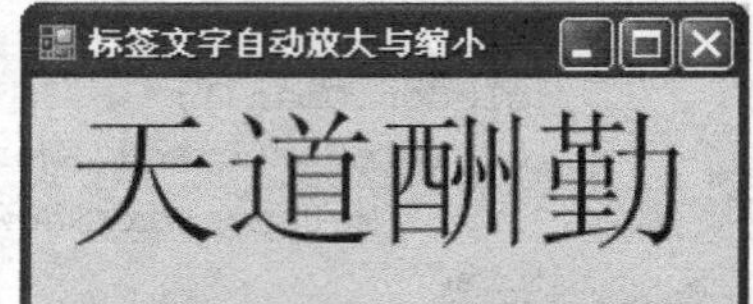

图 8.37　标签文字自动放大与缩小

（1）程序运行后，窗体中标签的文字“天道酬勤”的字号自动、平滑地增大/缩小，且始终保持在窗体水平方向的中央位置。

（2）当标签的宽度增大到超过窗体宽度时，标签文字开始自动、平滑地缩小。

（3）当标签的宽度缩小到窗体宽度的 1/10 时，标签文字开始自动、平滑地增大。

（4）如此反复、持续地进行。

（5）当按下键盘上的任意键时，程序结束运行。

4. 设计图 8.38 所示的窗体应用程序，并实现以下功能。

（1）在左侧列表框中选择一个项，单击 > 按钮，把它移动到右侧列表框中。

（2）单击 » 按钮，把左侧列表框中的全部项移动到右侧列表框中。

（3）在右侧列表框中选择一个项，单击 < 按钮，把它移动到左侧列表框中。

（4）单击 « 按钮，把右侧列表框中的全部项移动到左侧列表框中。

（5）每一项在两个列表框中不重复出现，并且始终保持原有的先后顺序。

5. 设计图 8.39 所示的窗体应用程序。将 7 位裁判员对运动员的评分分别输入指定的文本框内，单击“计算成绩”按钮，去掉一个最高分和一个最低分，计算剩下 5 位裁判员打分的平均值，得到的结果即为运动员的得分，并将所有成绩保存到文件中。

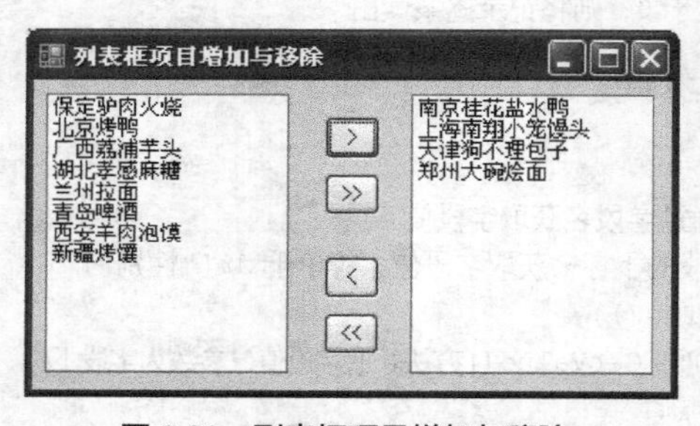

图 8.38　列表框项目增加与移除

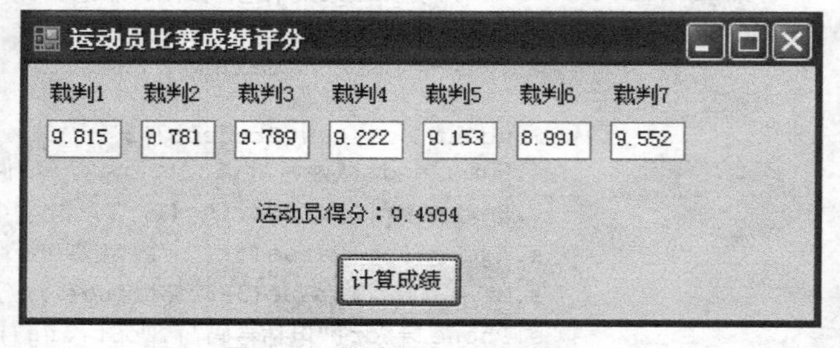

图 8.39　运动员比赛成绩评分

6. 设计窗体应用程序，程序功能为“超级大乐透”彩票开奖器。“35 选 5 加 12 选 2”玩法从 01～35 共 35 个号码中选取 5 个号码为前区号码，并从 01～12 共 12 个号码中选取两个号码为后区号码。

7. 设计窗体应用程序，实现任意 10 个 C/C++中的算法，例如求圆的面积、三角形面积、最大公约数等，要求尽可能用到本章介绍的所有内容。

8. 结合自己的专业或兴趣，设计一个小型应用程序，要求尽可能用到本章介绍的所有内容。

附录

附录 A　ASCII 字符表

ASCII 码		字符	ASCII 码		字符	ASCII 码		字符	ASCII 码		字符
DEC	HEX		DEC	HEX		DEC	HEX		DEC	HEX	
000	000	NUL	032	020	SP	064	040	@	096	060	`
001	001	SOH	033	021	!	065	041	A	097	061	a
002	002	STX	034	022	"	066	042	B	098	062	b
003	003	ETX	035	023	#	067	043	C	099	063	c
004	004	EOT	036	024	$	068	044	D	100	064	d
005	005	ENQ	037	025	%	069	045	E	101	065	e
006	006	ACK	038	026	&	070	046	F	102	066	f
007	007	BEL	039	027	'	071	047	G	103	067	g
008	008	BS	040	028	(	072	048	H	104	068	h
009	009	HT	041	029	)	073	049	I	105	069	i
010	00A	LF	042	02A	*	074	04A	J	106	06A	j
011	00B	VT	043	02B	+	075	04B	K	107	06B	k
012	00C	FF	044	02C	,	076	04C	L	108	06C	l
013	00D	CR	045	02D	-	077	04D	M	109	06D	m
014	00E	SO	046	02E	.	078	04E	N	110	06E	n
015	00F	SI	047	02F	/	079	04F	O	111	06F	o
016	010	DLE	048	030	0	080	050	P	112	070	p
017	011	DC1	049	031	1	081	051	Q	113	071	q
018	012	DC2	050	032	2	082	052	R	114	072	r
019	013	DC3	051	033	3	083	053	S	115	073	s
020	014	DC4	052	034	4	084	054	T	116	074	t
021	015	NAK	053	035	5	085	055	U	117	075	u
022	016	SYN	054	036	6	086	056	V	118	076	v
023	017	ETB	055	037	7	087	057	W	119	077	w
024	018	CAN	056	038	8	088	058	X	120	078	x
025	019	EM	057	039	9	089	059	Y	121	079	y
026	01A	SUB	058	03A	:	090	05A	Z	122	07A	z
027	01B	ESC	059	03B	;	091	05B	[	123	07B	{
028	01C	FS	060	03C	<	092	05C	\	124	07C	|
029	01D	GS	061	03D	=	093	05D	]	125	07D	}
030	01E	RS	062	03E	>	094	05E	^	126	07E	~
031	01F	US	063	03F	?	095	05F	_	127	07F	DEL

附录 B　C++常用系统函数表

1. 字符串处理函数（使用时需包含头文件“cstring”）

函数名	函数原型	函数功能说明
atof	double atof(char *str)	将字符串 str 转换为一个双精度实型数
atoi	double atoi(char *str)	将字符串 str 转换为一个整型数
atol	double atol(char *str)	将字符串 str 转换为一个长整型数
strcat	char *strcat(char *str1 , char *str2)	将字符串 str2 连接到 str1 的末尾
strcpy	char *strcpy(char *str1 , char *str2)	将字符串 str2 复制到 str1 中
strcmp	char *strcmp(char *str1 , char *str2)	比较字符串 str1 和 str2 的大小
strlen	int strlen(char *str)	返回字符串 str 的长度（不包括'\0'）
strupr	char *strupr(char *str)	将字符串 str 中的所有小写字母转换为大写字母
strlwr	char *strlwr(char *str)	将字符串 str 中的所有大写字母转换为小写字母

2. 数学函数（使用时需包含头文件“cmath”）

函数名	函数原型	函数功能说明
abs	int abs(int num)	返回参数 num 的绝对值
fabs	double fabs(double arg)	返回参数 arg 的绝对值
acos	double acos(double arg)	返回参数 arg 的反余弦值，arg 为-1～1
asin	double asin(double arg)	返回参数 arg 的反正弦值，arg 为-1～1
atan	double atan(double arg)	返回参数 arg 的反正切值
ceil	double ceil(double arg)	返回不小于参数 arg 的最小整数
cos	double cos(double arg)	返回参数 arg 的余弦值，arg 以弧度给出
exp	double exp(double arg)	返回 e 的 arg 次幂，e 为自然常数（2.7182818）
floor	double floor(double arg)	返回不大于参数 arg 的最大整数
log	double log(double arg)	返回参数 arg 的自然对数
log10	double log10(double arg)	返回参数 arg 以 10 为底的对数
pow	double fabs(double base , double arg)	返回以参数 base 为底的 arg 次幂
sin	double sin(double arg)	返回参数 arg 的正弦值，arg 以弧度给出
sqrt	double sqrt(double arg)	返回参数 arg 的平方根
tan	double tan(double arg)	返回参数 arg 的正切值，arg 以弧度给出

3. 内存函数（使用时需包含头文件“stdlib.h”）

函数名	函数原型	函数功能说明
calloc	void *calloc (unsigned int num，unsigned int size)	在内存的动态存储区中分配 num 个长度为 size 的连续空间，函数返回一个指向分配起始地址的指针；如果分配不成功，返回 NULL
malloc	void *malloc (unsigned int size)	在内存的动态存储区中分配一个长度为 size 的连续空间，函数返回一个指向分配内存地址的指针；如果分配不成功，返回 NULL
realloc	void *realloc (void *mem_address，unsigned int newsize)	按照 newsize 指定的大小，重新分配 mem_address 所指向的内存地址控件，函数返回一个指向新地址空间的指针；如果分配不成功，返回 NULL
free	void free (void *ptr)	释放 ptr 指向的、通过调用 calloc、malloc 或 realloc 所分配的内存